JN051032

石井　理仁 著

はしがき

オーム社発行の雑誌「設備と管理」で2006年4月号から2008年5月号に連載した25のトラブル事例を中心にまとめた拙著「現場技術者のための電気Q&A」(2009年7月発行)をベースに，その内容を見直しました．さらに，その後の2011年12月号までの新しく連載されたトラブル事例を加えて再構成した改訂版を，電気Q&Aシリーズの第二弾「電気Q&A 電気設備のトラブル事例」として装いを新たに，ここに発刊しました．本書の内容は，

1．内容を大きく二つに分け，第Ⅰ部はビギナー用として「こんなときどうする」でトラブルの基本的対応法を示し，第Ⅱ部は現場技術者用として実際のなんと60のトラブル事例を取り上げました．
2．第Ⅱ部は，トラブル事例を６つのジャンルに分けて紹介しました．６つの内容は，①モータ，②回路，③照明･開閉器，④受変電設備，⑤設計･メンテナンス，⑥工事･配線です．また，コラムとして連載中に読者からいただいた質問と回答のほか，本文で説明できなかった技術解説，筆者のひとりごととして伝承したい技術を，興味を持って読めるように書き加えています．

そのほか，適宜，例題として電気関係の国家試験問題を挿入していますので，理解度の参考にしてください．なお，トラブル事例は，筆者が現場と向き合い，実際に経験したもので，単にトラブル事例を紹介するだけでなく，筆者自ら現場に足を運んでテスタ，クランプメータ等を持って対応し，分析にはメーカ設計者等のご指導いただいたものもあって，トラブル解決のノウハウが詰まっています．したがって，安全第一に，現場で仕事のできる真の電気屋さんを目指す座右の書として手元に置かれ，知ったかぶりでない本ものの電気がわかる役割が果たせれば筆者望外の喜びです．

さらに本書に引き続き，第三弾として「電気Q&A 電気設備の疑問解決」も順次刊行されるほか，既刊の「電気Q&A 電気の基礎知識」も併せて活用されると，より深く現場の電気のことが理解できることと思います．

末筆ながら，オーム社編集局をはじめ，数多くの電気の諸先輩や諸先生のご指導のおかげで改訂版の発刊につながったことに感謝し，御礼申し上げます．

2020年４月

石井　理仁

第Ⅰ部 トラブル入門編 こんなときどうする？

第Ⅱ部 トラブル事例編

第１章　モータのトラブル

第２章　回路のトラブル

第３章　照明・開閉器のトラブル

第４章　受変電設備のトラブル

第５章　設計のトラブル

第6章　工事・配線のトラブル

第Ⅰ部

トラブル入門編

こんなときどうする？

こんなときどうする？①

漏電時の対応は？

電気設備のトラブルに対応できるようにトラブル対応の基本的な考え方を説明します．まずは漏電時の対応を取り上げます。

A.1

1．漏電とは？

漏電については，『電気Q&A 電気の基礎知識』のQ13で，地絡と同義語であり，絶縁抵抗が低下して**漏れ電流**の流れる一種の事故現象であることを説明しました．

また，人間が漏電した機器に触れると，**接地**することで故障電圧を低くして危険度を小さくできることにより**接地**の重要さがわかりました．

2．漏電が発生すると？

漏電が発生すると**漏電遮断器**（以下「**ELCB**」という）が動作し，**トリップ動作**を行うので電気回路を遮断します．

ELCBは**電流動作形**であれば，**図1.1**のように**零相変流器**（以下「**ZCT**」という）により**漏れ電流**，別名**地絡電流** I_g の検出を行います．

これは主回路の電線すべてが**ZCT**を貫通した状態で，回路が健全であれば**ZCT**を通る往きと帰りの電流は同じ値になり，**ZCT**の鉄心に発生する磁束は互いに打ち消し合って，**ZCT**二次側に出力は発生しません．

ところが，**ELCB**の負荷側で図1.1のように地絡事故が発生すると漏れ電流 I_g が流れ，**ZCT**を通過する往きと帰りの電流には漏れ電流分の差が生じます．この I_g により生ずる磁束のため**ZCT**二次側に誘起電圧が発生し，半導体増幅部で増幅し，引外コイルを動作させ，トリップ動作を行います．

すなわち，三相3線式が健全であれば，

$$\dot{I}_a + \dot{I}_b + \dot{I}_c = 0$$

ですが，**漏電**が発生していると，

$$\dot{I}_a + \dot{I}_b + \dot{I}_c = \dot{I}_g$$

となります．

なお，**ZCT**はELCBの中に**内蔵**されていますが，漏電発生時に回路を遮断しないで警報のみを目的とする場合には**漏電保護リレー**を使用します．

この場合は，**ZCT**が**外付け**となります．

3．こんなときどうする!?

図1.2のようにモータM6で漏電が発生すると，分岐回路にELCBを使用していればELCB7が動作し，最小限の停電範囲になるので問題ありません．

しかし，配電盤からの主幹ELCB分岐用ELCBまで直列に接続されているので，**地絡保護協調**[※1]がとれていないとELCB1とELCB7が同時に動作（これを**シリーストリップ**という）することがあります．この場合は，停電範囲が大きくなり，分岐用ELCB7も動作していれば**漏電箇所**が特定で

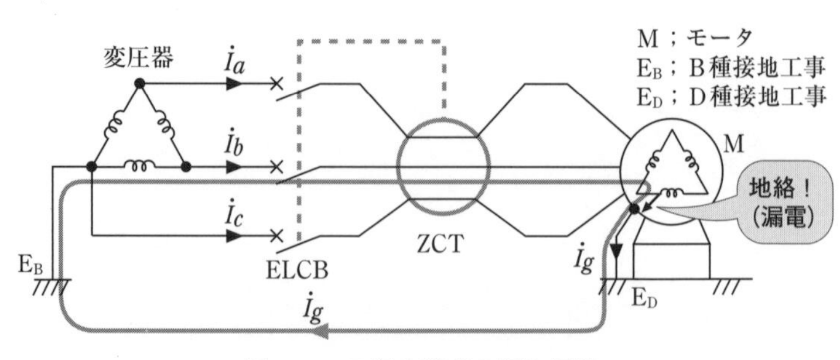

図1.1　三相3線式の漏れ電流

きているので，早目に配電盤のELCB1を投入して最小限の停電範囲にすることができます．

また，動力分電盤の主幹開閉器がELCBで，分岐回路が**MCCB**※2のときは，分岐回路の**MCCB**を全て遮断し，主遮断器のELCBだけを入れ，分岐回路の**MCCB**をひとつひとつ入れていきます．

このとき，ある**MCCB**を入れたときにELCBが切れれば，その**MCCB**の回路が漏電していると特定して，その**MCCB**を切ったまま，再度ELCBを入れ，他の分岐回路の**MCCBすべて**を入れます．

4．漏電が特定したら？

漏電箇所が特定したら，次は**原因**を調査して改修する等の処置が必要です．

そのためには『電気Q&A 電気の基礎知識』のQ44で紹介した**絶縁抵抗計**で**絶縁抵抗**を測定します．

絶縁抵抗計の使い方ですが，通常，**電路と大地との絶縁抵抗**を測定します．

線間絶縁抵抗を測定すると，図1.1のようにモータ内部は△結線か丫結線のため，正常でも常に0〔MΩ〕を指示しますので，**漏電**と勘違いするからです．

それでは，**絶縁抵抗計**を使用する**絶縁抵抗**測定の方法を**図1.3**で説明します．

ここでは，**モータ1台の場合の基本的な測定のしかた**について説明することにします．

まず，測定しようとする回路のELCBやMCCBは，「切」の状態にして無電圧であることを確認します．

次に，図1.3のように絶縁抵抗計の「E」と表示してある端子に接続したコードを接地極（**写真1.1**の③）に接続し，「L」と表示してある端子に接続した測定用コードを電磁開閉器の負荷側（写真1.1の①か②）に接続します．

一方，絶縁抵抗計のE端子に接続されるコードは，写真1.1の制御盤のケースや図1.3のモータの外枠に接続します．しかし，ケースや外枠の金属部分でも**塗料の施していない部分**に接触させないと正しい測定結果が得られないので注意が必要です．

最初の測定は，モータの配線を接続したまま行い，モータを含めて一括測定します．

もし，所定の絶縁抵抗値以下の場合は，**写真1.2**のようにモータを切り離し，配線，モータそ

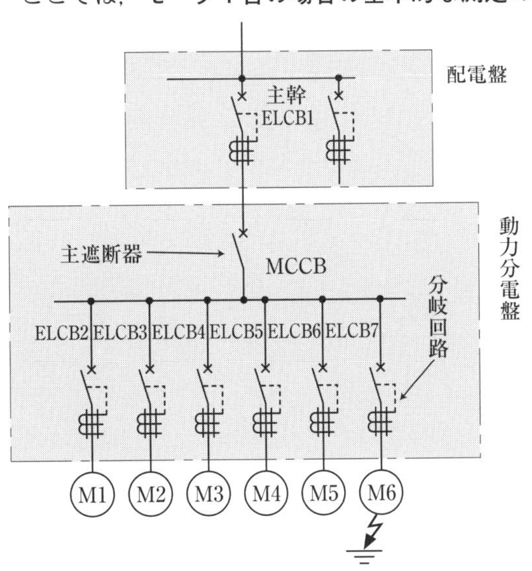

図1.2　漏電の対応

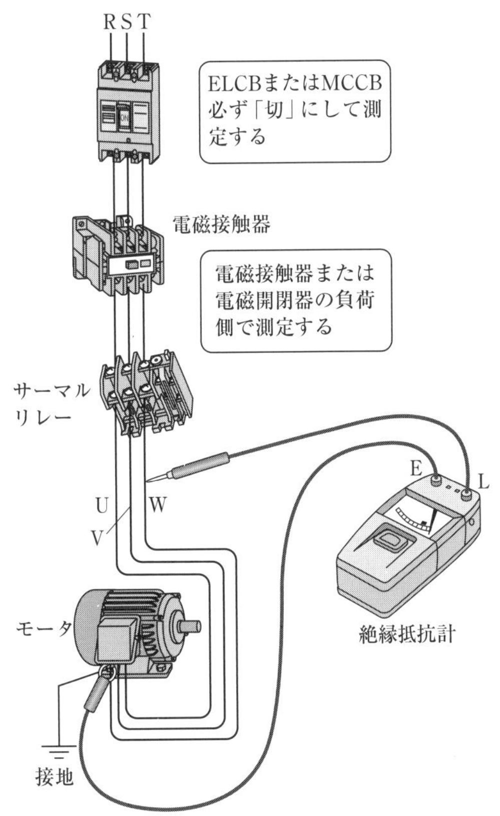

図1.3　モータ回路の絶縁抵抗測定例

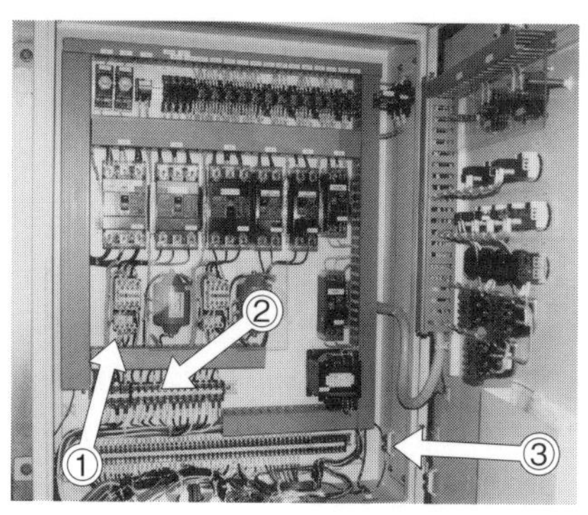

写真 1.1　モータ回路の絶縁抵抗測定

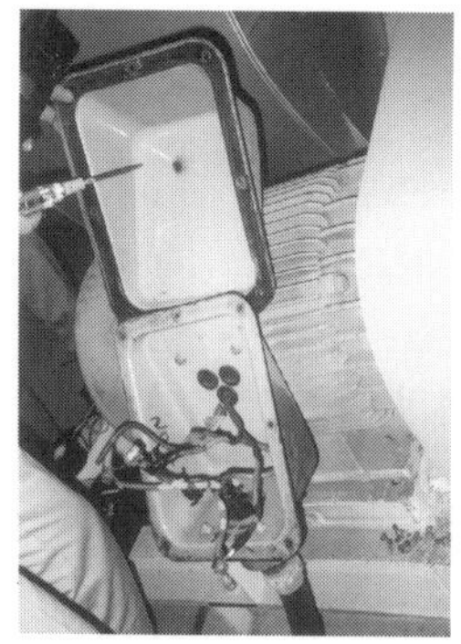

写真 1.2　モータ端子カバーで漏電！

れぞれを測定して，**漏電原因**を探します．

この所定の絶縁抵抗値とは，**電気設備技術基準**により使用電圧ごとに次の表のとおり定められています（**対地電圧**は，『電気 Q&A 電気の基礎知識』の Q10 参照）．

電路の使用電圧の区分		絶縁抵抗値
300 V以下	対地電圧（接地式電路において電線と大地との間の電圧．非接地式電路においては電線間の電圧をいう．以下同じ．）が150 V以下の場合	0.1 MΩ
	その他の場合	0.2 MΩ
300 Vを超えるもの		0.4 MΩ

5．漏電の具体例

排風機をメーカーの工場でオーバーホールした後，施設に戻ってきたのでモータと結合（この場合はベルト結合）して試運転するとき，写真 1.2 のようにモータ端子結線にビニルテープを巻かずに**仮配線**のまま端子カバーを取り付けてしまいました．

しかし，試運転を完了後，何日か経過したら，振動でビニルテープを巻いていない結線がモータ端子カバーに接触して**地絡電流**が流れ，**漏電**が発生しました．

写真 1.2 のモータの端子カバーでドライバーが指し示している黒点の部分が，地絡電流が流れた跡です．

この**漏電**は，原因がすぐわかりましたのでテーピングして復旧しました．

では絶縁抵抗値の判定を次の**例題 1.1**を通して理解しましょう．

例題 1.1　次の各問いには，4通りの答え（イ，ロ，ハ，ニ）が書いてある．それぞれの問いに対して，答えを1つ選びなさい．

	問　い	答　え			
1	屋内電路と大地間の絶縁抵抗を測定した．不良のものは．	イ．単相２線式100〔V〕電灯回路で0.1〔MΩ〕	ロ．三相３線式200〔V〕電動機回路で0.15〔MΩ〕	ハ．単相３線式200〔V〕クーラー回路で0.3〔MΩ〕	ニ．三相３線式400〔V〕電動機回路で0.4〔MΩ〕
2	単相３線式100／200〔V〕の屋内配線の絶縁抵抗の最小値〔MΩ〕の組み合わせで，正しいものは．	イ．電路と大地間 0.2 電線相互間 0.2	ロ．電路と大地間 0.2 電線相互間 0.4	ハ．電路と大地間 0.1 電線相互間 0.2	ニ．電路と大地間 0.1 電線相互間 0.1
3	接地工事を施し，地絡時に0.2秒で電路を遮断する漏電遮断器を取り付けた100〔V〕の自動販売機が屋外に施設してある．接地抵抗値 a〔Ω〕と電路の絶縁抵抗値 b〔MΩ〕の組合せとして，不良なものは．	イ．a 100 b 0.1	ロ．a 200 b 0.2	ハ．a 300 b 0.4	ニ．a 600 b 1.0

〔解答〕　1—ロ．　2—ニ．　3—ニ．

D種接地工事は，**0.2 秒以内の ELCB** を施設するときは **500〔Ω〕以下**でよいことになります（電気設備技術基準の解釈第 17 条）．

（注）※1　地絡保護協調；保護協調は『電気 Q&A 電気の基礎知識』の Q34 参照．「地絡保護協調」とは，多くの電路がある場合，漏電の発生した電路の漏電遮断器だけが動作するよう選択遮断協調を図ること．

※2　MCCB；『電気 Q&A 電気の基礎知識』の Q36 参照．配線用遮断器のこと．

コラム1 感電防止

許容人体電流と許容接触電圧は？

漏電とその対応については，Q1 で理解できました．また，保護接地，すなわち，D 種接地工事がないと人が漏電した機器に触れたとき，電源電圧がそのまま人への接触電圧となって危険であることは『電気 Q&A 電気の基礎知識』の Q13 で扱いました．ここでは，漏電したときの接地工事の重要さを危険な人体電流および許容接触電圧の大きさを知っていただき，感電防止のための知識とします．

●接地工事が施されていないと？

漏電遮断器は，感電事故防止を主な目的としていますが，漏電による火災の防止も図れます．

しかし，**漏電遮断器**の機能は，機器等に施される適切な**接地工事**と組み合わせることによって果たすことができます．

例えば，モータのような金属製外箱の機器が不具合を発生して絶縁不良となったとします．この機器に**接地工事**が施されていれば，不具合発生時に**漏電遮断器**が動作し，電路を自動遮断してその機能を果たします．しかし，**接地工事**が施されていないと，この機器に人が触れることによって，人を経由して地絡電流が流れて**漏電遮断器**が動作します．また，人が感電したときに流れる地絡電流は，感電時の接触状態や足元の状況等，回路条件によって異なります．さらに，**漏電遮断器**は地絡電流を限流する機能がないから，動作するまで危険な電流が人に流れ続けるおそれがあります．したがって，**漏電遮断器**は**接地工事**が施工されていて正常な機能を果たすことになります．

●危険な人体電流と許容接触電圧は？

電撃の危険度は，電源が直流か交流かによって，また，電源の周波数によって左右されます．交流の場合，人体電流の実効値，周波数および通電時間によって人体反応は様々で，**15 ～ 100 Hz** の周波数において危険な人体電流は，通電時間が 2 秒を超える場合は 10 mA，**200 mA のときの限界通電時間は 10 ms 未満**です（**図 A**）．したがって，一般的に住宅で使用される漏電遮断器の規格が定格感度動作電流 30 mA で，定格動作時間が 0.1 秒（100 ms）以内であることが納得できます．

さて，感電防止を検討する場合，人体電流を扱うよりも，それが流れた場合の人体の電圧降下，すなわち，**接触電圧**で検討する方が容易です．

通常の状態における継続印加時の**許容接触電圧**は，人体を通過する基準電流経路「左手から両足へ」の場合の**許容人体電流**と人体インピーダンスの積から算出します．**許容人体電流**は通電時間に依存しますから，**許容接触電圧**も通電時間に依存します．通常の条件下における**許容接触電圧**は，心室細動の生理学的データおよび災害の経験に基づき，国際的な統一見解として，交流の場合 50 V，直流の場合 120 V と決められ，これを**規約接触電圧**とも呼んでいます．

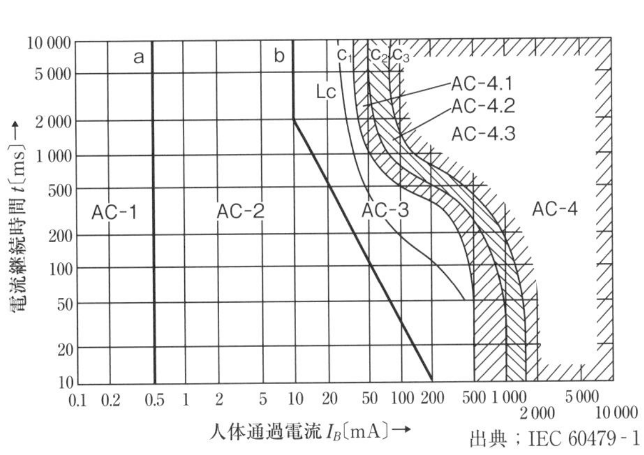

図 A　15 Hz から 100 Hz の交流電流の影響の時間／電流領域

こんなときどうする？②

Q2 過電流時の対応は？

ここでは**過電流**の対応について考えます.

A.2

1．過電流とは？

過電流については,『電気Q&A 電気の基礎知識』のQ15の「過電流と短絡の違い」で詳しく説明しました.

過電流と**過負荷**を同義語として扱い,**過電流**とは過負荷電流と短絡電流の総称でした.

2．過電流が発生すると？

高圧では**ヒューズ**,もしくは**過電流継電器**（略称OCR,『電気Q&A 電気の基礎知識』のQ34参照）が検出して遮断器のトリップによって回路から切り離します.

低圧では,**ヒューズ**,**配線用遮断器**（略称MCCB）あるいは**サーマルリレー**（『電気Q&A 電気の基礎知識』のQ36参照）が動作して回路から切り離します.

3．過電流の原因は？

ここでは低圧回路で考えることにします.**電灯・コンセント回路**と**動力回路**の２つに分けて過電流の原因を考えます.

一般に,電灯とコンセントは別回路になっていることが多く,コンセント回路の**過電流**の原因は,ほとんどが電気の使い過ぎです.

次に,動力回路の**過電流の原因**で考えられるものは**図2.1**のとおりです.ここでは**過電流の原因**を事象別に考えてみました.現場で一番多い原因は,**軸受焼付き**等によるモータの拘束(ロック)です.これは軸受から異音を発しますので,日常点検で予兆を発見できます.その他,機器別による原因の分け方もあります.例えば,モータであれば電気的,すなわち断線,機械的なら軸受不良というものです.

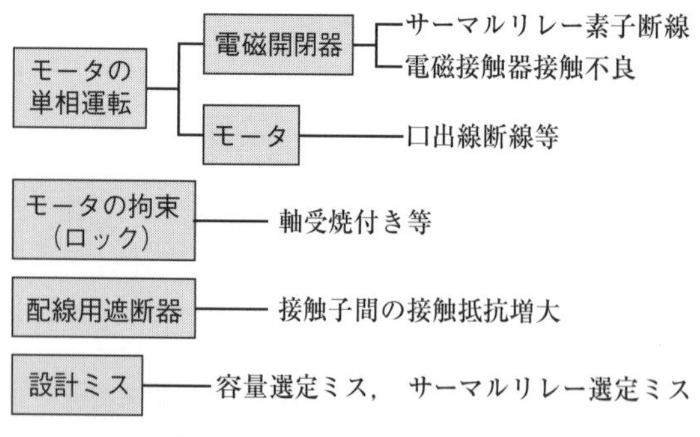

図2.1　動力回路過電流の原因

4．こんなときどうする？

図2.2に,**電磁弁**を使った油圧操作回路の一例を示します.

> **例2.1** **電磁弁が動作中にヒューズが切れた**とき,どうしますか？　ただし,配線には異常がないことがわかりました.

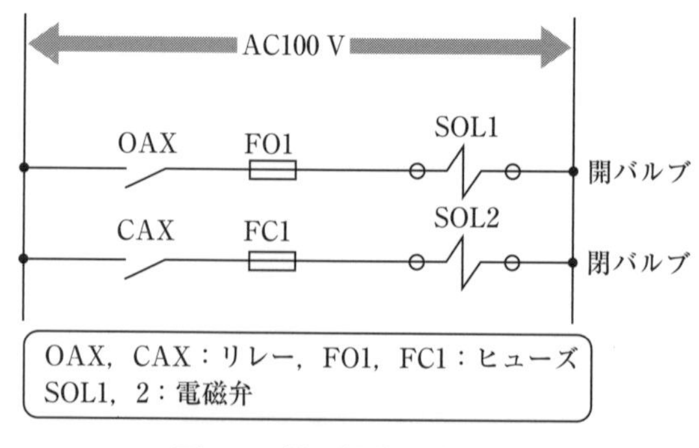

図2.2　油圧操作回路の一例

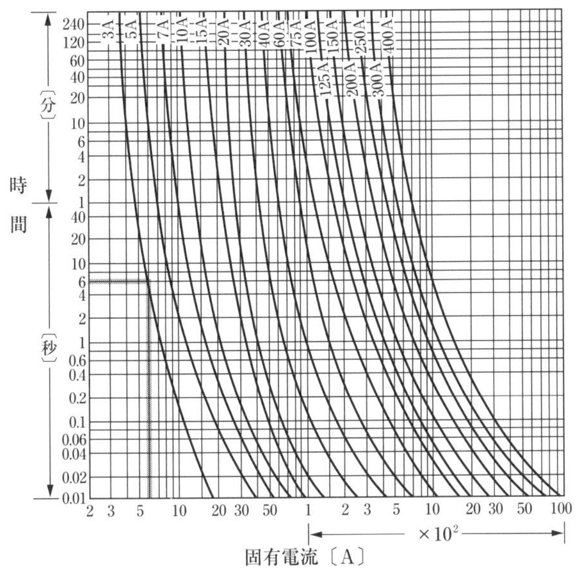

図 2.3　ヒューズの電流時間特性
(富士電機のカタログより)

この操作回路に使用していたヒューズは3 Aで，電磁弁の特性は起動時6 A，保持電流が0.87 Aということがわかりました．

このヒューズは，**栓型ヒューズ**(**写真 2.1**)と呼ばれるもので，その電流時間特性を，**図 2.3**に示します．

この特性曲線から，3 Aのヒューズを使用した場合，電磁弁起動時6 Aが6秒流れるとヒューズが切れることがわかります．

例 2.1では，おそらく6 Aの電流が6秒以上続き，ヒューズが切れたものと推察されます．

ここで3 Aの1ランク上の5 Aにすると，およそ20分以上流れ続けないと切れないことがわかります．おそらく当初は，5 Aのヒューズが取り付けてあったのに，何らかの原因でヒューズが切れたとき，3 Aのヒューズの代用品で済ませたものと考えられます（図面にもヒューズ容量の表示がありませんでした）．

したがって，このケースは**過電流が原因**でヒューズが切れたものですが，**容量選定ミス**によるものでした．

もうひとつの例として，**電磁弁の結線**をまちがったためヒューズが切れた例を紹介します．この

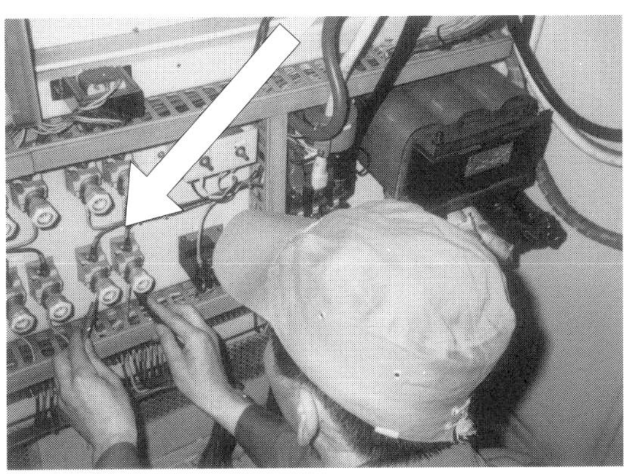

写真 2.1　栓型ヒューズの電圧確認

電磁弁の仕様は，100 V 68 W 90 VAですから，90 VA ÷ 100 V = 0.9 Aとなり，保持電流は1 A以下であることがわかります．

例 2.2 電磁弁を交換したとき，COM-50 HzにAC100 Vを印加するところをまちがえて50 Hz-60 HzにAC100 Vを印加してしまいました(**図 2.4**)．

この誤結線の場合，ほとんど短絡状態に近いので過大な過電流が流れ，電磁弁回路の**ヒューズ1 A**がすぐ切れました．

なお，参考までに電磁弁の抵抗値は，メーカーによればCOM-50 Hzで6.87 Ω，COM-60 Hzで6.10 Ωです．

実際にテスタで測定すると，それぞれ7 Ω，6 Ωでした．また，50 Hz-60 Hz間は0 Ωでしたから短絡状態です．（実際は，6.87 − 6.10 = 0.77 Ω）

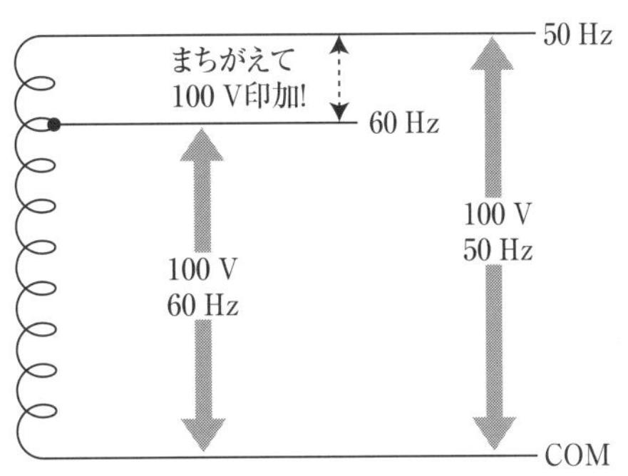

図 2.4　電磁弁の結線

こんなときどうする？③

Q3 非火災報発報時の対応は？

ここでは**自動火災報知設備**（以下「**自火報**」という）の**取扱い**と**非火災報の対策**について説明します．

A.3

1．自火報とは？

自火報とは，建物内部の火災の発生を熱または煙の感知器によって感知して，速やかにベル等の音響により建物内の人に知らせる設備です．

2．自火報の構成

自火報は，熱や煙等を感知する感知器，その感知信号を受信する**受信機**（**図3.1**参照）および感知器作動により鳴動する**ベル**から構成されます．

3．感知器の種類

感知器は，熱や煙等により自動的に火災の発生を感知して，これを受信機に発信するものです．

なお，感知器の種類は，**表3.1**のとおり大別すると**熱感知器**と**煙感知器**です．

さらに**熱感知器**には，室内の温度が急激に高くなると作動する**差動式**と室内の温度が60℃,70℃というように一定の温度になったとき作動する**定温式**とがあります．後者は，急激な温度変化が予想される湯沸室やボイラー室等差動式感知器の使えない場所に使用されます．

煙感知器には，空気をイオン化して，電流を流しているところに煙が入ると電流が減少することを感知する**イオン化式**と，光を出す発光部と受光部があって，煙が入ると光が反射して受光部がそれを感知する**光電式**とがあります．

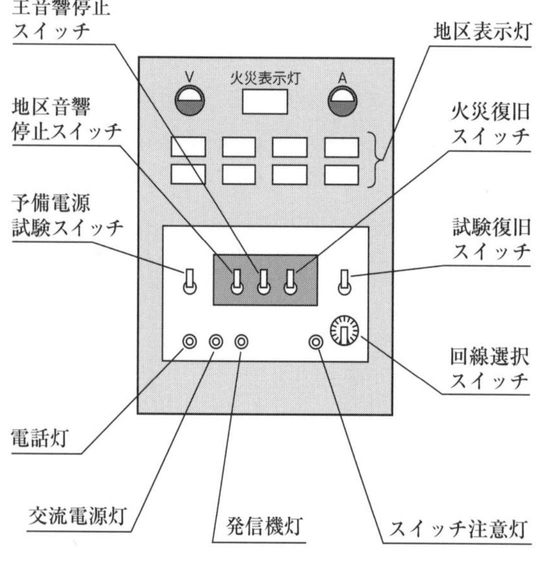

図3.1　受信機の例

表3.1　感知器の種類

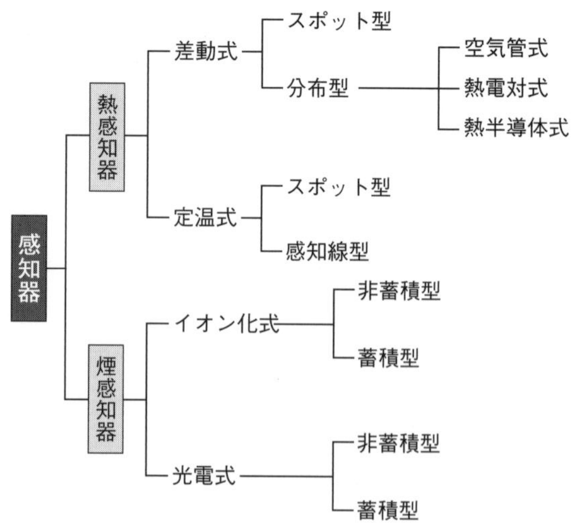

4. 自火報が作動したら？

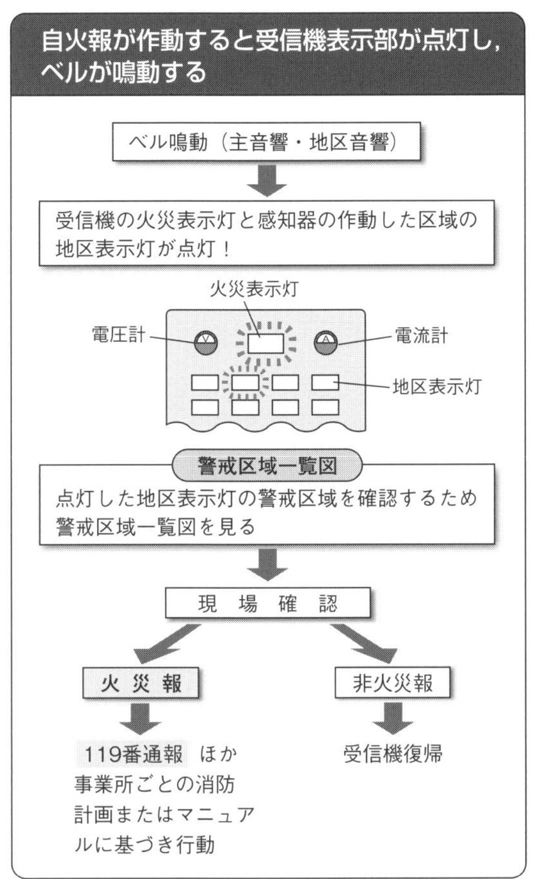

5. 自火報取扱いのポイント

感知器が作動して**火災発報**のあったときは，直ちに現場に急行し現場確認することが大切です．

今まで，ずっと**非火災報**※1 だったからと決めつけ，現場を確認しないと大惨事を招く危険が潜んでいることを認識すべきです．

ここで自火報の取扱いのポイントをまとめると以下のようになります．

1）**火災発報**のあったとき，**現場確認が終了するまで「火災復旧スイッチ」を作動させないこと．**

作動させると地区表示灯および感知器確認ランプが消えてしまい，どこで表示されたか，どの感知器が作動したかもわからなくなってしまうからです（**図 3.2** 参照）．

2）常時，**主音響や地区音響を停止させないこと．**

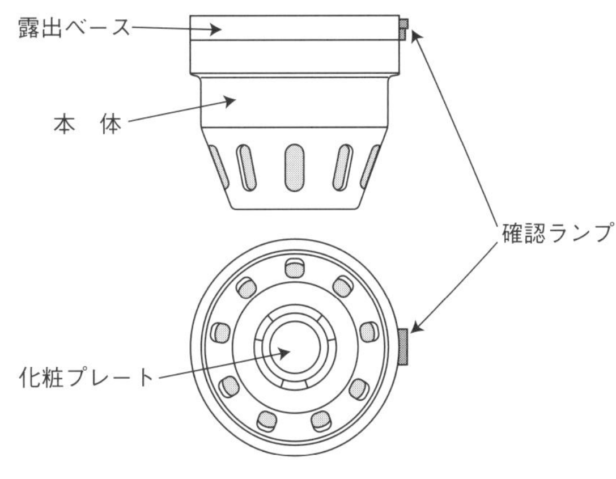

図 3.2 煙感知器の確認ランプ

火災発報があった時，建物内に人がいても誰も気づかないからです．また，**受信機は常時人のいる場所**に置くことにします．

3）非火災報が多いからといって，「**火災復旧スイッチ**」**作動のまま**にしておくと，全く自火報が働かなくなるので注意を要します．

4）日常から自火報の取扱いに習熟し，そのシステムを頭に入れておく．特に現場にある**発信機釦**（屋内消火栓に併設も多い）を押すと，信号が受信機に送られ，感知器が作動したのと同様に火災表示がありベルが鳴動します．また，同時に**屋内消火栓ポンプが起動**します．

6. 非火災報の対策は？

ほとんどのケースは，**感知器の選定の不適正**が原因ですから，**所轄消防署に相談**すれば，早めの対処によって解決します．

例えば，ビルの地下駐車場にイオン化式2種非蓄積型があって，**非火災報**が多いなら光電式2種蓄積型に，蒸気の発生のおそれのある場所に光電式2種蓄積型があって，**非火災報**が多いなら定温式スポット感知器に交換して解決した事例があります．

（注）

※1 非火災報；自火報が火災でないのに感知器が動作して火災警報を発する現象のこと．すなわち，自火報自体の機能は正常なのに自火報の信頼性が低下してその使命が失われる．

こんなときどうする？④

4 停電時の対応は？

ここでは，「**停電の対応**」を取り上げます．

冷静沈着に対応するためには，日頃から**受変電設備システム**，特に**保護リレー**（『電気Q&A 電気の基礎知識』のQ33，Q34および本書Q7参照）および非常用発電機（以下「非常発」という）の**自動運転・自動停止の条件**を頭に入れておくことが必要です．

A.4

1．停電の原因は？

停電は，電気設備の定期点検等事前にわかる**予告停電**と不意の停電，すなわち**事故停電**の2つに分けられます．そのほかに停電の原因は供給側，すなわち**電力会社**によるものと**構内事故**によるものの2つに分けられます．

ここで扱うのは，自家用需要家のうち6.6kV受電のビルを例に**事故停電**があった場合の対応について話を進めます．

2．事故停電！さてどうする？

停電が発生したら，供給側か構内事故によるものかを判断する決め手になるのが**受電電圧計の指針**です．受電VCBがトリップしても受電DS（ディスコン）は接続されたままなので，**受電電圧計の指針**は受電VCBの電源側，すなわち受電DSの負荷側にあるから，電力会社からの電気がストップしていなければ6.6kV近く振れているはずです（**図4.1，4.2**参照）．

もっと専門的に表現すると，**不足電圧継電器**（**図4.1の27**）が動作していなければ構内事故と判断できます．構内事故のときは，「**地絡**」か「**過電流**」かを原因調査し，故障箇所を特定して，これを分離または復旧して原因を取り除いてから復電します．

なお，電力会社の停電のときは，電力会社営業所に連絡をとって，事故原因および復旧予定時刻を聞いておけば安心です．以上，停電の対応について一般論を述べましたが，事業所ごとに**保安規程**があり，**保安規程**に基づく**停電対応マニュアル**が存在すれば，そのマニュアルに基づき運用して

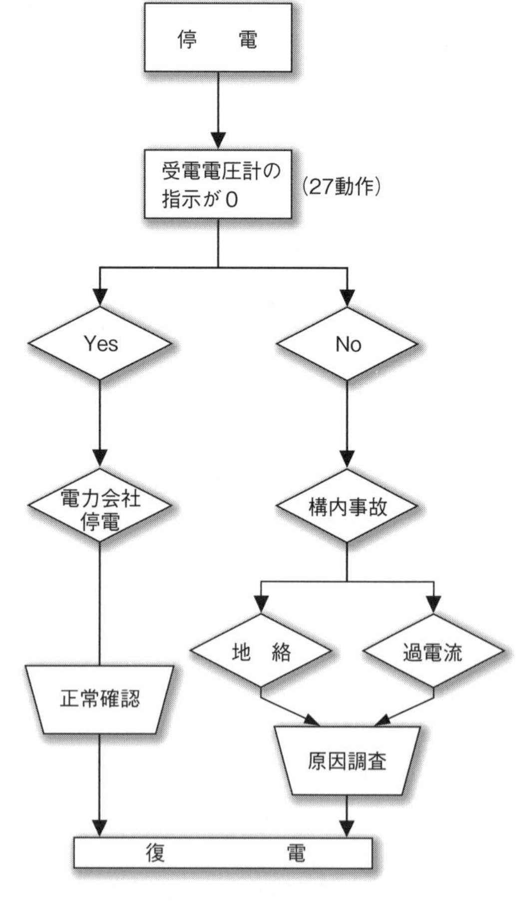

図4.1　停電フローチャート

下さい．なお，事業所に**主任技術者**が選任されているときは，その**主任技術者**の指示に従って下さい．

3．事故停電の対応例

具体例として，図4.2のようなAビルの受変電設備の単線結線図で**事故停電の対応**を考えます．

(その1)電力会社停電のケース

電力会社が停電になると受電VCBⓑの一次側に設置してある不足電圧継電器27ⓐが動作して，受電VCBⓑのほかフィーダVCBⓒⓓⓔをトリップさせます．

また，27ⓐが停電検知し，非常発に運転信号を出すから**非常発が自動始動**します．

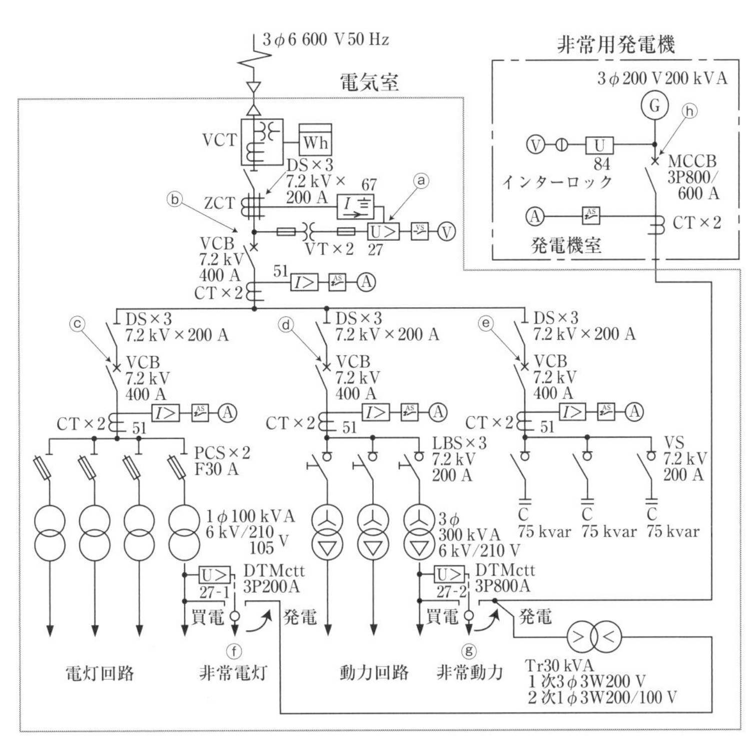

図4.2　Aビルの単線結線図

非常発が自動始動して電圧確立をすると，この電圧確立信号と変圧器二次側の不足電圧継電器27-1，27-2のAND条件で**電源切替開閉器DTMctt**ⓕⓖが買電側から発電側に切り替わり，非常発から非常電灯，非常動力に電気が供給されます．なお，復電して買電復帰釦(ボタン)を押すと受電VCBほか，フィーダVCBのトリップ信号が解除されて，受電VCBが投入できます．

このとき，非常電灯，非常動力の電気は非常発から供給されており，フィーダVCBが投入されて，27-1，27-2が買電の電圧検知するとDTMcttが発電側から買電側に切り替わります．

非常発の自動停止の条件は，買電復帰釦を押すとタイマ付きのため設定時間経過後に停止します．

(その2)構内事故のケース

不足電圧継電器27ⓐが動作しないので，非常発は運転しません．しかし，これは40年近く前の竣工のビルで，平成以降竣工のビルでは，低圧27の検知で非常発が自動起動するようになっているものが多く見られます．

4．停電対応上大切なこと

ビルでは，事故停電というとほとんどが電力会社停電によるものです．近年停電は，まれにしか発生しないので，停電が発生したときは，あわてないことです．

非常発が自動始動しなかったときや，Q19-事例1で紹介するように非常発が自動起動しても非常発の電気がストップしたときに，あわてずに行動できるように常日頃からの**非常時訓練**や**点検**，**日頃の勉強**が大切です．

また，常用発電機があって**系統連系**している事業所では，電力会社との保護協調がとれているのか再度，検討してみることも大切です．

前任者を信じたばかりに保護協調がとれていなくて，供給側事故で生き残っていいはずの常用発電機のVCBまでトリップさせて全停電という例もあります(Q37参照)．

こんなときどうする？⑤

Q5 復電できずに困った！

配線用遮断器，または**漏電遮断器**が事故，あるいは点検でトリップしたあと，投入しようとしたら，投入ができなくなってしまった．こんな状況に遭遇したら，あなたはどうしますか？

A.5

1．配線用遮断器または漏電遮断器がトリップ後，投入できない状況について

年１回の電気設備定期点検時に行う**漏電遮断器試験器**を用いる**漏電遮断器動作特性試験**で，感度電流，動作時間などを測定しました．

これは，**漏電遮断器単体**の試験と，これと同じ機能を持つ漏電リレー＋**配線用遮断器**の組合せで行う試験があります．

この試験は，その機器ごとに定格感度電流を流してトリップさせます．試験完了の都度，復帰させますが，復帰の段階で**投入できない**ものが発生しました．

もちろん，実際に漏電が発生して動作した**漏電遮断器**，あるいは漏電リレーと組み合わせた**配線用遮断器**の中にもトリップ後，まれに投入できないときが過去にもありました．

2．使用環境，使用条件は？

トリップした**漏電遮断器**または**配線用遮断器**が投入できない不具合は，毎年ひんぱんに発生したわけでなく，使用数の多い２社のものがある年度を境に２～３年にわたって発生しました．

A社　1978～1979年製造　1991年から発生

B社　1985～1986年製造　1997年から発生

このことから**使用後12～13年経過したもの**に発生し，使用環境としては空調している設置場所ではなく，A社のものは多少腐食性ガスの影響を受ける電気室，B社のものは塵埃(じんあい)の多い電気室でした．

したがって，通常の使用環境ではなく，**環境ストレス等**が劣化を促進させ，このような不具合が発生した要因になったことも否定できないと考えています．

3．なぜ投入できなかったか？

漏電遮断器は，ご存知とは思いますが漏電動作したとき，**漏電表示ボタン**が飛び出ます，この表示ボタンをリセットしないと正常動作，あるいは本体復帰操作できない機種もあります．

今回の一連の不具合は，このような復帰操作を知らないで投入できなかったものではなく，ほとんどが次のような原因によるものでした．

- 可動部への潤滑油グリスの劣化
- 引掛り金具バネの弾性劣化
- 潤滑油グリスへの塵埃の混入

以上の原因がそれぞれ単独の要因として発生したものではなく，相互が関連しあって，今回のリンク機構部の**引掛り金具の動作の不具合**となって，リセットできずに投入できなかったものと考えています(**写真5.1，5.2**)．

4．現場での処置は？

初めて投入できない状況が発生したときは，本当に困りました．

点検業者も施設側の保守要員も投入できないと，施設の運転に支障が発生しますから．

そこで，やむを得ず筆者の指示で漏電遮断器のケースカバーを開放して，内部機構を確認しました．そこで，**引掛り金具の動作に不具合が発生**し

写真 5.1 漏電遮断器内部の不具合状態

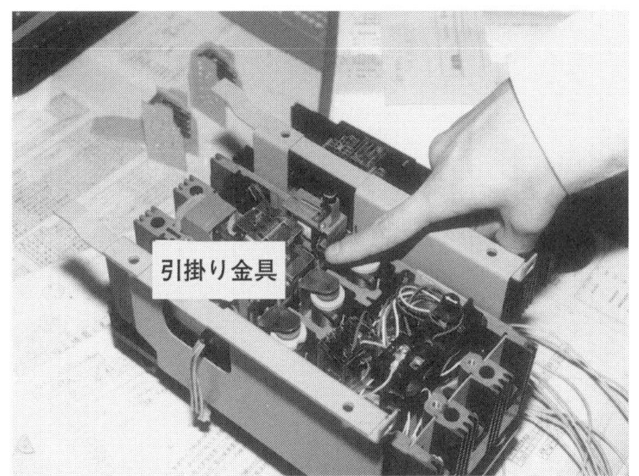

写真 5.2 漏電遮断器内部の正常な状態

ていることを発見し，**写真 5.3** のようにボールペンの先，あるいは精密ドライバーで引掛り金具のスプリングを元に戻すことにより**リセット**できました．

しかし，これはあくまでも緊急の応急処置であって，一次側は電気がきており，危険が伴うため，決してお勧めできる方法ではありません．

現にB社は，需要家側で漏電遮断器，配線遮断器のカバーを開けることは，内部に調整機構があるために禁止しております．

したがって，B社のもので投入できないものが発生したときは，極力予備品を置いて交換できる準備をしていました．

5．再発防止策はあるのか？

メーカー側の見解は，日本電機工業会技術資料

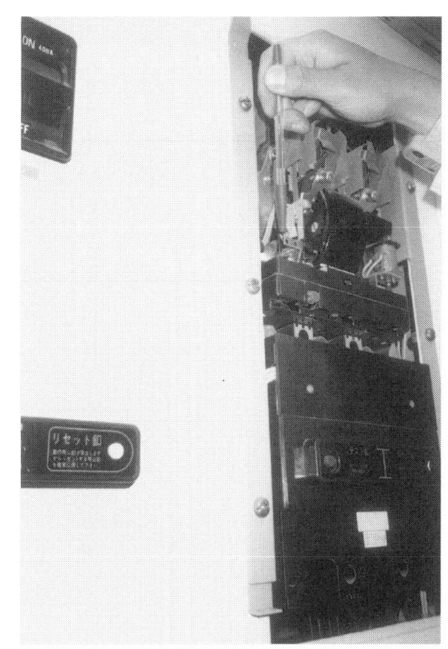

写真 5.3 緊急処置の方法

第 119 号の「**配線用遮断器の適用及び保守点検指針**」による良好な使用環境で 10 年程度の耐久性としていますので，より安全性，信頼性を確保するためにも 10 年を目安に新品と交換することを推奨しています．

しかし，電気室にあるものだけでも交換すれば相当な費用がかかるため，20 年以上経過しているA社の電気室配電盤に設置されている主幹の役目を果たす**漏電遮断器，配線遮断器**については，メーカーによる有償の精密点検を実施し，内部清掃と機構部への注油を行いました（これで少し安心!?）．点検の結果，点検全数 58 台のおよそ 1/3 である 19 台が**トリップ・リセット動作**できないものがありましたが，そのほとんどが予備として設置されていたものでした．

また，機構部に注油したが，戻しバネの劣化から現象の再現が考えられることから，メーカーは製品自体の経年劣化のため，計画的更新を勧めてきました．

しかし，施設の重要度のランクが低いことから，そのまま使用し続け，この精密点検から 9 年後に施設は廃止しました．時は，31 年が経過していました．

こんなときどうする？⑥

Q 6 開閉器OFFで電気が活きていた！

開閉器をOFFして電気を遮断したので安心して点検しようとしたら，電気が活きていた！こんなことはあってはならないことです．

A.6

1．制御盤の盲点は？

写真6.1，6.2の制御盤の主回路結線図（以下「**主回路**」という）は，**図6.1**のとおりです．

これは，モータが5台あって，うち4台はインバータ制御をしており，モータごとに制御回路がわかれていて，一見安全に配慮した設計がなされているようにも見えます．

図6.1ではモータが5台で，**制御回路**の配線用遮断器は4台ですから，**制御回路**がひとつ不足しますが，モータM1，M3が機能上同一なので同一**制御回路**となっています．

なお，**制御回路**はやや複雑で，ここでの説明には必要ありませんので，そのシーケンスは省略しました．

さて，これからこの**主回路の盲点**を考えていきましょう．

2．メインの開閉器をOFFしてから制御回路を点検したのに感電！

図6.1の①は，メインの開閉器（ELCB1）にはちがいありませんが，これだけ遮断しただけでは，**制御回路は活きている**ことがわかります．

なぜなら，**制御回路**のメインの開閉器②は，①の**一次側**からとっているからです．

通常は，**制御回路**は①の二次側からとりますが，この図6.1のようなケースもあります．

したがって，制御回路を点検するときにはメインの開閉器を遮断したからと安心せずに，**必ず点検しようとする回路の検電をしてから作業に入ることが大切です**．この場合なら，②の二次側の電圧を**テスタ**で測定して電圧が0〔V〕であることを確認します．

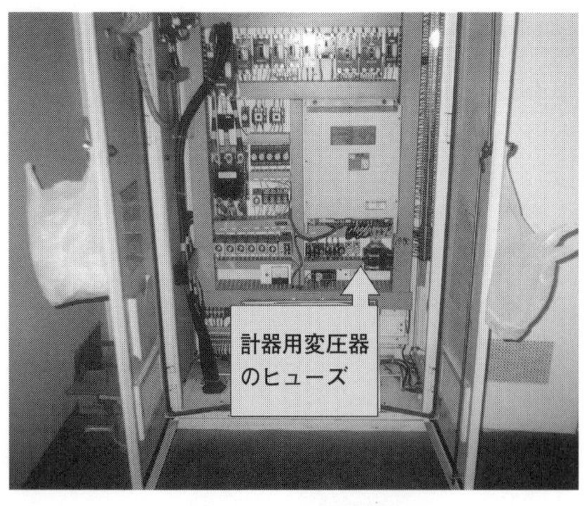

写真6.1　充電部露出

写真6.2　充電部にカバー

3．動力，制御のメインの開閉器を切っても制御盤内のヒューズに触れたら感電！

制御回路のメインの開閉器②も OFF した制御盤内は，すべて電気が活きていないものと思い込み，写真 6.1 のように制御盤内の**計器用変圧器のヒューズ**(図 6.1 の③)に触れたら感電しました．

これも動力，制御のメインの開閉器①，②を切っても**計器用変圧器** VT1 のヒューズ F1（図 6.1 の③）は，やはりこれらの開閉器の**一次側**からとっているため電気が活きていたわけです．

これは，写真 6.1 のようにヒューズの通電部が**露出**していたため，触れたから感電したのです．

この一瞬の感電のあと，筆者は反省して写真 6.2 のようにヒューズ等の**充電部に触れないように，透明のアクリル製カバーを取り付けました．**

4．感電の教訓！

この一瞬の感電は，事故にならなくてもあと味の良いものではありませんでした．このトラブルの**教訓**は以下の通りです．

1）開閉器を遮断しても**必ず検電して電圧を確認する！**

2）**先輩，上司の指示と言えども絶対はない！**

3）**充電部は，カバーを取り付けて露出を避ける．**

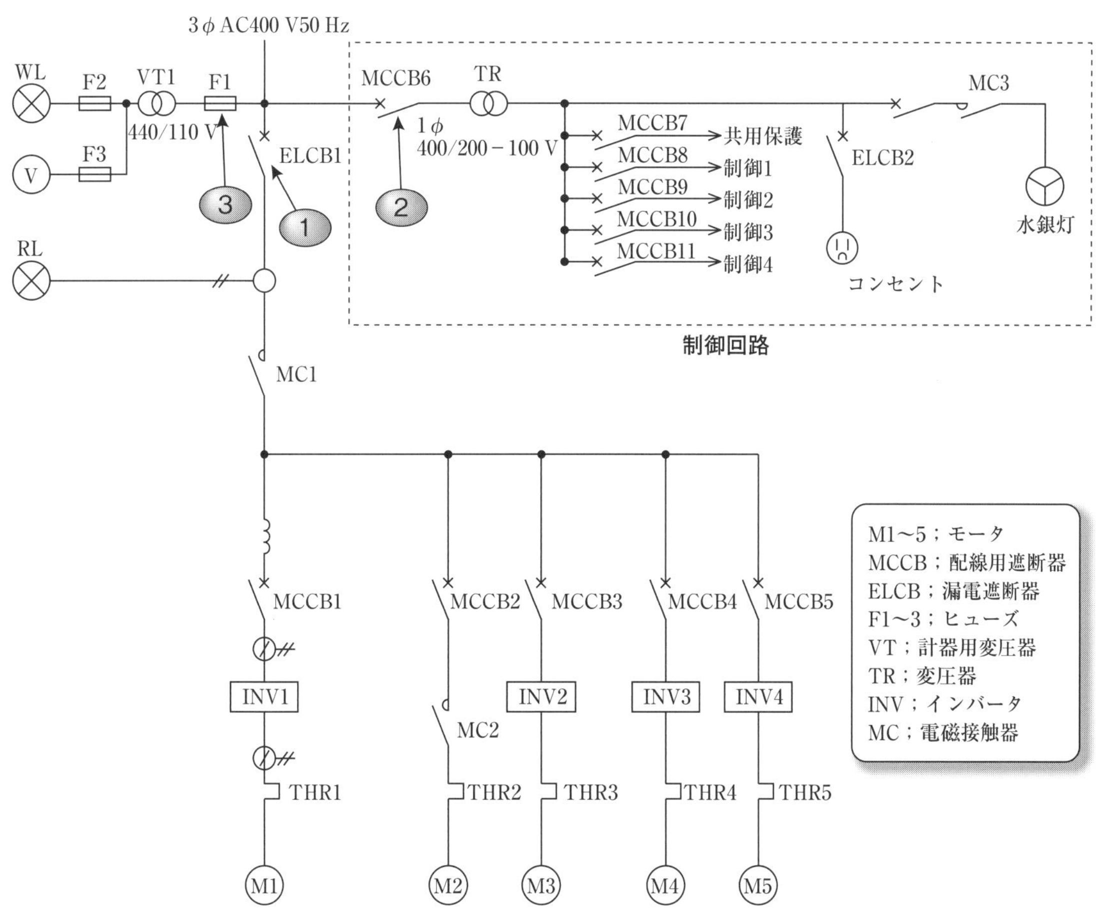

図 6.1　写真 6.1，6.2 の主回路

こんなときどうする？⑦

Q7 保護リレーの整定は？

受電設備の**保護継電器**（以下「**保護リレー**」という）の整定の考え方については，『電気Q&A 電気の基礎知識』のQ34で取り上げました．

ここでは，この**保護リレーの整定**を信じて業務を引き継いだ筆者が現場で直面したトラブルを例に，「**保護リレーの整定は誰がやるのか**」と疑問に思いました．

A.7

1．保護リレーからジージーと音！

図7.1のように高圧進相コンデンサ75 kvar×3台用の**過電流継電器**(**写真7.1**，以下「**OCR**」という)からジージーと音が出ているのを発見しました．

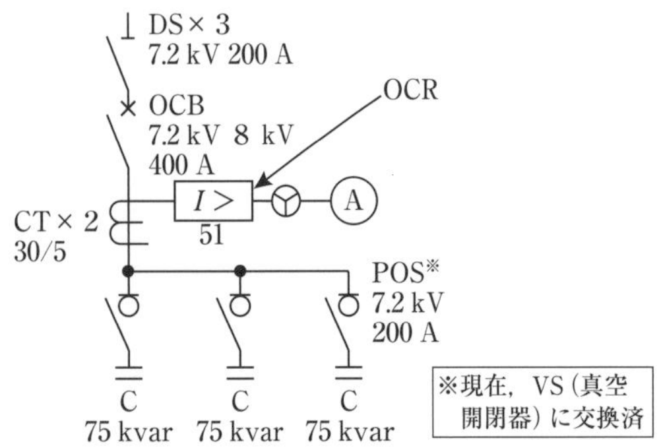

図7.1　高圧進相コンデンサ回路

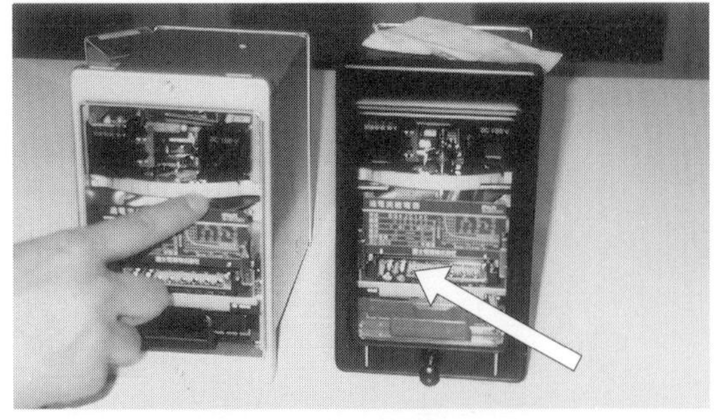

写真7.1　OCR
(指さしが時間レバー，矢印が電流タップ)

近づいてみると，自家用需要家に多い機械式に区分される**誘導円板形**のタイプで，円板が今まさに回転しようとする力が働き，左右に振動しているのがわかりました．

なお，**誘導円板形**は，（電力量計の原理と同じ）**くま取りコイル**の移動磁界で，円板に駆動トルクを発生するもので，電流入力が整定値より大きくなると，その駆動トルクは制御スプリングの抑制力に打ち勝って円板が回転し，接点を閉じます．

OCRの接点が閉じると遮断器の引外しコイルに電流が流れ，遮断器をトリップさせます．

筆者は，この**ジージーという音**は，通称マグネットスイッチと呼ばれる電磁接触器の鉄心の吸着がよくないときに出る音に似ているので，不安を覚えました．

しかし，この時の筆者は分析力を持ち合わせていなかったのとビル竣工後1年を経過していなかったため，担当した設計事務所と電気工事業者(以下「業者」という)に調査を依頼しました．

業者からの回答は，使用前検査（現在の使用前自主検査＋安全管理審査）他各種検査にも合格して引渡し済みであるという理由で，対応しようとする姿勢がみられませんでした．

もちろん，竣工図書の中にも**保護リレー整定計算書**がなかったので，業者にこれを求めたところ，「保護リレーの整定は，主任技術者の仕事である．」の一点張りで，とうとう逃げられてしまいました．

それでは，「**保護リレーの整定って誰がやるの？**」と自問自答しました．

2．進相コンデンサに流れる電流の計算

このビルでは，負荷の力率に応じて**進相コンデ**

ンサ(以下「**コンデンサ**」という) 1～3台を手動で入切するしくみになっていましたが，**OCR**からの音はコンデンサが3台投入されるときに発生していました．

コンデンサ3台が投入されているときの容量は，

$$75\ \text{kvar} \times 3 = 225\ \text{kvar}$$

したがって，定格電圧 6.6 kV での電流 I〔A〕は，

$$I = \frac{225}{\sqrt{3} \times 6.6} \simeq 19.7\text{〔A〕}$$ (**定格電流**)

受電電圧が上昇して 6.9〔kV〕では，コンデンサの電流は電圧に比例するので，

$$I = 19.7 \times \frac{6.9}{6.6} \simeq 20.6\text{〔A〕}$$

3．OCRに流れる電流の計算

OCRは，図7.1のとおりCTの二次側(CTは，『電気Q&A 電気の基礎知識』のQ25，26参照)に接続されます．

ここでCTレシオが30/5なので電流は，**二次側**では次のように計算できます．

$$19.7 \times \frac{5}{30} \simeq 3.28\text{〔A〕}$$ (**定格電流**)

$$20.6 \times \frac{5}{30} \simeq 3.43\text{〔A〕}$$ (**受電電圧上昇時**)

整定値は，電流タップ4 A，時間レバーは1となっていましたから，これを下回っていますので動作しないし，円板が左右に振動する電流値でもありません．**それではジージーと音が出たのはなんでだろう!?**

なお，**OCR**の動作時間特性は**図7.2**のとおりです．

4．コンデンサと高調波

コンデンサは，**高調波**を吸収しやすい性質を持っていることは，『電気Q&A 電気の基礎知識』のQ30で解説しました．

したがって，**高調波**を含む場合，ここでは簡単にするため第5高調波電流 I_5 を考えると，基本波電流が I_0 なら回路全体としての電流 I は，

$$I = \sqrt{I_0^2 + I_5^2} > I_0$$

ところがJIS C 4902-1998では，**コンデンサ**の充電電流に高調波を含む場合，その電流の実効値が定格電流の**135 %を超えない範囲**で連続使用して差し支えない電流を**最大使用電流**としているため，もともと定格電流より大きい電流が流れることを想定しています．

整定電流値4 AがOCRは動作する特性を持っていますので，これより若干小さい電流が流れていたことになりますが，わかりやすくするため4 A流れていたとすると，定格電流に対してどのくらいの電流かを計算すると，

$$\frac{4}{3.28} \fallingdotseq 1.22\text{倍} < 1.35\text{倍}$$

となります．

5．適正な整定値は？

整定が適正でなかったことが今回の**OCR**のジージー音の原因と考えられますから，**電流タップ**を定格電流の1.5倍程度の**5 Aに変更**しました．以後あれから30年近く正常に運転しつづけています(電流タップ変更のしかたは，『電気Q&A 電気の基礎知識』のQ34参照)．

今回の保護リレーの整定から**電気屋さんはいかに知ったかぶりの人が多いかがわかりました**(逃げた業者は実際は知らなかったのです！)．

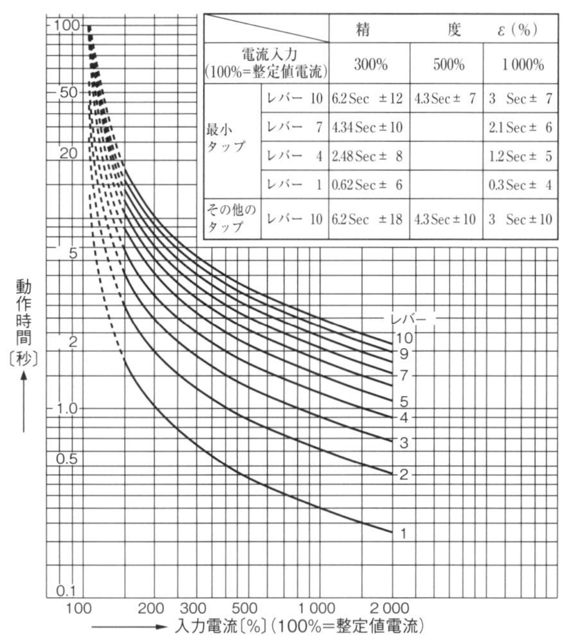

		精度 ε(%)		
電流入力(100%=整定値電流)		300%	500%	1 000%
最小タップ	レバー 10	6.2 Sec ±12	4.3 Sec ± 7	3 Sec ± 7
	レバー 7	4.34 Sec ±10		2.1 Sec ± 6
	レバー 4	2.48 Sec ± 8		1.2 Sec ± 5
	レバー 1	0.62 Sec ± 6		0.3 Sec ± 4
その他のタップ	レバー 10	6.2 Sec ±18	4.3 Sec ±10	3 Sec ±10

図7.2 OCRの動作時間特性
(メーカ資料(富士電機取扱説明書)から)

コラム2 トラブル事例から学んだ測定方法

筆者のひとりごと①

現場の**トラブル事例**から学ぶものは，数多くあります．

また，**トラブル事例**から学んだ**測定方法**については，個々の事例の中で解説しましたが，ここでは，その測定方法にターゲットを当てて日常のメンテナンスに役立つ技術を振り返りました．

学んだ測定方法は，大きく分けて2つにわかれます．一つは，現場で測定していたメーカーや測定専門業者（以下「プロ」という）から知り得たもの．もう一つは，現場の**トラブル事例**の解決に時間を要した後，測定方法を筆者自らつかみとったものです．したがって，プロから学んだものの中には，その測定器を購入しないと使えない測定方法もありますが，筆者が自らつかみとったものは現場で使える測定方法です．

1．プロから学んだ測定方法

① ディジタルテスタの活用

配線用遮断器（以下「MCCB」という）が，過電流でもないのに真夏に1～2回トリップした（Q32参照）トラブルがありました．

このとき，プロは，**ディジタルテスタ**のmVレンジによるMCCBの極間電圧降下測定によって，各相のアンバランスをみて，ある特定の相がほかの相に比べて異常に高いことでMCCB内部の異常過熱が原因であると判定しました．この**ディジタルテスタ**は，2～3千円で購入でき，活線中でのMCCBの同相どうしの電源側と負荷側間の電圧を測定するものですが，一つ間違えると短絡事故になり危険を伴うので相当な経験がないとお勧めできません．しかし，このような測定方法があるということを知っておくことは有益です．

② 放射温度計の活用

制御盤内外部端子台に接続されたIV線，CVケーブルの端子の緩みからケーブル被覆，ビニルおよび端子台の**発火・焼損事故**があったことから制御盤・分電盤の**端子増締め**の重要性を痛感しました．このとき，事故再発防止対策を相談したプロが使用していたのが**放射温度計**です（Q60参照）．この事故以来，筆者が勤務した工場では毎年1回活線状態で端子部過熱点検に放射温度計による測定を導入し，事故になる前にいくつか不具合を発見して対策をしました．

2．筆者が現場でつかみとった測定方法

① テスタの活用

モータの**レヤーショート**は，しばしば絶縁抵抗計で発見できないことがあります．このとき，敏感に動作するのがインバータの過負荷です．インバータとモータの組合せで，どちらかが不良と判定するのに，2つを切り離して個別に電源に接続しても，どちらも正常になりました．ここでとっさにひらめいたのがモータの**コイル間の抵抗値測定**です．これに使うのがテスタですが，レヤーショートが相当進んでいるとディジタルテスタでは目盛りが安定せずフラつくのでアナログテスタの出番です．このモータのコイル間の抵抗値測定は，有効な測定方法で，筆者がいた工場では技術継承しました（Q15，コラム3）．

② 操作回路あるいは制御回路の絶縁不良は？

操作回路，あるいは制御回路の絶縁不良と判定した場合，何が原因かと図面を見ると気が遠くなってしまいます．“千里の道も一歩から”のことわざどおり，この発見には王道はありません．

しかし，何回かこのケースに出会うとキーワードが浮かびます！　それは，**外部機器**に異常が多いということです．それも**水につかっているか，水のかかる機器に多い**ということがわかります．予想した外部機器をひとつずつ端子台から外して**絶縁不良**が発見できたときの喜びは，ひとしおです．

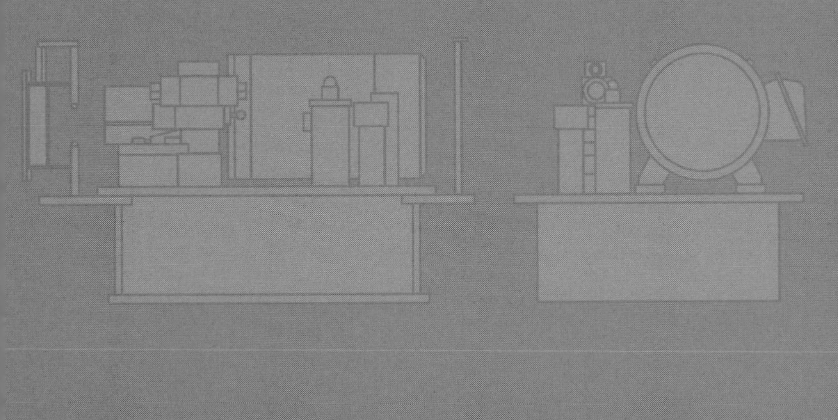

第Ⅱ部

トラブル事例編

第1章
モータのトラブル

モータ①

Q8 水中ポンプ用モータサーマルリレーがトリップ！なぜ？

モータと，その運転制御に使われる**インバータ**にも触れながら，9つのモータの**トラブル事例**を紹介します．

> 液面制御する排水用水中ポンプモータのサーマルリレーがときどきトリップした．

調査

❶トリップの状況は？

出勤すると，排水槽の水位が減っていないので制御盤内を見ると，排水用水中ポンプ(以下「**排水ポンプ**」という）の**サーマルリレー**（『電気Q&A 電気の基礎知識』の Q36)が動作していました．このトリップ復旧後，自動→手動に切り替えて運転するとトリップすることなく，正常に運転したため現場から筆者に調査依頼が来るのに歳月が流れました．しかし，サーマルリレーの設定は，9 A → 10 A に変更してありました(**図 8.1**)．

❷手動切替時の運転電流は正常！

手動切替時の**排水ポンプの各相の電流**を，電磁開閉器負荷側にてクランプメータ（『電気 Q&A 電気の基礎知識』の Q44)で測定したら，U：9.0 A，V：9.7 A，W：9.4 A という結果でした．この排水ポンプの定格電流は9.4 A なので，排水ポンプは正常と考えました．

❸5～6回に一度，トリップした！

過負荷にならないとトリップしないはずの**サーマルリレーが**，実際に**トリップ**していました．サーマルリレー復旧後手動に切り替えて，ON-OFF を何度となく繰り返したら，5～6回に1度，5～6秒後に**過電流**が現れ，**サーマルリレーがトリップ**しました．

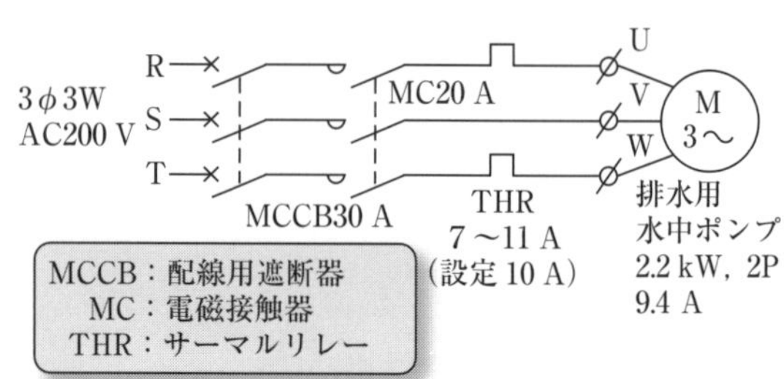

図 8.1　排水用水中ポンプ主回路

なお，**サーマルリレー**の動作特性曲線は**図 8.2** のとおりで，動作時間６秒の場合の電流は設定値の 3.5 ～ 6.5 倍が流れていることになります．

では，以上の調査１～調査３に基づき，どのように対応したらよいでしょうか？

A.8

サーマルリレーが動作するのは，排水ポンプの**始動時**に限られ，運転中には発生しないことがわかりました．

原　因　何回か始動させてテスターの電圧レンジ（ACV）にて，**図 8.3** のように線間電圧の測定をしたところ，**一相断線**が判明しました．

なお，電磁開閉器の１次側の線間電圧の測定は，正常であったことから，電源は異常ないことがわかりました．したがって，**断線の原因**は電磁接触器かサーマルリレーに絞られました．

配線用遮断器を OFF にした後，電磁接触器を上からのぞくと，**可動接点**の一部が溶けていることがわかりました．この可動接点の一部溶断が原因で，始動時にときどき**断線という現象**が発生したと考えました．

正常運転したときは，たまたま，接点同士の接

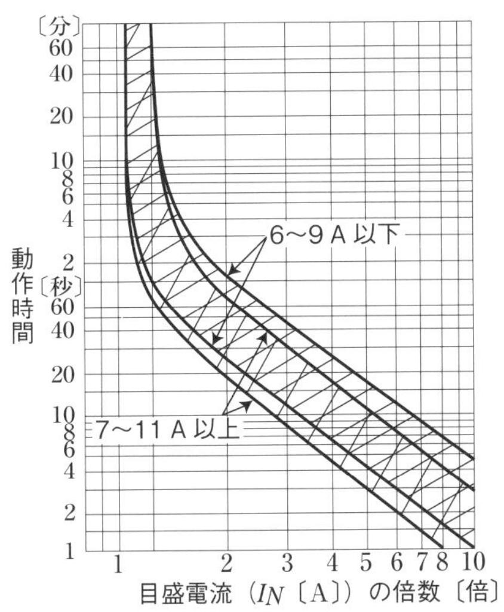

図 8.2 サーマルリレー特性曲線図
（富士電機システムズのカタログから引用）

触がよかったものと推定しています．

以上から，原因は**電磁接触器**の**主接点の一部溶断による欠相**と結論づけました．

対 策 **電磁接触器を新品に交換**し，その後は正常に運転しています．なお，この電磁接触器は10年以上使用しました．電磁接触器の寿命は，開閉回数によって決まるものなので，単に10年以上だからイコール寿命で交換，という図式にはなりません．もっと長く使えるものもあるし，3～5年で交換しなければならないものもあります．

現象の解明 上記の説明で，今回のサーマルリレー動作が**欠相による過電流**ということがわかりました．これをもう少しわかりやすく説明すると，排水ポンプ側，すなわち，**モータが欠相**になるとどうなるかを考えると納得できます．

1）始動時の欠相

Q2 の図 2.1 を参照すると，**モータの単相運転**は，始動可能かを考えればよいことになります．

始動時に欠相していた場合は，始動トルクが0のため，モータは回転しないで拘束状態になります．この排水ポンプの始動電流は，メーカーの試験成績書から60 A が瞬時に流れるが，**欠相**，すなわち，単相運転だと，$\sqrt{3}/2$ 倍の電流が流れ続けますから，

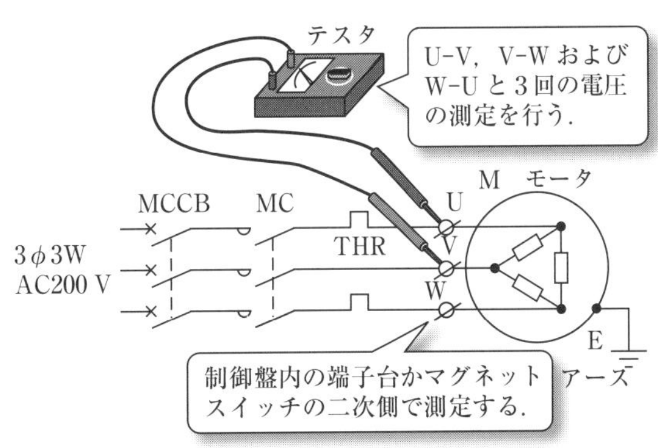

図 8.3 テスターにて線間電圧測定

$$60\ \text{A} \times \frac{\sqrt{3}}{2} \simeq 52\ \text{A}$$

この電流は，サーマルリレーの設定値10 A に対して，

52 A ÷ 10 A ＝ 5.2 倍

したがって，図 8.2 の特性曲線図から，3～10秒でサーマルリレーが動作することがわかります．

2）運転中の欠相

モータの内部結線は，Y結線のものも△結線のものもあります．

それぞれの結線のモータが**運転中に欠相**になるとどうなるか，すなわち，**電流変化**は**図 8.4** です．

過熱から焼損に至る可能性が高いため，排水ポンプのような水中ポンプで，かつ深井戸用（Q52参照）のように高価格のものでは**欠相**も保護する**3E リレー**※1 が設置されることが多いようです．

（注）

※1 **3E リレー**；過負荷，欠相，始動頻度過多の保護要素を持つリレー．コラム 14 参照．

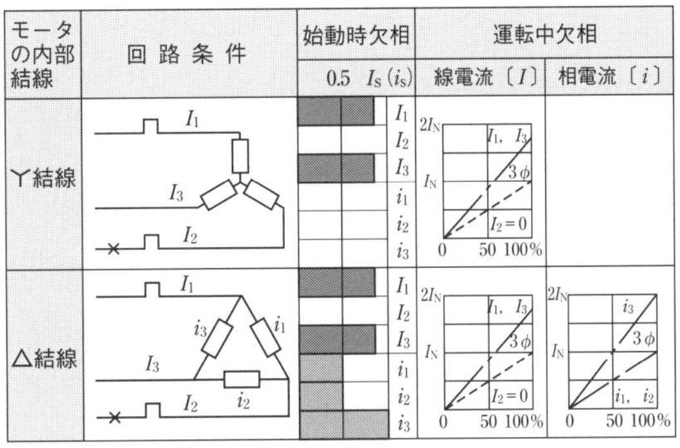

モータの内部結線	回路条件	始動時欠相	運転中欠相	
		0.5 I_S (i_S)	線電流〔I〕	相電流〔i〕
Y結線	I_1, I_3, I_2	I_1, I_2, I_3, i_1, i_2, i_3	$2I_N$, I_N, I_1, I_3, 3ϕ, $I_2=0$, 0, 50, 100%	
△結線	I_1, i_3, i_1, I_3, I_2, i_2	I_1, I_2, I_3, i_1, i_2, i_3	$2I_N$, I_N, I_1, I_3, 3ϕ, $I_2=0$, 0, 50, 100%	$2I_N$, I_N, i_3, 3ϕ, i_1, i_2, 0, 50, 100%

図 8.4 モータ欠相時の電流変化

モータ②

Q9 始動電流で配線用遮断器トリップ！なぜ？

工場内のファンが高温，かつ水蒸気ガスのため，ケーシング，ダクトおよびファンの羽根に至るまで腐食が進み，更新することになりました．しかし**同じ容量のモータ**に交換したのに，始動時に**配線用遮断器**（以下「MCCB」という）が**トリップ**しました．

ファンおよびモータを更新したが，同じ容量（400 V 30 kW 4P）なのに始動時に**MCCBがトリップ**した．

調査

❶モータ回路は？

図9.1のようにファンは，**三相400 V30 kW4Pのモータの直入れ始動**です．

なお，図9.1中の電磁接触器49Sは，負荷がファンで始動電流が大きく，始動時間が長いため，始動時にサーマルリレーが動作しないように，始動時のみタイマにて**サーマルリレーを短絡**しています．Y－Δ始動ではありませんから注意してください．

❷始動電流の大きさは？

更新してもモータの電圧，容量，極数は同じなので始動電流も同じと考えていたら，違っていました！　また，メーカーが既設品はB社，交換品はA社で，試験成績書によれば，**始動電流ほかのデータ**は次のとおりです．

区　分	メーカー	始動電流〔A〕	定格電流〔A〕	始動時間〔s〕
交換品	A社	503	58	10
既設品	B社	378	54	8

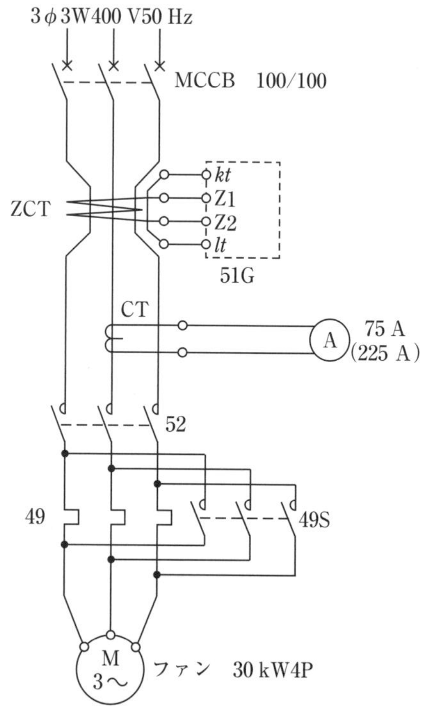

図9.1　ファン主回路

❸ MCCB動作特性曲線の検討

既設のMCCBの定格電流は，図9.1のように100 Aで，その動作特性曲線は**図9.2**のとおりです．既設のモータはB社製で，始動電流は378 Aですから，MCCBの**定格電流に対する倍率**は，

$$\frac{378}{100} \simeq 3.8\text{倍}$$

したがって，図9.2の動作特性曲線から動作時間は10秒以上なので，既設のモータ，MCCBでは問題は起きなかったわけです．

ところが交換品のモータの始動電流は，503 Aですから，MCCBの定格電流に対する**電流倍率**は，

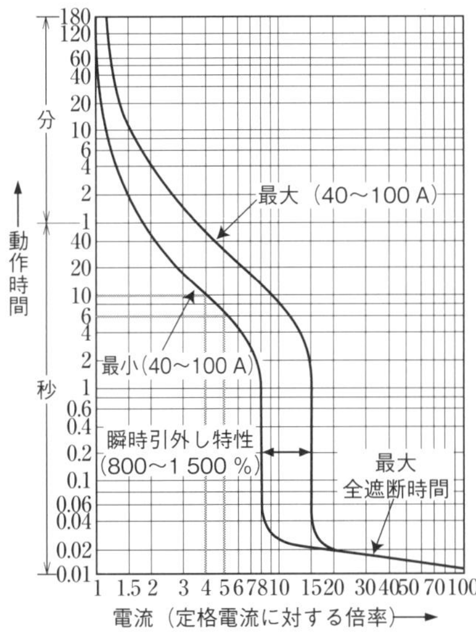

図 9.2　既設 MCCB 動作特性曲線

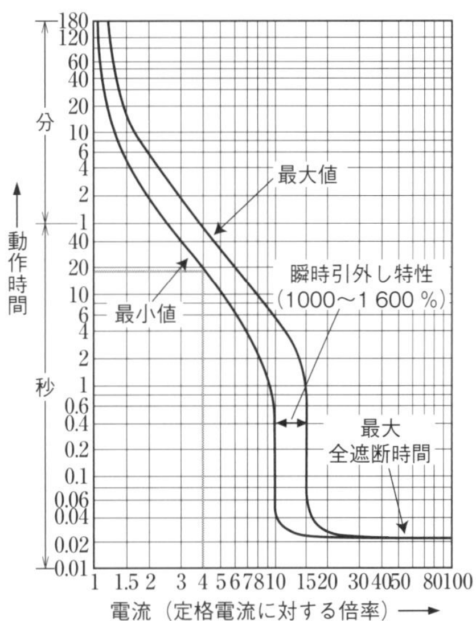

図 9.3　交換した MCCB 動作特性曲線

$$\frac{503}{100} \simeq 5\text{倍}$$

したがって，MCCB を交換しないとすると，図 9.2 の動作特性曲線から動作時間は 6 秒なので，始動時間が 6 秒未満であれば問題は発生しなかったはずです．しかし，交換品のモータは**始動電流**も大きくなったうえ，**始動時間**も長く約 10 秒ですから，MCCB が動作（トリップ）しました．

では，以上の調査 1 ～調査 3 に基づき，どのように対応したらよいでしょうか？

A.9

MCCB がトリップしたのは，モータを交換して**始動電流**が大きくなったことが原因だったことが判明しました．

原　因　始動電流が大きくなったのは？

同じ容量なのに始動電流が 378 A → 503 A に 30 %以上も増加したことはサプライズ！でした．では，同じメーカーのものを使用すれば問題は発生しなかったのでしょうか？

しかしながら，機械装置のファンメーカーはモータとセットして納入するものなので，使用者側で型番，メーカーまで指定できないのが現状です．

それに，刻々と変化する世界の中で**省エネルギー**の必要性が叫ばれていることから，ファンメーカーが**高効率モータ**を採用しました．

高効率モータは，鉄損および銅損を低減するために鉄心材料をハイグレードにし，電線径を太くしています．その結果，**高効率**になっていますが，**始動電流**が通常品より大きくなりました．

結果的に，**省エネルギー**のために**始動電流**大という大きな代償を負ったことを学びました．

対　策　既設の MCCB は？

調査 3 で検討した**電流倍率**を小さくすれば，動作特性曲線の**動作時間**が大きくなり，**始動時間**を上回れば解決することがわかります．

MCCB の定格電流を 100 A → 125 A にすると（MCCB の交換を意味する），モータの**始動電流**は 503 A ですから，**電流倍率**は，

$$\frac{503}{125} \simeq 4\text{倍}$$

となり，交換品の MCCB の**動作特性曲線**の図 9.3 から，**動作時間**は 20 秒近いので，交換品のモータの**始動時間** 10 秒を上回り，クリアできることがわかります．

したがって，MCCB を 100 AF/100 A → 225 AF / 125 A に交換したことが対策となりました．

モータ③

Q10 インバータが瞬時トリップ！なぜ？

油圧ポンプ用モータが**インバータの過負荷**により瞬時トリップしたトラブルを扱います．

油圧ポンプ用モータを制御するインバータの過負荷表示が出て，インバータが瞬時にトリップした．

油圧ポンプとモータは，カップリングで結合され，油圧を制御する電磁弁とともに1つのユニットを構成しています．このユニットは，**油圧ポンプユニット**と呼ばれ，**図10.1**に全体のイメージを示しました．

❶絶縁抵抗の測定は？

油圧ポンプ用モータの主回路は，**図10.2**に示すようにインバータで運転しています．最初にケーブル配線を含むモータの**絶縁測定**を，制御盤内インバータ二次側端子で三相の1線ずつ，大地間で実施しました．その結果，GU-E，GV-EおよびGW-Eとも**100 MΩ 以上**となり，予想した絶縁低下はなく**正常なデータ**でした．

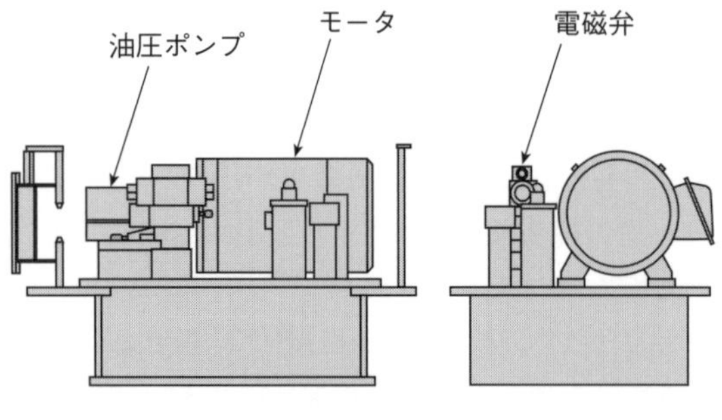

図10.1　油圧ポンプユニット

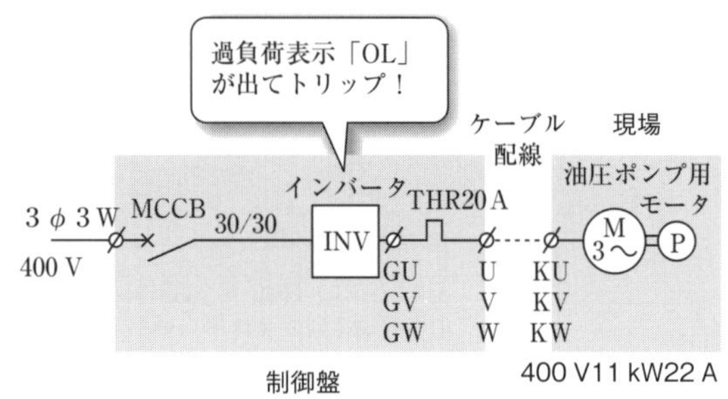

図10.2　油圧ポンプ用モータ主回路図

❷インバータの故障は？

図10.2のインバータ二次側端子GU，GV，GWの負荷側，すなわちモータへの配線を外してインバータを運転したら正常でした．したがって，インバータ自体に異常はないと判断しました．

❸ケーブル配線は正常か？

制御盤～現場の油圧ユニットまでの**ケーブル配線**の亘長は，150 m程度あります．ここで，現場の油圧ポンプ用モータ端子箱内の結線を外し，モータを含まない図10.2上のU，V，W-KU，KV，KW間のケーブル配線間の絶縁抵抗を測定した結果，いずれもINFでしたから，正常と判断しました．したがって，ケーブル配線に短絡も地絡も発生していないと判断しました．

❹モータ直結で運転したら？

以上から，インバータ，モータおよびケーブル配線のいずれも正常なのに，再び運転すると**インバータ**の**過負荷表示**が出て，インバータが瞬時トリップしてモータが停止しました．ここで，インバータなしで無謀にもモータを電源直結（直入れ起動）で運転したところ，この制御盤の上位電源である電気室内配電盤MCCBの**地絡表示**が出てトリップしました！

では，以上の調査1～調査4に基づき，どのように対応したらよいでしょうか？

A.10

モータが異常だったのです！　でも，絶縁抵抗計ではわからないのでしょうか？　それとも，絶縁抵抗計が故障していたのでしょうか？

原　因　モータのコイル抵抗値は？

モータの結線は，時代とともに変遷していることを『電気Q&A 電気の基礎知識』のQ40の図40.2で紹介しました．

今回のモータは，1987年製の11 kWですから**図10.3**のような結線になっています．

ここで，**デジタルテスタ**にてコイル間の抵抗値を測定した結果，U-X；1.04〔Ω〕，V-Y；1.06〔Ω〕，W-Z；2.06〔Ω〕となり，**W-Z間のコイル抵抗値**がほかのコイル抵抗値の約2倍になっています．また，メーカーの試験成績書のデータによると，固定子巻線抵抗値は，1.0381〔Ω〕であることから，これを一相当たりのコイル抵抗値に換算すると約1.56〔Ω〕※1です．

なお，後日故障したモータをメーカーのサービスステーションに引き取ってもらい修理をしました．

ここで判明したことは，モータの異常の原因は，W相の**レヤーショート**※2**から部分焼損**に発展したと推定されるというものでした．

また，ステータコイル※3が全体的に**過熱**していることと，コイル間の**絶縁物が熱劣化**していることも報告されました（モータの絶縁機種はB種）．

対　策　故障したモータの修理内容は，**ステータコイル巻替え**，ベアリング交換および分解清掃したうえで納入され，取り付けられました．

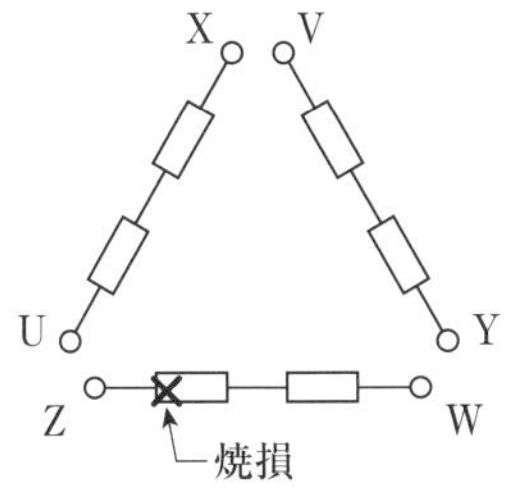

図10.3　モータの結線と故障内容

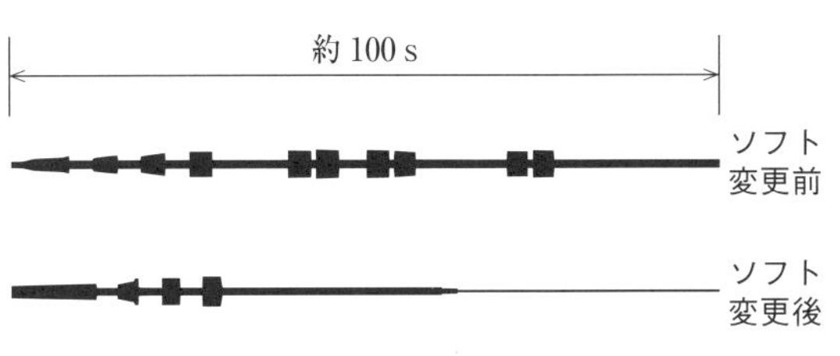

横軸が時間t，縦軸が電流の大きさIを表す．明らかにソフト変更後のほうが負荷I^2tの軽いことがわかる．

図10.4　ソフト変更前後の油圧ポンプ用モータの自動運転の比較

しかし，その後もこの**モータの過熱**による熱劣化のため，**レヤーショート**からコイルの部分焼損が2～3年に一度ぐらいの割合で発生しました．

この原因は，メンテナンス不良によるモータの冷却効果低下とする業者側の主張を納得できなかったことから，コンピュータソフトによる自動運転の無駄な動き，すなわち**長時間運転のための発熱**I^2tが原因と反論し，**オシログラフ**で油圧ポンプ用モータの運転を分析しました．その結果，2倍以上の無駄な動きがあることが判明し，**ソフトを修正**した後は同様な故障はなくなりました（**図10.4**）．

反省点　絶縁抵抗計は万全ではない！

絶縁抵抗計では，モータのレヤーショートの部分焼損は発見できませんでした．しかし，**デジタルテスタ**によるコイル抵抗値の判定が異常であることを示していたのに，事前に測定しなかったことが悔やまれます．

またインバータの過負荷検出は，**電子サーマル**で行い，ピーク瞬時値に対して200％以上の過電流で**瞬時トリップ**する感度の良いものです．

（注）

※1　固定子巻線抵抗値が，1.0381 Ωを一相当たりのコイルの抵抗値に換算すると約1.56 Ωになる理由は，コラム3を参照．

※2　**レヤーショート**；層間短絡のこと．

※3　**ステータコイル**；固定子巻線のこと．

モータ④

Q 11 インバータ更新後にモータ故障続出！なぜ？

インバータ更新後１年以内に，**６台のモータのうち４台に故障が発生**しました．

> インバータを更新後，モータの故障が多く発生した！

❶電気回路は？

電気回路は，**図 11.1** のように，3ϕ3W AC400 V の商用電源に**インバータ**（INV）が２台，モータ 2.2 kW のものが３台接続されています．全く同じものが２系列あるので，モータとしては **2.2 kW の容量のものが６台**あることになります．

❷モータの故障は？

図 11.1 でＭ１が故障したときは（1-1 か 1-2 かは不明）**サーマルトリップ**，Ｍ２が故障したときは**インバータ過負荷**で，すべて**レヤーショート**から絶縁劣化に至り，ステータコイルの焼損でした．

故障したモータ４台のうち，代表的なものとして２系列Ｍ１がサーマルトリップしたとき，**絶縁抵抗**はU-E，V-E，W-Eとも 100 MΩ 以上を示し，正常でした．次に，**図 11.2** に示すモータの巻線抵抗値をアナログテスタで測定した結果，U-V；3.7〔Ω〕，V-W；1.7〔Ω〕，W-U；4.9〔Ω〕というアンバランスで，**異常**が認められました．

❸インバータ更新が影響？

1995 年３月発行の日本電機工業会の「**400 V 級インバータで汎用モータを駆動する場合の絶縁への影響について**」によれば，

「400 V 級インバータでモータを駆動する場合，直流電圧が約 600 V となるため，**配線長**によっては，サージ電圧が大きくなり，モータ絶縁の損傷に至る場合がある（**図 11.3**）．」

と報告されています．このことをいつの日か読んだことを思い出し，４回目にモータが故障したときに，インバータ更新の請負業者に今回の一連のトラブルの要因は，**インバータ更新が影響しているかの調査**および**モータのサージ電圧**の測定を依頼しました．大まかな調査結果は，配線長は１系列が約 90 m，２系列が約 130 m あり，モータの**サージ電圧**は，端子電圧において **1 250 V 未満**でした．また，インバータのデバイスが従来の**トランジスタ**から **IGBT**[※1] に変更になったことによるサージ電圧は，配線長 100 m で 1 110 V から 1 150 V の若干上昇という報告でした（モータの絶縁機種はＥ種）．

では，以上の調査１～調査３に基づき，どのよ

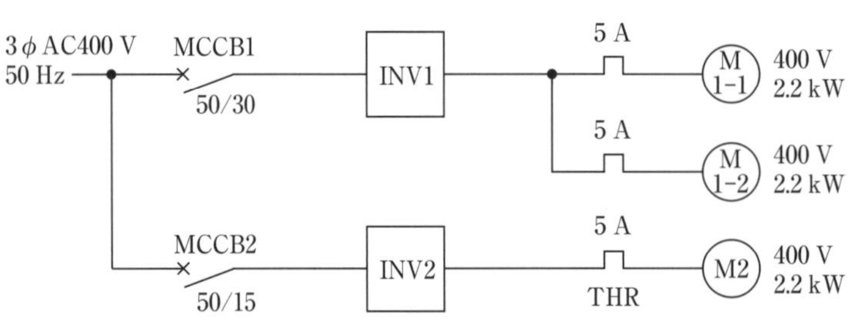

図 11.1　モータ主回路図

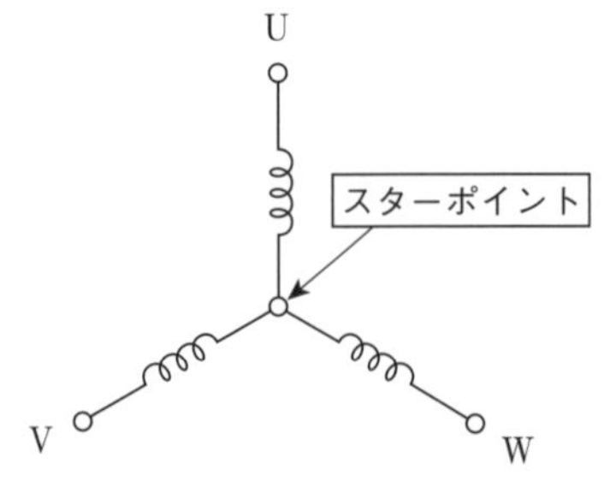

図 11.2　モータの結線

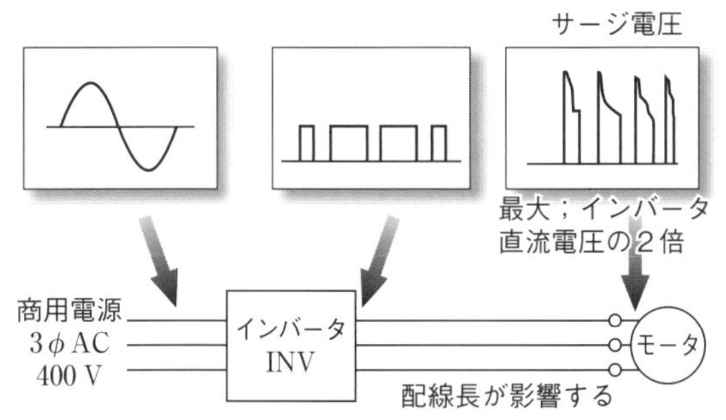

図 11.3　400 V級インバータのサージ電圧メカニズム

うに対応したらよいでしょうか？

A.11

原　因　ステータコイルの絶縁劣化？

絶縁抵抗計では，Q10と同様に絶縁劣化が発見できませんでしたが，モータをメーカーに引き取ってもらい分析を依頼しました．

その結果，**PI比**※2がコイル－アース間で1.67，コイル相間（U-V，W）で1.52でした．PI比＝1.5以下で不良と判定されることから，**絶縁が劣化傾向**にあることがわかりました．また，モータ結線のスターポイント（図11.2）の接続部をほどき，各相間の絶縁抵抗を測定したらV-W；0〔MΩ〕で**V相とW相が短絡**し，**W相コイル**の抵抗値がW－スターポイント間で2.13〔Ω〕と，ほかの相の2.45〔Ω〕に比べて低いことが判明しました．したがって，V相とW相コイルの**レヤーショートから絶縁劣化**に至ったものと推察されました．

現象の解明　サージ電圧？

モータの13年以上と**長年の使用**に加わり，**インバータ更新によるサージ電圧**が大きくなったことが，**モータの寿命**を縮める結果になったものと請負業者およびメーカーともに一致した見解になりました．やはり**インバータの更新時には，モータも同時に更新すべきだった**ことを発注者および請負業者とも勉強させられました．なお，**200 V級インバータで駆動する場合**は，直流電圧が約300 Vであるため，サージ電圧によってモータ端子電圧の波高値が2倍になっても絶縁強度上の問題はなく，今回のようなトラブルはないことが日本電機工業会から報告されています．

対　策　絶縁強化モータ？

今回，故障したモータを含め，修理した内容は，**分解清掃，ステータコイル巻替え，ワニス処理および乾燥**，それに**ベアリング交換**です．なお，400 V級インバータでモータを駆動する場合のサージ電圧によるモータ絶縁の損傷の懸念については，日本電機工業会では，過去5年間の調査の結果，発生率は0.013％です．また，その時のサージ電圧は1 100 V以上で，インバータ駆動の稼動後数か月以内に集中し，稼動後数か月を経過したモータの絶縁損傷の確率は極めて低いとしています．しかし，その一方で**既設のモータを新たに400 V級インバータで稼動する場合**は，**サージ電圧の対策**が必要となります．その一つが**絶縁を強化したモータ**を使用する方法で，修理したモータは，絶縁電線や絶縁構成の変更，ワニス処理の回数を増やす等の対策を実施しました．また，**最近の400 Vモータ**については，インバータの普及で当初からサージ電圧耐量1 250 Vを保証しているので，心配はありません．対象となるモータ6台のうち，2台は新品の最近のモータに交換し，残る4台は修理して**絶縁強化モータ**としました．

（注）

※1　**IGBT**；Insulated Gate Bipolar Transistorの略で**絶縁ゲートバイポーラトランジスタ**のこと．バイポーラトランジスタの高電流素子を電圧駆動させるもので，スイッチング周波数が0.5～15 kHzと高く，騒音およびスイッチング損失が小さいので，最近のインバータの主役のデバイスとなっている．

※2　**PI比**；**成極指数**のこと．直流試験から絶縁抵抗－電圧特性により，次のように定義する．

$$\mathrm{PI}=\frac{\text{電圧印加10分後の絶縁抵抗}}{\text{電圧印加1分後の絶縁抵抗}}$$

1.5以下を不良と判断する指標である．

モータ⑤

Q 12 軸受異音放置したら地絡事故！なぜ？

運転中の**モータから異音**がしても，しばらくはそのまま運転し続けます．異音はモータ**軸受の音**であることが多いのですが，このまま運転を続ければ，そのうちに**軸受**が焼き付き，**軸受**が破損してステータやロータを傷つけ，絶縁不良から地絡に至るケースも発生します．こうなると容量の大きいモータほど修復が困難になり，モータは新品に交換しなければなりません．そのうえ機械側にも損傷を与え，工場では生産中止になれば**損失額が大きくなります**．

モータの異音を放置して運転を続けたら地絡事故発生！

事例1 37 kW6P ファン用モータ

竣工4年後，約20 000 h以上運転したモータ軸受から**異音**が出てきた．これを放置したら，反負荷側軸受が完全に焼損し，回転子シャフト軸受部に傷，固定子コアと回転子コアが接触して**地絡事故発生！**

事例2 30 kW2P ポンプ用モータ

モータ軸受から異音が出てきたが，これを放置したら，軸受焼付から破損し，ステータコイル損傷による**地絡事故発生！**（**写真12.1**）．

事例3 15 kW4P ブロワ用モータ

モータ軸受からの**異音**が出てきたが，これを放置したら，軸受焼付から破損し，ステータコイル損傷によるレヤーショートから**地絡事故発生！**（**写真12.2**）．

では，以上の事例1～事例3に基づき，どのように対応したらよいでしょうか？

写真12.1　モータ負荷側軸受破損

写真12.2　ステータコイル損傷

A.12

低圧モータの故障原因のほとんどは，**軸受の摩耗，焼付**ですから，これを放置することは，人間に例えると，風邪の初期の兆候である咳，頭痛，あるいは発熱等に対処しなかったことに等しくなります．古くから「**風邪は百病の長**」とか「**風邪は万病の元**」と言われるように，風邪を軽く見ては

写真 12.3 軸受交換後ロータをステータに戻す作業

ならないように戒められています．実は，モータ**軸受の異音**は，この**風邪の兆候**と同じに考えられます．

原 因 **軸受の異音は寿命!?**

低圧モータの大部分が，**密封式ころがり軸受**※1（以下「**密封軸受**」という）です．この密封軸受の寿命は，**封入グリースの寿命**で左右され，周囲温度にもよりますが，通常の寿命時間は下記の値を目安に管理することが望ましいとされています．

2P（3 000 min^{-1} 以上）18 000 ～ 20 000 h 2年
4P 以上（3 000 min^{-1} 未満）27 000 ～ 30 000 h 4年

回転機の軸受寿命を考える場合には，使用時間だけでなく故障率，取替費用，故障時の損失費用等を総合的に判断して決める必要があります．

一般的に**時間型メンテ**では，約３万時間ごとの交換がよく使われる基準で，約４年に１回交換する**予防保全**のスタンスで実施されます．

しかし，現場ごとの使用環境，設備の重要度および保全予算等からデータを蓄積して，実情に合った合理的かつ経済的な保全周期を確立していくことが望ましいものと考えます．

今回の３つの事例のように，**異音の発生**があったら早急に軸受の交換の必要があるべきものを，これを見過したため，軸受焼付から軸受が破損，飛び散ってコイル損傷から**地絡事故**という重大事故に発展しました（**写真 12.3，12.4**）．

写真 12.4 ステータコイル巻線作業

軸受の異音は，軽いうちに発見して早目に対処すれば大きな問題には至らなかったわけです．また，**軸受の異音**は寿命のほかに**据付や芯出し不良による振動**もあるので，竣工後や修理直後には細心の注意が必要です．

対 策 **機械側との連結を切り離す！**

異音が発生したら，一般的にはモータと機械側，すなわち負荷を切り離して，手回しやモータ単体運転を行って**異常側を確認**してから作業を行います．これを怠ったため **事例１** ではステータコイルに代替品を使用し，仮復旧して運転して新しいモータに交換するまで半年近い歳月が流れました．

（注）

※1 **密封式ころがり軸受**：密封式はシールド形とも呼ばれ，低圧モータに使われるグリースがあらかじめ内部に封入されたもの．ころがり軸受には転動体（内輪と外輪の間を転がる物体）に玉を使う玉軸受と「ころ」を使うころ軸受とがあり，通常玉軸受が多く利用されている．

モータ⑥

Q13 モータ接地線焼損！なぜ？

接地線，いわゆるアース線に関連するトラブル事例を紹介します．

コンベヤモータの接地線が焼損した．

調査

❶接地線は？

図13.1のように接地線は，コンベヤモータ～制御盤間の長さ約7 mの工場鉄骨に固定されている金属管内の**CV3.5sq×4Cの1芯**を利用していました．なお，**図13.2**のとおりコンベヤモータは三相誘導電動機1.5 kWで，三相400 Vの電源が供給されていました．

❷接地線焼損の程度は？

CVケーブルの1芯を接地線として利用していたその**被覆**が**焼損**していたことから，接地線にかなりの電流が流れていたことがわかります．ちなみに金属管内に入れたCVケーブル3.5sqの**許容電流**は，およそ26 Aです．

❸どうして被覆焼損がわかった？

コンベヤの改修工事があって工事業者(以下「業者」という)がモータ配線を接続しなおそうとしたとき，CVケーブル内の接地線被覆焼損を発見しました．

では，以上の調査1～調査3に基づき，どのように対応したらよいでしょうか？

A.13

原　因　接地線に大電流？

1）接地線のみに大電流が流れた？

CVケーブル3.5sq× 4Cの接地線に大電流が流れたことによって，その被覆が焼損したことは現物からわかりました(**写真13.1**)．

したがって，4芯のCVケーブルの1芯を接地線に利用していたこともあって，ほかの3芯も焼損した接地線の被覆熱の影響を受けて使用に耐えられない状況でした．

2）アーク溶接機使用時の帰還電流が流れた？

改修工事の際，アーク溶接機を使用していました．このアーク溶接機使用時の帰還電流が約120 Aぐ

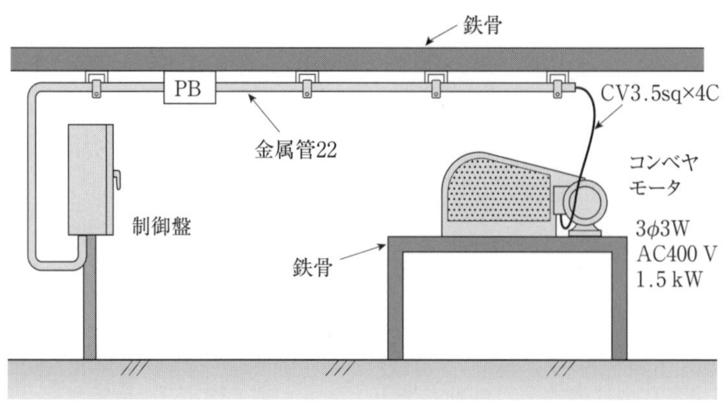

図13.1　コンベヤモータの配線

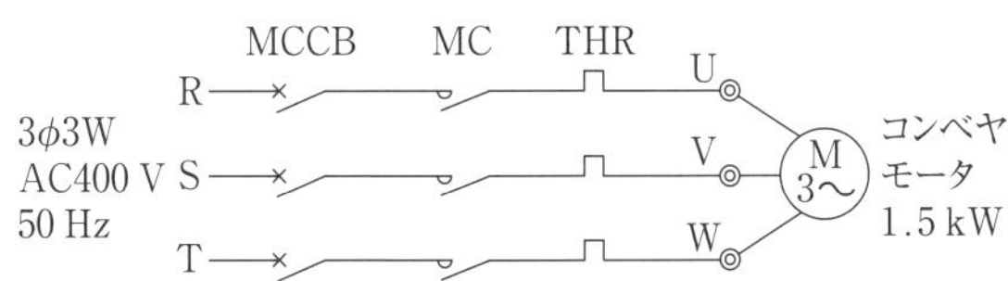

図 13.2 コンベヤモータ電気回路図

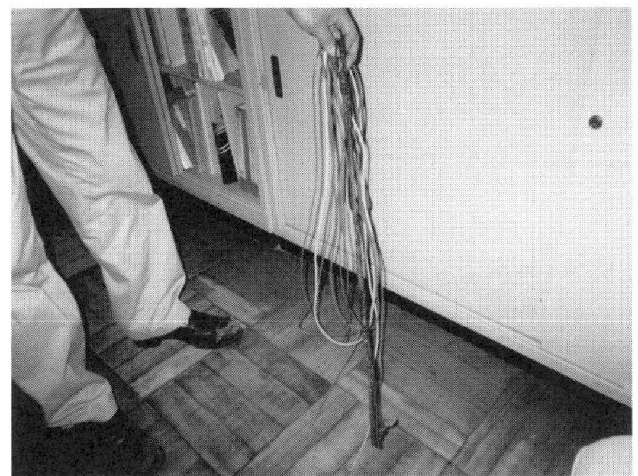

写真 13.1 焼損した CV ケーブル

らいですから，この電流が接地線に流れたことが推察されました．

この接地線の許容電流が約 26 A ですから，

120 ÷ 26 ≃ 4.6 倍

の電流が流れたことになります．

対 策

1）4芯ケーブルを3芯ケーブルに

接地線にアーク溶接機使用時の**帰還電流**が流れ

写真 13.2 接地線を別とした配線

たとしても，モータ配線にまで悪影響がおよばないようにCVケーブルを3芯に交換し，接地線は別のIV線として金属管内に配線し直しました(**写真 13.2**)．

2）アーク溶接機の正しい使い方の徹底

㋑ アーク溶接機のアース用クランプを確実に取り付ける．

㋺ アーク溶接機のホルダーとアースクランプの距離をできるだけ近づける(**図 13.3**)．

なお，対策後にモータの接地線に常時電流が流れているか，2週間ほど**モニタリング**しました．

その結果，接地線には電流がまったく流れていないことが判明したので，接地線被覆焼損原因は，改修工事のときに使用した**アーク溶接機の帰還電流**であるとほぼ断定することができました．

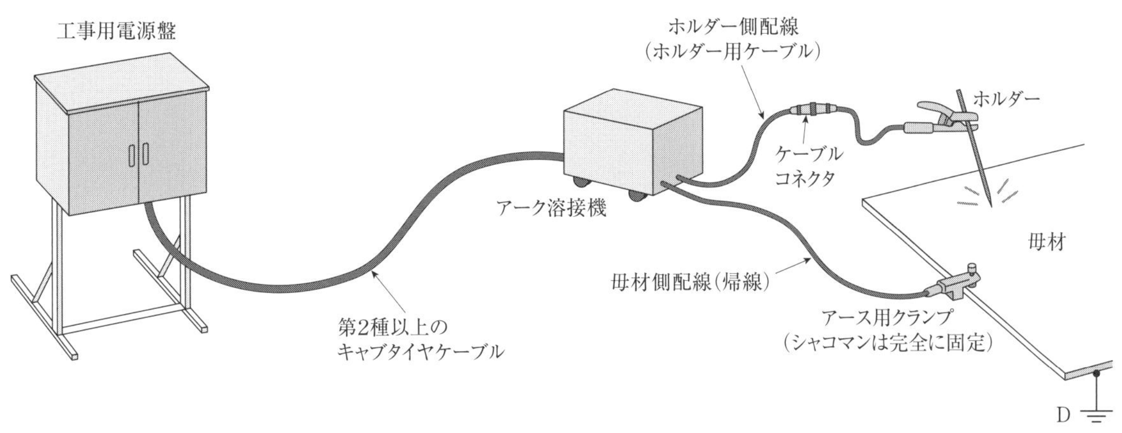

図 13.3 アーク溶接機の正しい使い方

モータ⑦

Q14 銘板が違う！なぜ？

今回は，モータの銘板に関するトラブルを取り上げます．疑いもしなかった電気機器の**銘板の記載事項**に誤りがあった話です．

モータの銘板が違う！

A.14

事 例 工場の天井クレーン巻上モータの**銘板の記載事項**に誤りを発見しました．

メンテナンスの仕事に30年以上も携わってきて，電気機器の**定格銘板の記載事項**に疑いを持ったこと等一度もありませんでした．しかし，疑いもしなかった**銘板に何と，誤りが見つかりました．**

どこが問題か？ 筆者は元来，電気機器に取り付けられている銘板の記載事項を見るより，納入時の電気機器の**試験成績表**を見るようにしていました．これは，銘板を見るのに高電圧充電部に接近したり，機器が高所に設置されていたりして危険があったり，照明が暗く見づらかったり，銘板そのものが光って見づらかったりするからです．

今回のケースは，**試験成績表**を参照すると**表14.1**（抜粋）のような仕様でした．この仕様を頭に入れて現場のモータ（**写真14.1**）を見たら，何とRPMの欄が930となっていました．これは同期速度の式

写真14.1 銘板の記載に誤りのあったモータ

$N_s = \dfrac{120f}{p}$ から極数 p を求めると，

$$p = \frac{120f}{N_s} = \frac{120 \times 50}{930} \fallingdotseq 6.45 \rightarrow 6$$

となり，自分の眼を疑いました．再度，**試験成績表**および竣工図書を見ると，正しいのは**試験成績表**の方でした（試験成績書では極数は8）．このことをモータを搬入した機械装置メーカーに連絡すると，**銘板の記載事項**の誤りを認めました．なお，今回のモータは，400 V55 kW でJIS C 4210の適用外でJIS C 4004（現JIS C 4034）が適用規格のため，**図14.1**の銘板とは違った形式でした．

対 策 機械装置メーカーは，即銘板の差し替えを行い，**930 rpm → 730 rpm**（現 min^{-1}）に訂正しました．

表14.1 誘導電動機試験成績表（抜粋）（MANUFACTURER'S TEST REPORT OF INDUCTION MOTOR）

電動機仕様（SPECIFICATION FOR MOTOR）

出力 OUT PUT〔kW〕	55.00	極数 POLES	8	形式 TYPE	TFO－KK
周波数 FREQUENCY〔Hz〕	50	電圧 VOLTAGE〔V〕	400	電流 CURRENT〔A〕	110.00
相数 PHASES	3	定格 RATING	CONT.	絶縁級 INSU.CLASS	F
規格 STANDARD	JIS	二次電圧 SECONDARY VOLTAGE〔V〕		二次電流 SECODARY CURRENT〔A〕	

モータの規格と銘板の記載事項

1．モータの規格

現在，三相誘導電動機で適用されている規格は，**JIS C 4210，JIS C 4034，JIS C 4212，JEC-2137-2000** です．いずれも 2000 年前後に規格が改定されていて，**JIS C 4212** は番号が変わらないで内容が改定されました．**JIS C 4034** は JIS C 4004 をベースに新しい内容を加え，JIS C 4212 は高効率電動機の基準として新設されました．なお，**JEC-2137-2000** は JEC-37 が改定されたものです．

以上の規格ですが，**JIS C 4210** は，「一般用低圧三相かご形誘導電動機」という名称で連続定格，周波数 50 Hz もしくは 60 Hz 適用または 50/60 Hz 共用，電圧 600 V 以下，定格出力 0.2 ～ 37 kW について規定されたもので，いわゆる**標準品**です．したがって，この規格の適用範囲に入らないものは，JIS C 4034 か JEC-2137-2000 を適用することになりますが，どちらの規格を適用するかはメーカーによることになります．

2．銘板の記載事項

モータには，必ず**定格銘板**（以下，単に「**銘板**」という）が取り付けられます．**銘板の記載事項**は，そのモータを特定するための大切な情報です．**銘板の記載事項**は，規格で必要項目が定められ，**図 14.1** には，JIS C 4210 に基づく銘板例を示しました．

NO	記載事項	解説	
1	TYPE	形	電気的特徴を表し，回転子構造を表す．
2	FORM	式	機械的特徴を表し，外被構造や駆動方式等を表す．
3	kW	定格出力	
4	POLES	極数	
5	RATED VOLTAGE	定格電圧	
6	RATED FREQUENCY	定格周波数	
7	RATED CURRENT	定格電流	AMPERESの略
8	RATED SPEED	定格回転速度	毎分回転速度
9	THERMAL CLASS	耐熱クラス	
10	RATING	定格	時間定格を記載．連結定格はS1を表示．
11	FRAME NO.	枠番号	
12	PROTECTION	保護方式	外被による保護方式を表す．
13	SHIELD BEARINGS またはBEARINGS NO. L. S. O. S.	軸受番号 負荷側 反負荷側	L. S. は LOAD SIDEの略 O. S. は OPPOSITE LOAD SIDEの略
14	STANDARD	適用規格	標準はJIS C 4210ですが，中容量機種および注文電動機は JIS C 4034，JEC 2134となる場合がある．
15	SERIAL NO.	製造番号	電動機固有の試験番号，1番号1台となっている．

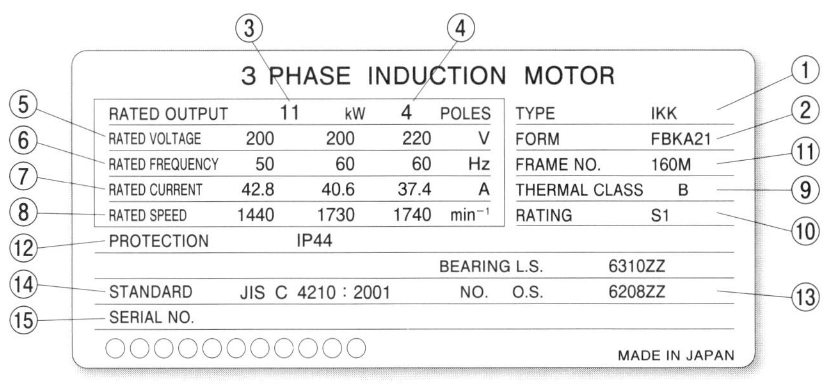

注）東芝産業機器製造のホームページ「Q. 銘板の見方（モータ）」から引用（今回の銘板の記載事項に誤りのあったメーカーと東芝産業機械製造は関係ありません）

図 14.1　JIS C 4210 に基づく銘板例

モータ⑧

Q15 水中ポンプ交換してもすぐに故障！なぜ？

実際に起きた水中ポンプにまつわるトラブル事例を２件紹介します.

交換した水中ポンプが２週間程度で使用できなくなった.

A.15

解　説　自動交互運転している２台の**水中ポンプ**が寿命に達したので，ほぼ同時期に交換しました．しかし，そのうち１台は，交換後２週間程度で**漏電遮断器**（以下「ELCB」という）が**トリップ**して使用できない状態に，その約２か月後にもう１台も同様に使用できなくなりました．原因はどちらも絶縁不良でした.

別件で，３台の水中ポンプのうち絶縁不良になった２台の水中ポンプのELCBを遮断しました．しかし，**制御回路の絶縁抵抗**が回復しないため，使用していない２台の水中ポンプ用**サーマルプロテクタ**の配線を外部端子台で外したら，正常な水中ポンプを含め，３台のポンプの**故障表示**が同時に出ました（**図15.3-1**）.「こんなことって」あるのでしょうか？

事例１　交換した新しい水中ポンプが２週間～２か月で使用できなくなった！

写真15.1のような工場構内の排水槽で使用している汚水汚物ポンプ1.5 kWが，短期間で絶縁抵抗が低下して使用できなくなりました.

原　因　あまりの短期間の使用で故障したため，**メーカーに連絡**し，不具合の原因調査を依頼しました.

メーカーの工場での分解調査によれば，水中ポンプ電装カバー内のモータリード線の被覆が摩耗してはがれ，**芯線がフレームに接触して地絡事故に至った**，というものでした（**図15.1**）．水中ポンプとその配管の固有振動数がモータ振動と**共振**したもので，当施設特有のものと報告され，モータの絶縁抵抗や巻線抵抗は異常が見られなかっ

写真15.1　新旧の水中ポンプ（左側が不具合品）

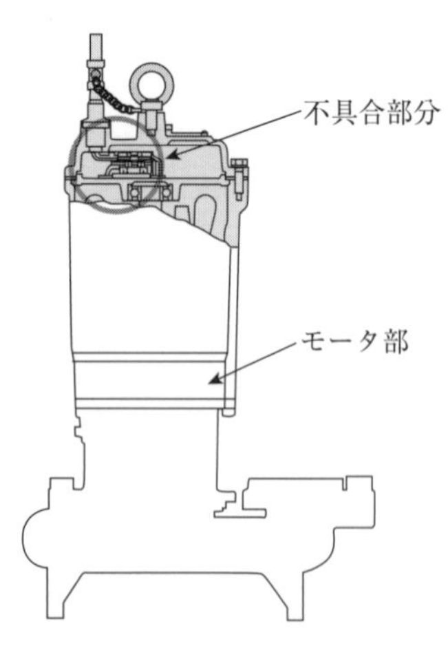

図15.1　水中ポンプの不具合部分

た，という報告書が提出されました．

対　策　メーカーは，**不具合再発防止**のため以下の３点の**対策をした水中ポンプ**を用意して，現場に取り付けました．その後は，同様な不具合は15年以上発生していません．

①**モータリード線の長さを短くする**．
②モータリード線を**チューブ**で保護する．
③モータリード線付近の電装カバー**内面に絶縁性の弾性シートを貼る**．

もちろん，対策品の費用は，クレームとして処理されたので**メーカー負担**でした．この例が示すように**極端な短期間で使用できなくなったもの**は，メーカーに調査をお願いするのが双方ともにメリットがあることを学びました．

事例２　故障中の水中ポンプ用**サーマルプロテクタ**(以下「プロテクタ」という)**の配線を外したら，正常なポンプも故障表示が出た！**（図15.3-1）

原　因　プロテクタは，熱的保護装置でステータ下部に埋め込まれ，モータ巻線温度が120±5℃以上で動作します．**図15.2，15.3**のようにプロテクタの接点は，**ブレーク接点(b接点)**を使用しているため，正常ならP10-P11，P12-P13，P14-P15間はクローズです．したがって，リレー$49S_1X$，$49S_2X$，$49S_3X$は動作して，それぞれのリレーのブレーク接点はオープンになり，リレー49-1X，49-2X，49-3Xは動作しないので，**故障警報**は出ません（**図15.3-2**）．ところが，図15.3-1の**破線**のように**誤結線**されていたため，故障したポンプ２台のプロテクタの配線を外したのでP10-P11，P12-P13がオープンとなりました．よって，正常なP14-P15がクローズであっても，制御電源R1側にP10-P11が挿入されているため$49S_3X$も動作しないので，このブレーク

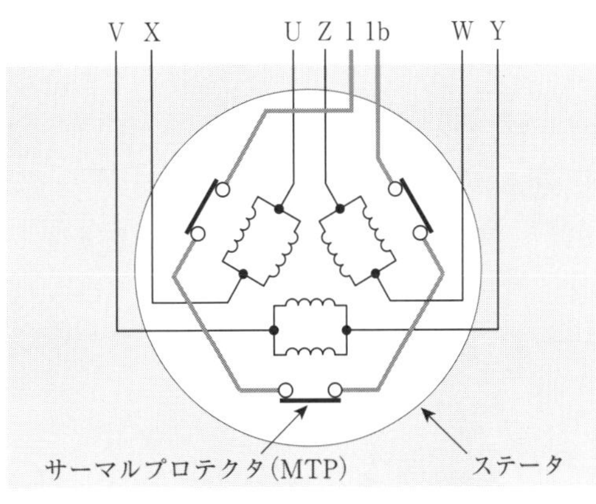

図15.2　水中ポンプ結線図

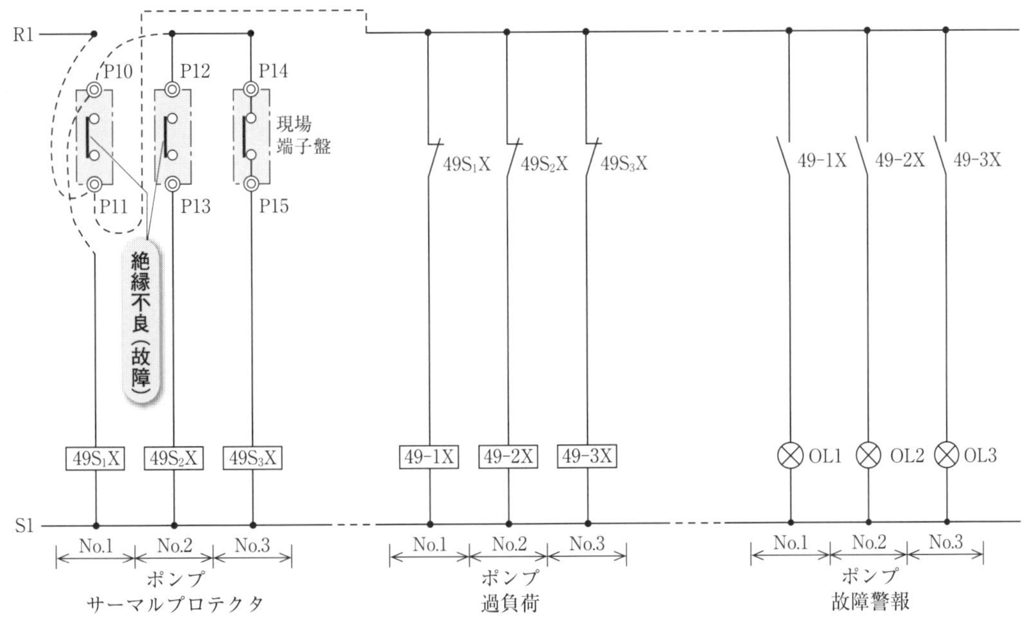

図15.3-1　水中ポンプ故障警報回路（No.1～3のポンプ故障警報表示）

接点はクローズとなり，リレー49-3Xも動作し，メーク接点がクローズですべてのポンプの**故障警報**が出ました．

対　策 P10，P11を**正規に配線**し，P10-P11，P12-P13を**ジャンパ**して正常になりました（**図15.3-3**）．

<参　考>

制御回路が絶縁不良で故障表示なしの当初の回路が**図15.3-2**，正規に配線し，絶縁不良も故障表示もない回路が**図15.3-3**です．

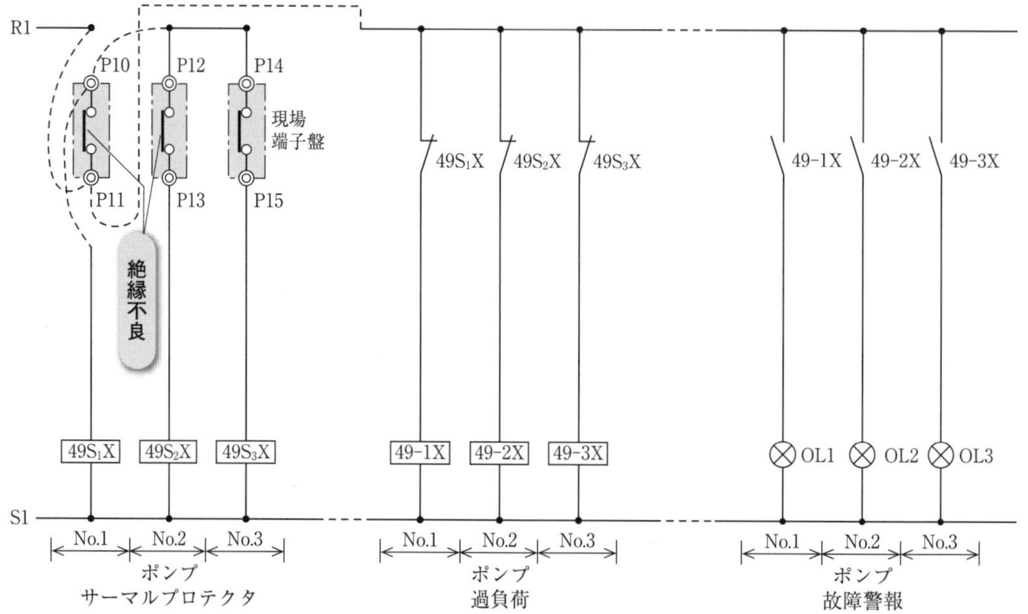

図15.3-2　水中ポンプ故障警報回路（故障表示なし，制御回路絶縁不良）

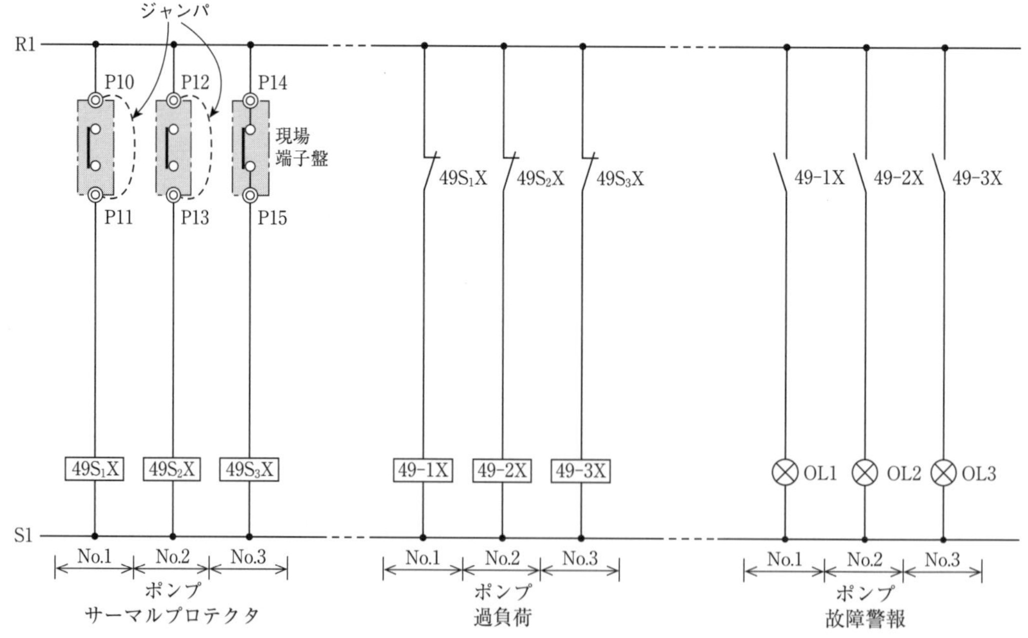

図15.3-3　水中ポンプ故障警報回路（正規に配線し，故障表示・絶縁不良ともなし）

コラム3 モータの抵抗値

筆者のひとりごと②

モータのコイル抵抗値は，**デジタルテスタ**で測定できることを Q10（モータ③）で説明しました．また，その測定結果が正常かどうかを判定するには，計算によるのではなく，メーカーの**試験成績書**のデータと比較して判定することを Q10 で説明しました．しかし，メーカーの**試験成績書**は，そのまま利用するのではなく**換算**しなければなりません．ここで，この試験成績書のデータを現場の測定値と比較するための**換算の方法**をみつけたので紹介します．

モータメーカーの試験成績書のデータを換算するには？

Q10 で取り上げた 400 V 50 Hz，11 kW 22 A4P のモータで話を進めることにします．

A

1．メーカーの試験成績書のデータは？

巻線抵抗　線間　固定子　75 ℃　1.0381 Ω 1987 年製となっています（『電気 Q&A 電気の基礎知識』の Q40 参照）．

ここで，**モータ巻線抵抗の線間値**とは，**図 A** のように 2/3*R*〔Ω〕で，これが 1.0381 Ω です．

したがって，**一相当たりの巻線抵抗 *R*〔Ω〕**は，

$$\frac{2}{3}R = 1.0381$$

$$\therefore \quad R = 1.038 \times \frac{3}{2} \fallingdotseq \mathbf{1.56\ \Omega}$$

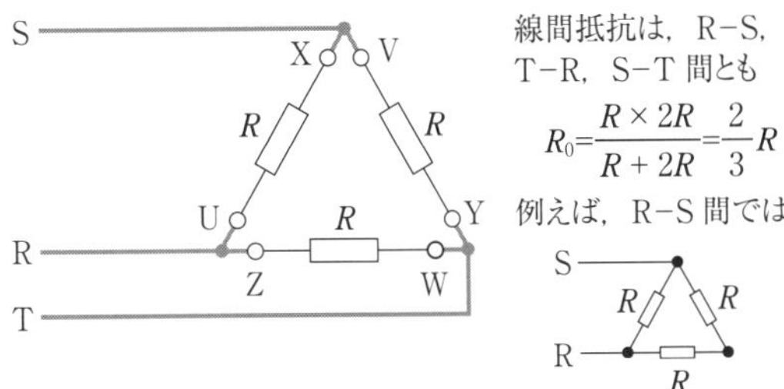

図 A　モータ巻線抵抗の線間値

以上のように△結線のモータの試験成績書は，**2/3*R*** のデータです．Y結線のモータでは，**2*R*** ですから，試験成績書のデータを換算しなければならないことが理解できました．

2．試験成績書のデータは周囲温度 75 ℃である！

通常，現場の周囲温度は，20 ～ 30 ℃であるから，使用周囲温度によって換算する必要があります．例えば，試験成績書によって算出した一相当たりの巻線抵抗が 75 ℃で 1.56 Ω のとき，周囲温度 20 ℃のときの抵抗値を求めてみます．

まず，**抵抗の温度換算式**を誘導します．

0 ℃のときの抵抗を R_0〔Ω〕，20 ℃のときの抵抗を R_{20}〔Ω〕，75 ℃のときの抵抗を R_{75}〔Ω〕とすると，銅線の 0 ℃のときの抵抗温度係数 $\alpha_0 = 1/234.5$ であるから，

$$R_{75} = R_0(1 + \alpha_0 \times 75) \cdots\cdots ①$$

$$R_{20} = R_0(1 + \alpha_0 \times 20) \cdots\cdots ②$$

式②より，

$$R_0 = \frac{R_{20}}{1 + 20\alpha_0} = \frac{R_{20}}{\frac{254.5}{234.5}} = \frac{234.5}{254.5}R_{20} \cdots\cdots ③$$

式③を式①に代入して，

$$R_{75} = \frac{234.5}{254.5}R_{20}\left(\frac{234.5+75}{234.5}\right) = \frac{\cancel{234.5}}{254.5} \times \frac{309.5}{\cancel{234.5}}R_{20}$$

$$\therefore \quad R_{20} = \frac{254.5}{309.5}R_{75}\,〔\Omega〕 \cdots\cdots ④$$

これが 75 ℃のときの抵抗を 20 ℃のときの抵抗に換算する式です．

今回の例では，R_{75} = 1.56 Ω であるから，

$$R_{20} = \frac{254.5}{309.5} \times 1.56 \fallingdotseq \mathbf{1.28\ \Omega}$$

この値と，デジタルテスタで測定した U-X，V-Y，Z-W 間の値を比較することになります．このように試験データの値は，**２回換算する**必要があります．

モータ⑨

Q16 始動抵抗器焼損！なぜ？

かご形ではなく巻線形誘導電動機のトラブルを紹介します．

巻線形誘導電動機の始動抵抗器が焼損！

A.16

誘導電動機のうち，**かご形誘導電動機**は，インバータと組み合わせて使用され，よく知られているところです．しかし，**巻線形誘導電動機**については，なじみの薄い方が多いと思われるので，予備知識を解説してから本論に入ります．

予備知識

1）巻線形誘導電動機とは？

図16.1は**巻線形誘導電動機**のイメージですが，**かご形**と外観上大きく異なるのは端子箱が二つあることです(かご形の端子箱は一つ)．電源につながる方が一次側で固定子，二次側は回転子の巻線になっており，**図16.2**のようにスリップリングとブラシを通して外部の**始動抵抗器**に接続されます(**写真16.1**)．

2）始動抵抗器とは？

広く一般に使用される**かご形**は，始動電流が大きい割に始動トルクが小さいという欠点があります．このため，二次側に**始動抵抗器**を接続して始動し，**比例推移**※1を利用することにより始動トルクを大きくし，小さな始動電流で始動できるものが巻線形です．始動時には抵抗を最大にし，電動機が加速するにつれ次第に抵抗を減じ，十分な速度になったとき，始動抵抗器を短絡します．

仕　様

1）巻線形誘導電動機

6 600 V 50 Hz 250 kW 8P 32 A 730 min^{-1}

二次側 445 V 350 A

2）始動抵抗器

抵抗器の温度上昇　2回始動 350 ℃

許容温度 400 ℃

使用ひんど　無負荷始動で連続2回可能．連続2回始動後さらに1回始動する場合は約15～20分間時間要．さらに2回始

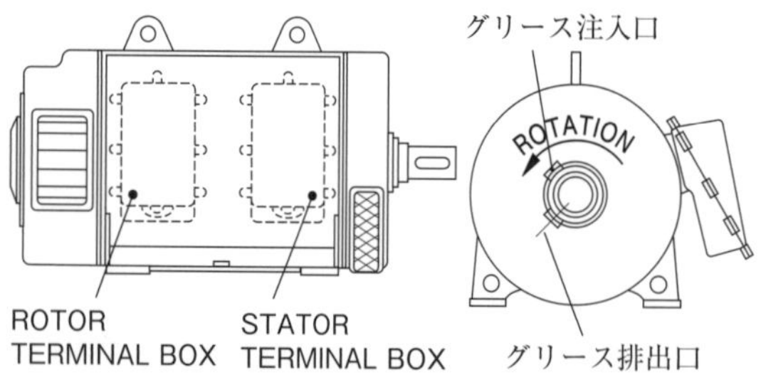

図16.1　巻線形誘導電動機イメージ

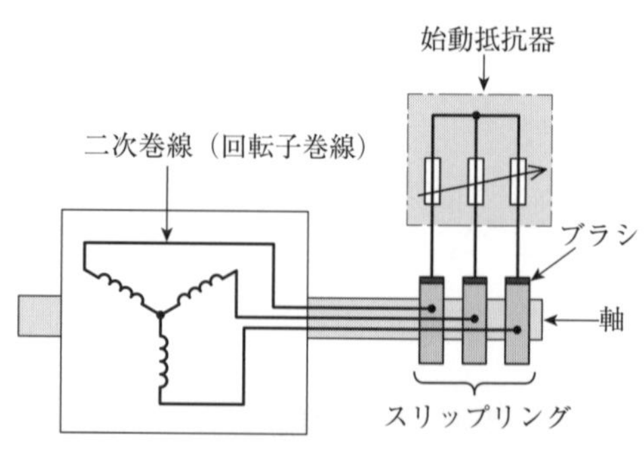

図16.2　巻線形誘導電動機と始動抵抗器

動する場合は約 70 分間時間をおく.

3）起動渋滞

巻線形誘導電動機は，不燃廃棄物の破砕機に使用．破砕機内部の詰まり等で設定時間（30 ～ 40 秒）内に起動完了ができなかった場合，起動渋滞として破砕機を停止する．その際，故障原因除去後，再起動する．ただし，その再起動は上記２）に基づく．

原　因

運転員が「機器仕様」に基づく使用ひん度を守らなかったことが，焼損原因であると断定しました．

１）起動渋滞が発生しても現場に足を運んで機械内部を開放して詰まり等を除去することが少なく，中央操作室から何度も再起動をかけた．したがって，抵抗器に許容温度以上の運転を日常繰り返していたので，**始動抵抗器の劣化**を早めた．

２）破砕機で処理できるもの，できないものの**分別**をせず，何でも処理したことが結果的に無理な運転を招いた．

３）使用ひん度を守らず，連続始動の繰り返しで**始動抵抗器が発熱し，これが電線の被覆に引火**して**始動抵抗器**が焼損した．

対　策

１）**始動抵抗器**が焼損して，修理不能となった重大故障でした（**写真 16.2**）．始動抵抗器は，受注製作品のため，新規製作は３か月近い納期を要しました．

２）運転員はベテランで，破砕機の運転はもちろん，使用ひん度や起動渋滞の知識も持ち合わせていたのに，ルールを守らなかったことが焼損事故の原因になりました．したがって，運転ルールを徹底させるため，**運転マニュアル**を作成して，中央操作室の誰でも見られるように掲示しました．

３）ハード的にも検討を重ね，以下のように始動抵抗器回りを**改良**しました．

㋑ **始動抵抗器**は鉄製のケースに収納されていたので，放熱がわるいため，５面体をパンチングメタルとして放熱しやすいように改良した．

㋺ 始動抵抗器～始動制御器間の電線を難燃性のものに交換した．

㋩ 始動抵抗器から電線をできるだけ離して配線した．

今回の巻線形誘導電動機の**始動抵抗器焼損事故**は，無理な運転が招いたもので，その代償は大きいものがありました．たとえ効率は落ちても機械にやさしい運転が必要なことを教えられました．

（注）

※1　**比例推移**；すべり s と二次巻線の抵抗 r'（回転子巻線抵抗＋外部抵抗）との比 r'/s を一定にすれば，トルクは変わらないことを利用して始動特性を改善する．

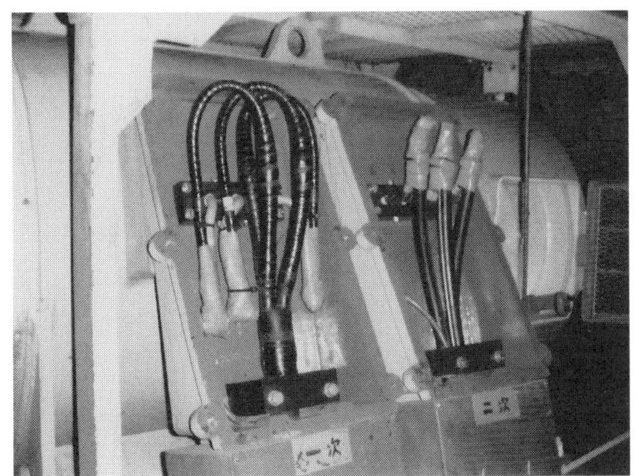

写真 16.1　巻線形誘導電動機の一次，二次

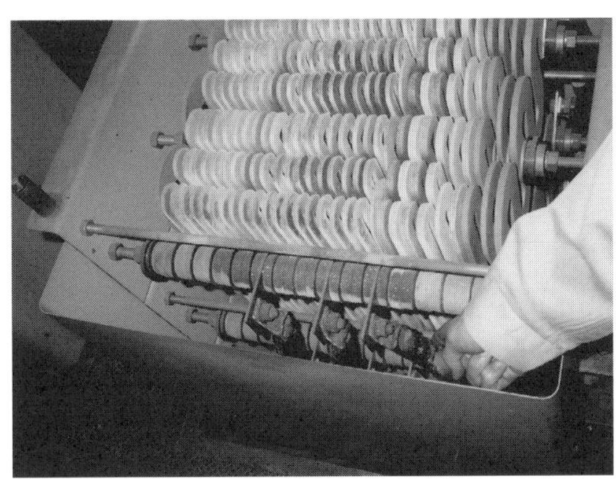

写真 16.2　焼損した始動抵抗器内部

発電機①

Q17 発電機の出力が大幅に変動した！なぜ？

筆者が体験した**常用発電機**（以下「**発電機**」という）のトラブル事例を紹介します．

読者の多くが身近に感じるのは，非常用発電機（以下「非常発」という）ですが，今回の発電機のトラブルは，多くの問題点を投げかけてくれましたので，その一端をご披露します．

発電機の出力が原因不明で大幅に変動した！

A.17

予備知識

1）発電機は系統連系されている？

ここで取り上げる施設への電気供給は，高圧6.6 kV 一回線受電方式です．

これに，ごみ焼却施設の余熱を再利用する6.6 kV，800 kW の発電機が系統連系されています．しかし，発電機出力＜負荷容量のため逆潮流はありません．（**図 17.1**．系統連系は連系のことで並列ともいう．逆潮流は Q37 参照）

2）原動機は蒸気タービン？

原動機とは熱エネルギーや水力エネルギーを機械的出力に変換する装置で，ごみ焼却施設の余熱を利用する発電機の原動機は蒸気タービンです（**写真 17.1**）．

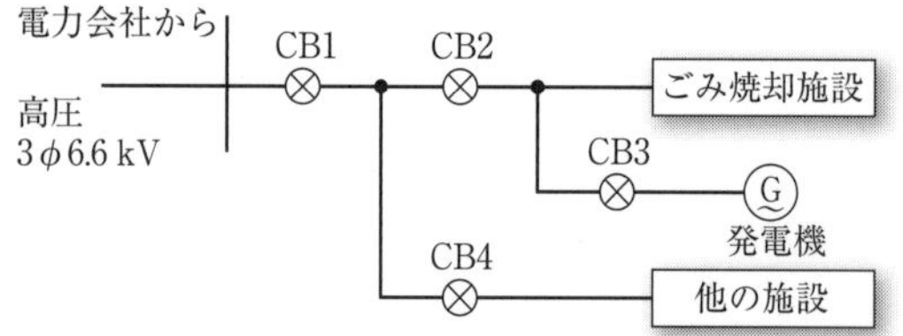

図 17.1　施設への電力供給状況

写真 17.1　蒸気タービン（減速装置を介して発電機と連結）

3）出力制御のメカニズムは？

原動機の**速度**を検出し，設定速度になるように**ガバナ**が燃料，すなわち**蒸気量**を増減するよう弁に指令します．なお，**速度**に対して決まった蒸気量があります．これが**ガバナ**の役割です（**図 17.2**）．

4）ガバナの制御は？

以上のようにガバナは，**速度**すなわち原動機の回転数が設定速度から離れると，**図 17.3** のとおり**ガバナ→油圧サーボ→蒸気加減弁**によって制御されます．この動作により**蒸気量**が変化して，結果的に**出力**が変化します．

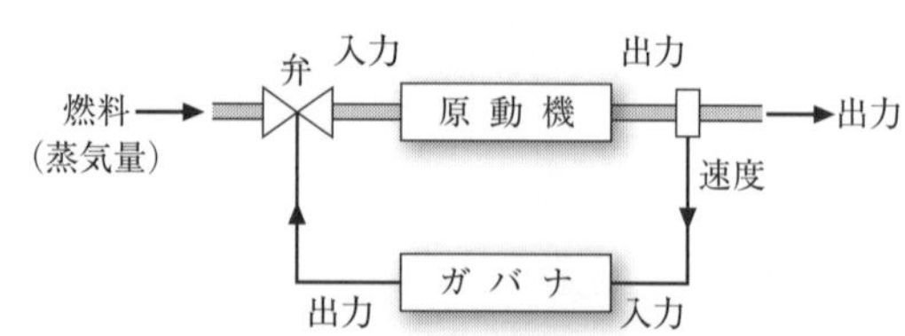

図 17.2　原動機の制御システム

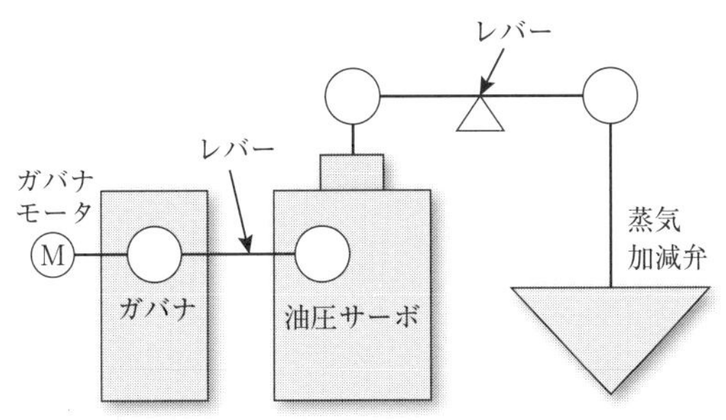

図 17.3　ガバナ制御のしくみ

事　例

1）出力変動はどのくらい？

図 17.4（a）のように，記録紙のフルスケール目盛が 1 500 kW ですから，最大出力 800 kW の発電機に **300 kW 以上の出力変動**があったことがわかります．

参考までにトラブル解決直後の出力変動の様子は，同図（b）ですが，（a）の**出力変動と比較すると（a）が異常**であることがわかります．

2）出力変動の要因

発電機出力変動の要因として考えられるのは，以下の三つです．

①　正常な出力信号による変動は？

タービン出力，すなわち発電機出力を変動させたい場合，手動によるガバナスイッチ（出力指令）あるいは自動によって**図 17.3** の**ガバナモータ**に信号を送ると，**予備知識** 4）のとおり出力が変動します．

②　系統の周波数変動による出力は？

系統周波数は若干の乱れがあって，この乱れによって**図 17.5** のように発電機出力は変化します．すなわち，並列中のタービンの回転数は系統周波数によって定まるので，発電機周波数も系統周波数に従った運転になります．したがって，並列中の発電機は，この周波数の乱れに合う出力変化を生じ，その変化量はガバナのもつ**ドループ**※1 によって決まります．では，発電機の系統周波数が 0.1 Hz 変化したときの出力変化を計算します．

ドループ R〔%〕は，

$$R = \frac{\Delta f / f}{\Delta P / P} \times 100\,〔\%〕 \tag{17.1}$$

ここで，R=5.8〔%〕，P=800〔kW〕，f = 50〔Hz〕，Δf = 0.1〔Hz〕ですから，式（17.1）より，

$$\Delta P = \frac{P\Delta f}{fR} \times 100 = \frac{800 \times 0.1}{50 \times 5.8} \times 100 = 27.6\ \mathrm{kW}$$

系統の周波数変化 Δfは，最大でも 0.2 Hz ですから，式（17.1）より，ΔP=55.2 kW になります．

③　外的要因による変動は？

タービン出力 P〔kW〕は，蒸気量を G〔kg/h〕，断熱有効落差を Δi〔kJ/kg〕，タービン効率を η とすれば，

$$P = G\Delta i \cdot \eta\,〔\mathrm{kJ/h}〕 = \frac{G\Delta i}{3\,600}\eta\,〔\mathrm{kW}〕 \tag{17.2}$$

当該タービンの Δiは，復水タービンで排圧に関係します．また，施設の構造上，南風で排圧が変動しますが，今回の出力変動時は南風ではありませんでした（施設の位置による固有のもの）．

原　因　今回の 300 kW 以上の出力変動は，上記の **事　例** の①，②，③いずれにも該当しません．したがって，ガバナそのものの異常と判断し，何回かガバナメーカーに持込み，整備や修理を行ってきました（**写真 17.2**）．

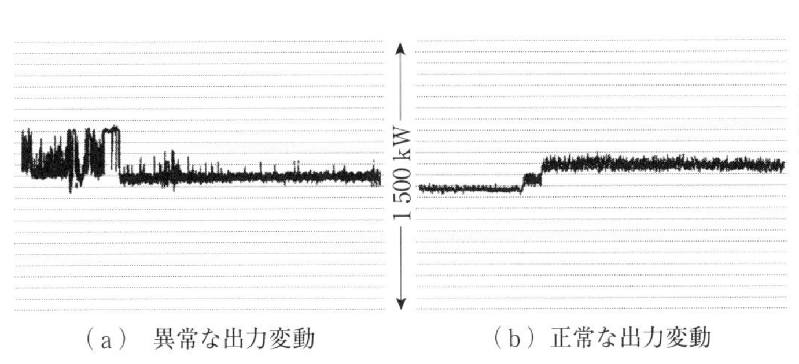

図 17.4　発電機の出力変動の比較

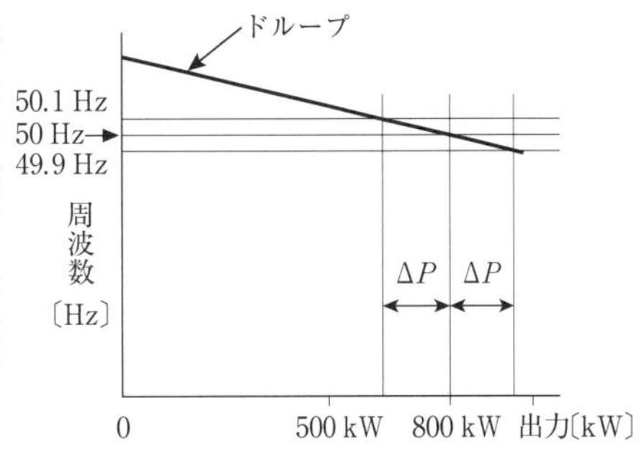

図 17.5　並列中の発電機出力変化

納入後10年間，この繰り返しでガバナ整備後何年か経つと，大幅な出力変動が現れるとあって，原因を特定できませんでした．

しかし，とうとうその時がやってきました！ガバナ整備後3か月も経過しないのに発電機出力が安定せず変動を繰り返しました．このとき，タービン製造社やガバナメーカー等（以下「業者等」という）は，電気関係すなわち制御の不具合を主張してきました．しかし，筆者は業者等に**図17.6**のようにガバナモータに**携帯用直流電流計**を接続してガバナモータに信号が入ると，必ず直流電流計の指針が振れることを説明しました．そして，筆者は，大幅な出力変動があるのに直流電流計の指針が触れないことから，「**ガバナ不良**」を主張しました．なぜなら，制御の不具合であれば，ガバナは，**図17.2**のとおり入力信号という電気信号が入り，ガバナモータが回転するので直流電流計の指針が動くことになるからです．

なお，**系統周波数の変動によってガバナが動くときは，ガバナモータに信号が入りません**．このときの出力変化は大きくても **事 例** 2）の②で計算したように55 kWくらいです．したがって，直流電流計の指針も振れずに300 kW以上の出力変動は**ガバナそのものの不良**と判定しました．

結論として，不具合原因は**ガバナ自体**によるもので，詳細な原因はその後も連絡がありませんでしたが，**内部に異常**があったと考えられます．

対 策 **ガバナを交換**

筆者は，いくら整備や修理のためメーカーに持ち込んでも修復できないため，新しいものと交換

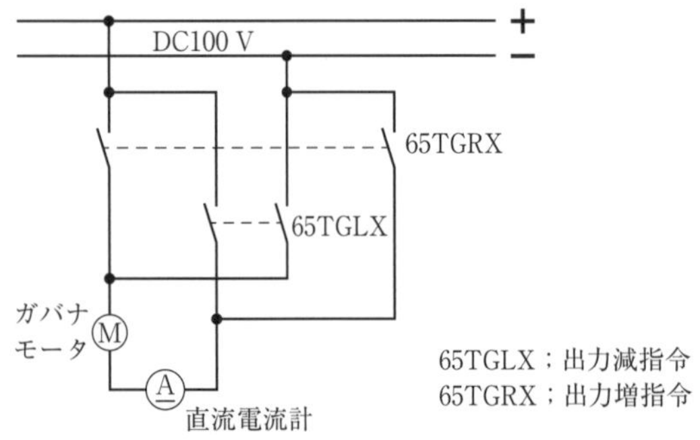

図17.6 ガバナ不具合判定回路

写真17.2 整備完了したガバナ

することを業者等に主張しました．しかし，関係者の多少の意見のくい違いがあって中古のガバナと交換することに落ち着き，その後10年以上正常に作動しています．

教 訓

1）引継ぎの重要性

あとから判明したことですが，据付当初にもこの不具合が発生していました．しかし，このような不具合があったことの引継ぎがなされていませんでした．今後の教訓として，**解決したと思えることでも，不具合のあった事実と対策は，人が替わっても引継ぎを行う**大切さがわかりました．

2）ガバナ信頼性への過信

ガバナは米国製の機械油圧式で，そのものの信頼性が高いという業者等の言葉をうのみにしたため，何回整備しても修理できず，技術を**過信**したことが解決を遅らせました．

3）勉強不足

タービンは機械技術者（ボイラー・タービン主任技術者）の範囲，発電機は電気技術者（電気主任技術者）の範囲という技術の縄張り意識を捨て，他分野でも関連分野は勉強すべきです．

施設者，業者等もガバナについての知識が低く，ドループの用語すら知らない関係者がいました．

タービンの回転数は，系統周波数ともいえるため，周波数変化に応じて蒸気加減弁が開閉して蒸気量を制御して周波数を一定に保つ役割を**ガバナ**がもっています．このようにガバナの自動周波数調整機能を活かす運転方式を**ガバナフリー運転**と

いいます．なお，**ガバナ**の日本語名は**調速機**です．

タービンが**ガバナフリー運転**をしているときの発電機出力と周波数(回転数)との間には，**図 17.5** のような特性があって，**ドループ**を式(17.1)のように定義します．図 17.5 の特性は，当該発電機のものですが，これをもっとわかりやすく一般化したものを**図 17.7** に示しました．ここで次式に示される D を**速度調定率**，すなわち**ドループ**と呼んでいます．

$$D=\frac{F_0 - F_R}{F_R}\times 100〔\%〕 \qquad (17.3)$$

ただし，F_0；タービン発電機無負荷の周波数

F_R；タービン発電機定格出力の周波数

すなわち，**ドループ**はタービン発電機が定格出力 P_m，定格周波数 F_R で運転しているとき，急に無負荷になったときにタービン発電機周波数を F_0 に制御する**周波数～負荷垂下特性**を定めたものです．

この**ドループ**は，直線の傾きであり，この値を小さくすることは，同一負荷変化に対して周波数変化を小さくすることを示し，逆にこの値を大きくすることは，同一負荷変化に対して周波数変化を大きくすることを示します．一般にタービン発電機の**ドループ**は，4～5 %程度です．

この**ドループ**の値は，小さくすることが望ましいわけですが，小さすぎるとわずかな周波数変化に対しても大きな発電機出力変動を生じることになるので，**ドループ**の大きさは発電機の種類や特性に応じて適当な値を選ぶことが重要です．

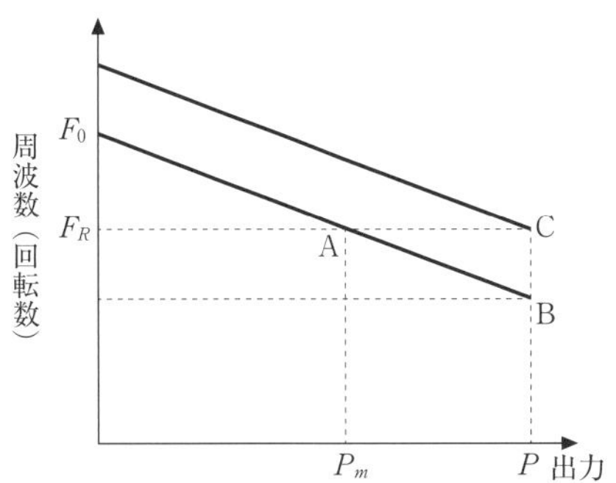

図 17.7　タービンガバナ特性図

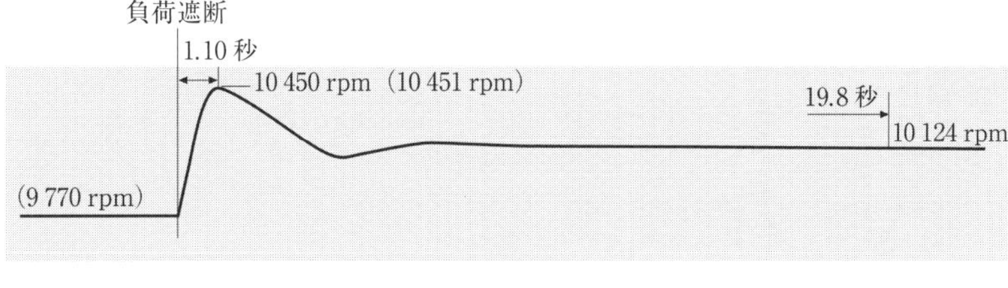

図 17.8　4/4 負荷遮断試験[※2]（100 %負荷のこと）

なお，**ドループ**の値をゼロに設定すると，**アイソクロナス(恒速運転)**と称して，負荷の増減に関係なく速度を一定に保つ制御になります．この場合は，並列にすると系統周波数がわずかに変化しても，発電機の負荷は全負荷か無負荷のいずれかになるため，並列運転は極めて不安定になります．

ここで発電機のドループは，竣工時や定期検査時に負荷遮断試験を行って，**図 17.8** のオシログラフのデータから次式のように求めます．

$$R=\frac{10\,124 - 9\,770}{9\,770}\times 100 = 3.62〔\%〕$$

この式は，一見ドループの式(17.1)と異なるように見えますが，分母の $\Delta P/P = 1$ となるため，これを省略して分子の $\Delta f/f = \Delta N/N$ として計算しています．

ここで**ドループ**は，ガバナにその機能があるわけですが，この**ガバナ**の働きについてまとめておきます．すなわち，並列前には**回転数を制御**するものですが，並列後の回転数は系統周波数によって定まりますから，**ドループ**をもつことによって蒸気加減弁により原動機入力，すなわち**負荷を制御**していることになります．

(注)

※1　**ドループ**；正式名は「**速度ドループ**」，日本語では**速度調定率**のこと．水力，火力発電関係の参考書には，必ず記載されている用語．

※2　**4/4 負荷遮断試験**；タービン発電機の最大出力の 1/4，2/4，3/4，4/4 のステップで順次負荷を遮断して，速度上昇，電圧上昇等が仕様に定められた保証値以内にあることを確かめるもの．

発電機②

Q18 発電機遮断器がトリップした！なぜ？

「発電機」のトラブル事例の２つ目として，運転操作に起因するものを取り上げます．

発電用遮断器がトリップ！なぜ？

A.18

事例１ 系統連系している発電機が，雷による買電停電により**自立運転**※1 **に移行後，約13分経過したら**突然，**発電機遮断器CB3がトリップ**しました（**図18.1**）．なお，買電停電は，CB1，2，4がトリップして自立運転ではCB3のみがONの状態です．

調　査

1）運転当直長によれば，買電停電後，正常に発電機は自立運転に移行しましたが，力率保持のため**低圧進相コンデンサ50 kvarを投入した直後**にCB3がトリップしました．

2）系統連系中の発電機は，AVR※2 のもつAPfR（自動力率調整装置）によって高い力率，たとえばこの例では遅れ0.98に維持されますが，**自立運転**に移行した発電機の負荷は負荷の力率に左右されます．

なお，筆者が作成した運転マニュアルでも自立運転後の発電機はできるだけ負荷がもてるように，低圧進相コンデンサを投入する手順になっていました．

3）この発電機の入力は，蒸気タービン発電機であることから，蒸気です．この蒸気の状態を示すヒストリカルトレンドは**図18.2**のとおりで，CB3トリップ寸前にかなり落ち込んでいることがわかります．

4）CB3トリップ寸前の**発電機の負荷**は，314 kW，49.89 Hz，6 679 V，無効電力270 kvarでした．これから負荷力率 $\cos\varphi$ を計算すると，

$$\cos\varphi = \frac{P}{\sqrt{P^2 + Q^2}} = \frac{314}{\sqrt{314^2 + 270^2}} = 0.76$$

5）不足周波数リレー95UTGの設定値は47.5 Hz.

原　因 CB3トリップは，蒸気圧低下警報も出ており，図18.2からも（発電機の）原動機への**蒸気量が不足**したことが原因でした．その結果，入力＜出力となり，周波数が低下して**不足周波数リレー**が動作してCB3がトリップしました（**図18.3**）．

では，なぜ蒸気量が不足したのでしょうか？**図18.4**を見れば一目瞭然ですね．ここの発電機は，ごみ焼却施設ですからごみを燃やした焼却余熱により蒸気をつくり，この蒸気量によって発電しています．つまり，買電停電時に運転員は，**ごみを燃やすことを忘れてしまった**のです！

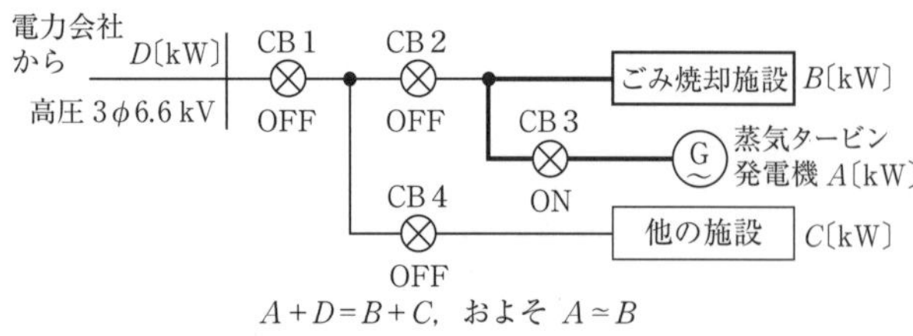

図18.1　発電機自立運転時の遮断器の状況

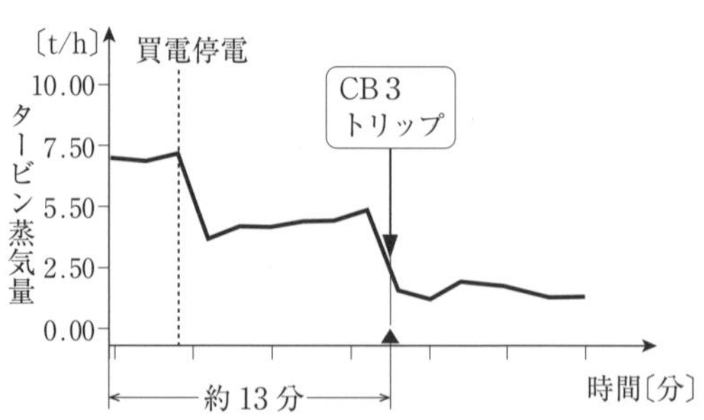

図18.2　タービン蒸気量ヒストリカルトレンド

対 策

1）当直の班だけでなく，すべての班に対して買電停電時の自立運転した発電機が運転を維持するためには燃料，すなわちごみを燃やし続ける必要性を**再教育**しました．

2）買電停電時の自立運転中の発電機運転マニュアルにも，**ごみを燃やすことを忘れないように追記**しました．

教 訓 **非常発の重要性**

買電停電し，生き残った発電機までトリップしたら，工場内の電気はすべて止まり，真っ暗．今回の雷による停電は，深夜1時30分頃でしたからパニックです．しかし，非常用発電機が自動スタートして難を逃れました．これも毎月1回，地道に非常用発電機の試運転を実施しているおかげと胸をなでおろしました．

事例2 発電機用遮断器が逆電力でトリップしました．

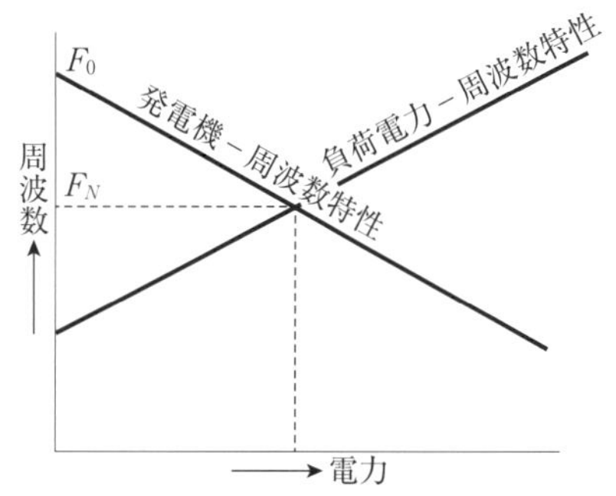

図 18.3 発電機と負荷の周波数特性

調 査

1）運転員が図18.4中の⑤のごみ投入ホッパで発生した**ブリッジ**（**架橋現象**，ごみがシュートの中でせり状につかえる現象）に気付くのが遅れたようでした．ごみ相互間の複雑な分布作用によってブリッジは発生するので防ぐことは難しいのですが，ごみ焼却の監視により温度，圧力変化で発生を知ることは可能です．

2）ブリッジが発生すると，ごみを燃やすことができなくなり，発電機は事例1と同様に，買電しているのでブリッジが除去されるまで一時，発電機を解列※3すればよいことになります．

原 因 CB3をOFFにして解列するところ，運転員はガバナ（Q17参照）を操作して**発電機出力をゼロ**にしました．したがって，CB3はONのままだったので，発電機本体保護のため，**逆電力リレー**が動作してCB3がトリップしました．

対 策 事例1とほぼ同様に運転員の**再教育**を実施しました．

（注）

※1 **自立運転**；発電機が解列された状態において，当該発電機を用いて単独に構内負荷に電力を供給する状態のこと．単独運転とは異なる．

※2 **AVR**；自動電圧調整装置のこと．Automatic Voltage Regulatorの略で励磁装置と組み合わせて使用して発電機電圧を一定に保持する機能を持つ．

※3 **解列**；発電機を系統から切り離すこと．

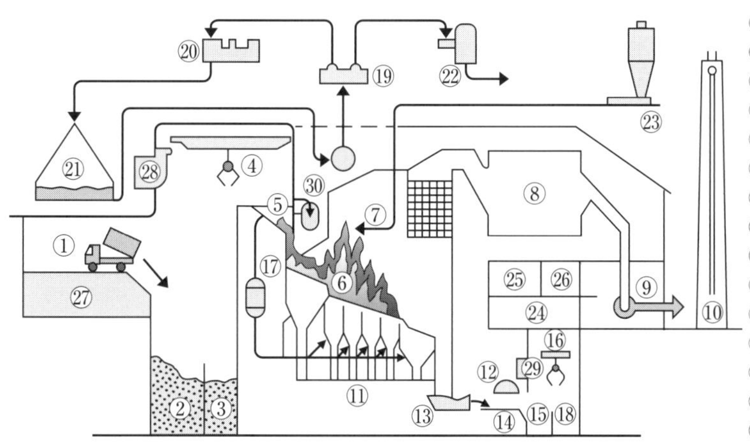

図 18.4 ごみ焼却炉系統図

発電機③

Q 19 非常用発電機点検後にトラブル！なぜ？

電気設備のうち，重要性が高い**非常用発電機**は，年１～２回の**定期点検**を実施していました．

この点検は，特殊分野ということで専門業者（以下「業者」という）に委託しましたが，この業務のあとに発生した**トラブル**を紹介します．

しかし，このときは保守員が操作してもエレベータは運転できないでお客さんがかご内にかん詰め状態になってしまいました．

急いで発電機室に行ってみると**非常用発電機**は自動起動しているのに**エレベータが自家発管制運転できません．**

A.19

事例１ 停電発生！ 非常用発電機は自動起動したが負荷に給電されない！

状況説明 Ａビル受変電設備の単線結線図は，**図19.1**のとおりで電力会社が停電になると受電用遮断器ⓑの一次側に設置してある不足電圧継電器27ⓐが検知して，受電用遮断器ⓑおよびフィーダ遮断器ⓒⓓⓔをトリップさせます．

また，この27ⓐは停電検知ですから，**非常用発電機**に運転信号を出して，これを自動起動させるシーケンスになっています．

このとき，**非常用発電機**の電圧確立信号と変圧器二次側の27のAND条件で電源切替開閉器DTMcttⓕⓖを買電側から発電側に切り替えて非常用負荷（電灯，動力）へ給電します．

なお，非常用電灯は200Ｖのけい光灯で，非常用動力は，消火栓ポンプ，揚水ポンプ，排水ポンプのほかエレベータが３台設置されていて，１台ずつ中央監視室で手動にて途中階から基準階の１Ｆまで**自家発管制運転**ができるようになっています．

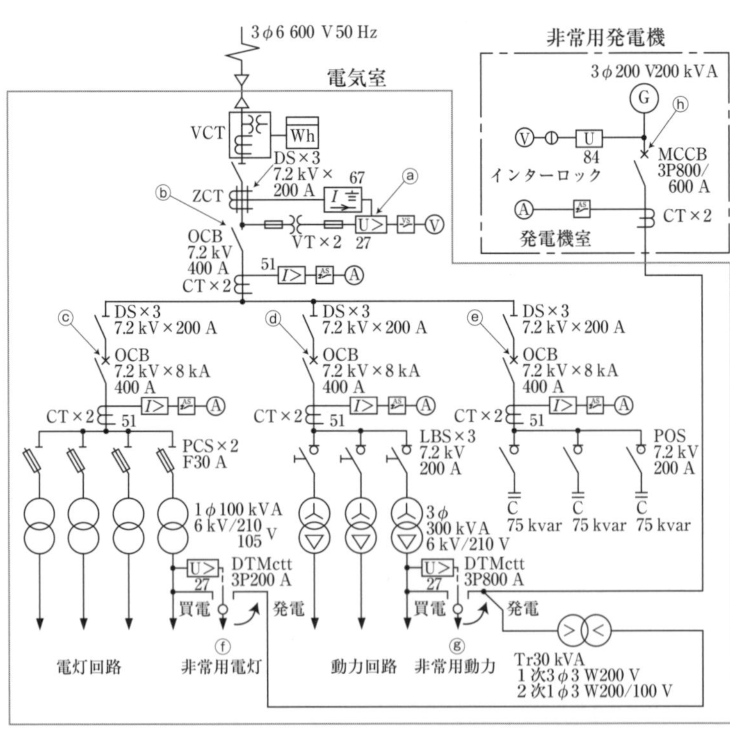

図19.1　Ａビルの単線結線図

事例２ 月例点検で非常用発電機の無負荷運転を自動起動させたが自動停止しない！

状況説明 Ｃ工場の**非常用発電機**の運転モードは，次の３種類です．

- **自動モード**

前記1と同様，停電を検知して自動起動する．

- **手動モード**

  切換スイッチを手動モードにした上，始動スイッチを押して非常用発電機が運転する．

- **試験モード**

  停電信号が入ったのと同じように自動起動するが，自動モードのように遮断器の自動投入までのシーケンスとはなっていない．また，試験スイッチを自動モードの位置に戻せば，復電の信号が入ったのと同じようにシーケンスが働きます（**図19.2** 自動始動停止タイミングチャート参照）．

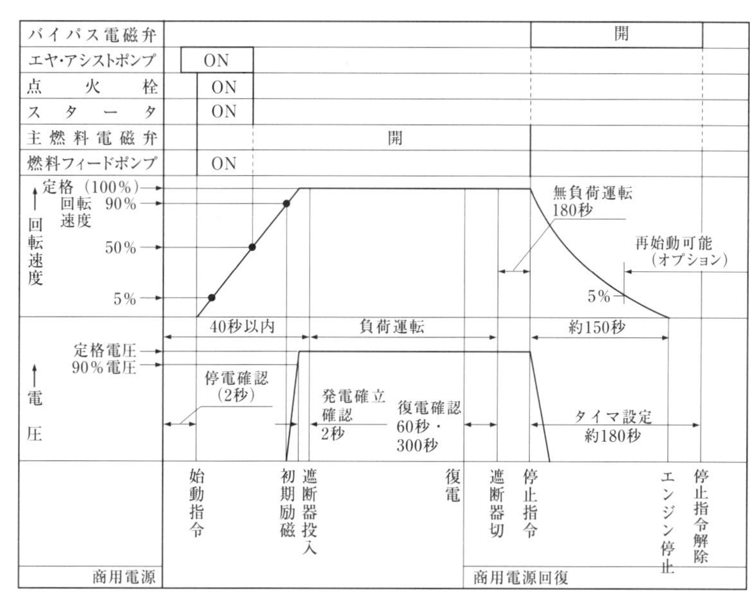

図19.2　自動始動停止タイミングチャート

いつものように**非常用発電機**を試験モードで無負荷運転を行い，自動起動させました．

データも取ったので切換スイッチを試験モードから自動モードに戻し，ストップウォッチで計測して180秒が経過しても**自動停止しなかった！**

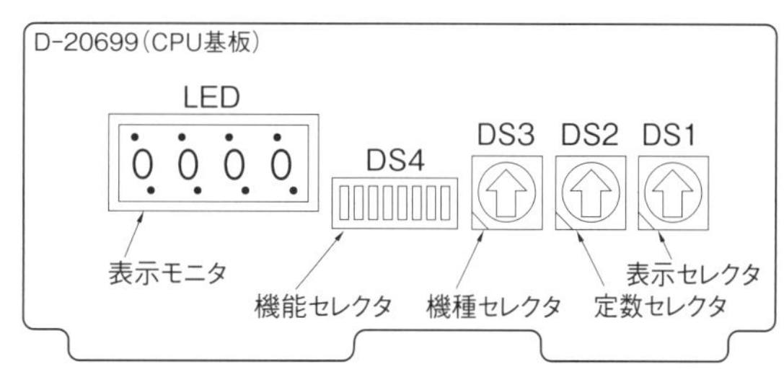

図19.3　EACの表示モニタおよびセレクタ
（図19.2，19.3はメーカ取扱説明書から引用）

1．2つの事例の解明

1）負荷に給電されなかったのは？

筆者が発電機室に行くと，発電機室のけい光灯は停電では点灯するのに，点灯していなかった！また，直流電源装置とも呼ばれる蓄電池設備から電気が供給される40 Wの白熱灯1灯だけが点灯していたのです．

発電機制御盤の扉を開けると，メインの**配線用遮断器MCCB**ⓗ（図19.1）**がOFF**になっていることに気づきました．

すぐに，この**配線用遮断器**を投入すると発電機室のけい光灯が点灯しました（やっぱり！　明るいって　いいなあ～）．

そのあと，中央監視室に戻り，保守員にエレベータの**自家発管制運転**を指示し，ことなきをえました．

2）自動停止しなかったのは？

いつもは180秒に1～2秒くらいの過不足があっても自動停止するのに停止しないので手動モードにしてから停止スイッチで**非常用発電機**を停止させました．

では，自動停止しなかったのはなんでだろう？

C工場の**非常用発電機**は，**ガスタービン発電機**で**エンジンコントローラ**（以下「**EAC**」という．EAC = Engine Automatic Controller）という専用の**自動運転制御装置**が組み込まれています．

これは，**マイクロコンピュータ**が内蔵され，保安のための監視，警報機能のほか，シーケンス制御部のタイムスケジュールが定数セレクタ（**図19.3**参照）により変更が簡単にできます（**写真19.1**）．

この定数セレクタが「2」のはずが，「3」になっ

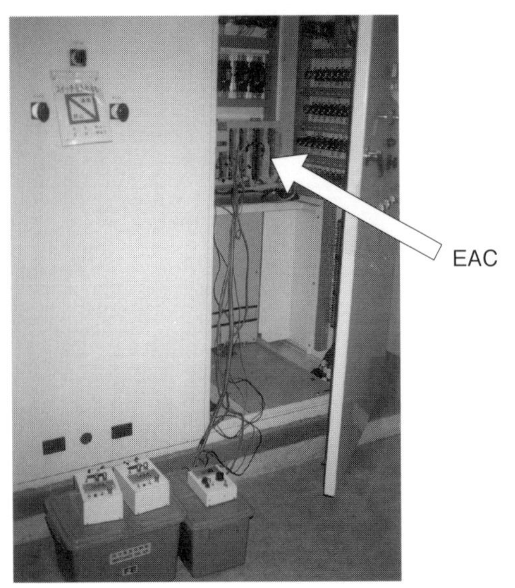

写真 19.1　EAC の定期点検

ていたため，復電信号が入ってから 180 s で停止するところ 300 s で自動停止するようになっていたことがわかりました．

このことがあって，メーカーの設計担当へ電話で問い合わせたところ，**EAC の表示モニタ**と**定数セレクタの取扱い**がわかって解明できました．

2．原因と対策

原　因

以上，２つの非常用発電機の事例は，以下のようにいずれも**業者の点検のあと**に発生していました．

まず前者の**配線用遮断器が OFF** となっていたのは，消防法で定める年２回の点検で，非常電源の総合点検を実施したときに，**保安装置試験**で重故障の警報を出すと機関(エンジン)を停止させるとともに**配線用遮断器**へトリップ信号を出すようになっています．

この**保安装置試験**のあと，業者はトリップした配線用遮断器の表示復帰だけで，**配線用遮断器**の投入を忘れていたことが原因でした．

なお，図 19.1 でわかるとおり**配線用遮断器ⓗ**は，常時投入状態にあります．

次に後者の **EAC の定数セレクタ**が変更されていたのも，年１回の業者の点検時に試験の都合上，業者が一時的に変更したのを**元に戻すのを忘れた**ことが判明しました．

写真 19.2　パッケージに入った非常用発電機
（ガスタービン発電機）

対　策

非常用発電機（**写真 19.2**）のように「**いざ停電！**」のときに働かなければ，いつもは眠っている設備なので「**宝のもちぐされ**」です．

しかし，重要性の高い電気設備だからと定期点検完了後，スイッチ等を原状に復帰しなければ機能が発揮されず，この点検がかえってアダとなった事例です．

やはり原因が業者の点検のミスと言えども困るのは，常駐している私たちです．

したがって，**点検後の最終確認**は自分たちでやるしかないのです．

今回のような点検ミスが起きたことから，**再発防止対策**として以後，次のことを実施しています．

1）点検前後に業者と施設側で**ミーティング**を行い，操作する箇所と原状に復帰したかを**現場**にて双方で確認する．

2）点検完了後，**試運転**および**警報試験**を行い，正常な機能を発揮しているか，故障のとき警報が出ているかを確認する．

3）EAC の**表示モニタ**は，故障表示やパラメータの見方を努めて習得しておくことにしました．

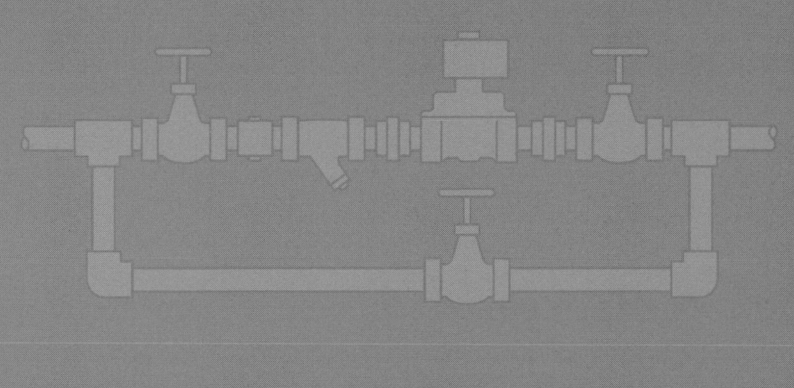

第Ⅱ部

トラブル事例編

第2章 回路のトラブル

制御回路①

Q20 排水ポンプが停止しない！なぜ？

制御回路のトラブル事例を紹介しますので，トラブル解決のノウハウを学んでください．制御回路はコツをつかめば何とか食いついて解決できるものです．

> 排水槽の液面がほとんどないのに排水ポンプが停止しない！

調査

❶排水ポンプの仕様は？

3φ3W 200 V 1.5 kW，6.5 A の汚水汚物用ポンプは，連続運転可能最低水位 ※1 以下で 20 分以上運転すると，ポンプ内蔵の保護スイッチ ※2 が働き，空転防止のためポンプが停止します．

❷電気回路は？

排水ポンプ（以下「ポンプ」という）2 台が**フロートレス液面リレー**（以下「液面リレー」という）によって，**図 20.1** のように**自動交互運転**するシーケンスとなっています（『電気 Q&A 電気の基礎知識』の Q41 参照）．すなわち，水面が E_1 に達すると水槽内で E_1-E_3 間が導通するので，液面リレーユニット（以下「リレーユニット」という）U_2 が動作するため，液面リレーの T_{c1}-T_{a1} 間が導通して図 20.1 のようにポンプが始動します．また，液面が E_2 以下になると E_3-E_2 間の通電がなくなる

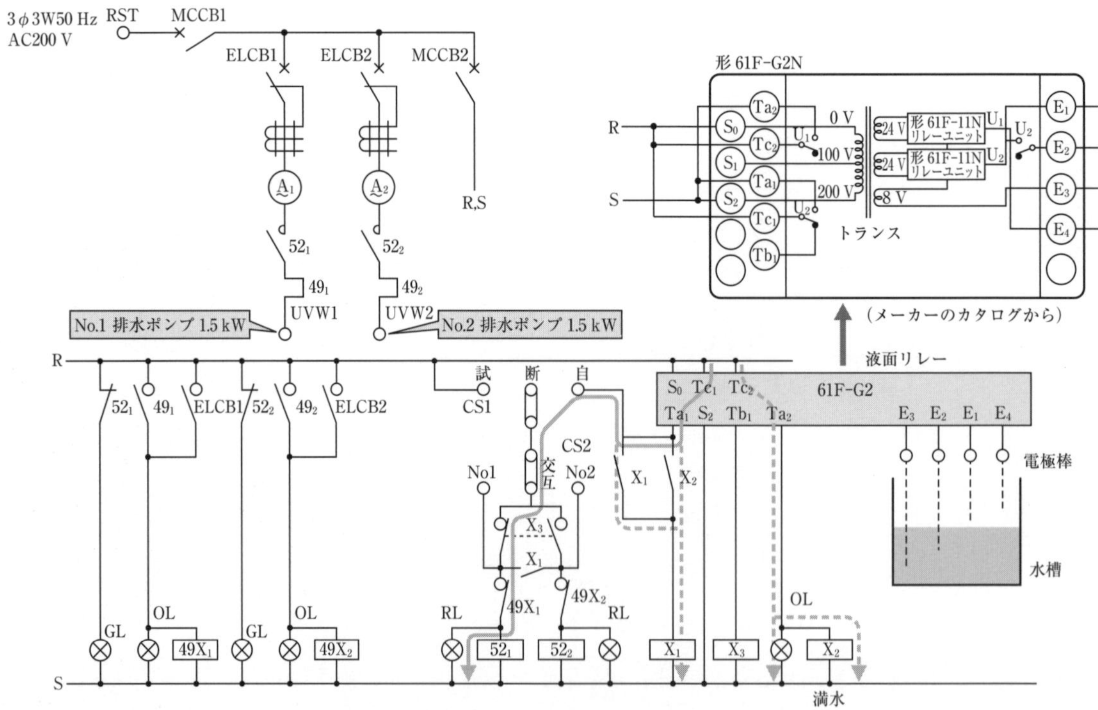

図 20.1　排水ポンプ自動運転のシーケンス

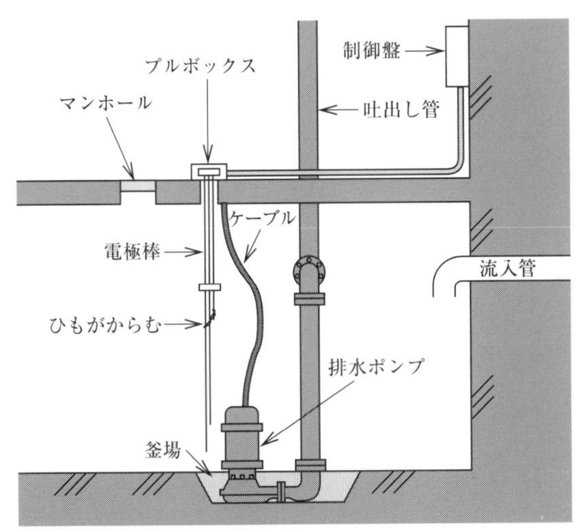

図 20.2　電極棒にひも等のからみつき

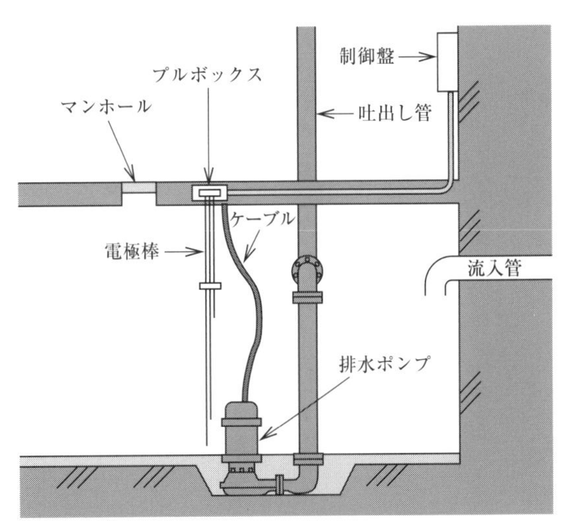

図 20.3　コンクリート埋込みプルボックス

のでリレーユニットU_2が復帰してポンプは停止します．

なお，何らかの事故で水面がE_4に達すると，リレーユニットU_1が動作するため，液面リレーのT_{c2}-T_{a2}間が導通して図 20.1 の補助リレーX_2が動作すると同時に，**満水警報**が出ます．また，補助リレーX_2の動作によってX_1が動作し，**自己保持回路**※3 が形成されて排水ポンプは２台同時運転し，水面がE_2以下になるとポンプは２台とも停止します．

❸ポンプが空運転!?

ポンプが正常に運転していれば制御盤の電流計指針は安定していて６〔A〕以上を指示します．しかし，電流計の指針が安定しないで４～５〔A〕の電流値だったので，水槽のマンホールを開けたところ水槽内の水は空っぽでポンプ設置場所の釜場に水があるだけでした．また，ポンプは自動停止しないで空運転していました．

では，以上の調査１～調査３に基づき，どのように対応したらよいでしょうか？

A.20

原　因　**液面がE_2以下なのに停止しない？**

水槽内が空っぽでポンプが運転するためには，次の２通りが考えられます．

1）**切替スイッチ CS1** を試験側に倒したとき．

2）**液面リレー端子台**のE_1-E_2-E_3あるいはE_1-E_3をジャンパ※4 したとき．

しかし，制御盤の切替スイッチ CS1 の位置は正規の自動になっていました．したがって，原因は，上記２）しか考えられませんでした．

原因調査の結果，実際に以下の**３つのケース**のように上記２）のとおり，結果的に電極棒がジャンパされているような現象が発生していました．

（1）**図 20.2** のように水槽内の**電極棒**の全てに細いひものようなものがからみついていました．

（2）**図 20.3** のように，屋外にある水槽で電極保持器の入った**ジョイントボックス**がコンクリート埋込みだったため蓋から雨水等が浸入し，結果的にE_1-E_2-E_3がジャンパされてい

写真 20.1　水槽内のプルボックス

写真 20.2　水槽内プルボックス内部の点検

ました.

（3）**写真 20.1** のように電極保持器を収納した**プルボックスが水槽内に設置**されていたため，湿気と腐食により電極保持器が絶縁不良となっていました.

対　策

上記の**3つのケース**に対して，次のような**処置**あるいは**対策**を実施しました.

（1）電極棒にひものようなもののからみつきに対しては，事後処置としてマンホールを開放し，地上からホースで引いた**水道水**を電極棒の該当場所にかけて，からみついたひもを取り除きました.

（2）コンクリート埋込み**ジョイントボックス**は，点検蓋を開け，ジョイントボックス内に雨水等がたまらないように電気ドリルで**ジョイントボックスの底**に穴を開けました.

（3）水槽内にある電極保持器の入ったプルボックスは，絶縁不良となるばかりでなく，容易に点検できないため，**図 20.2** のように水槽上部の地上に移設しました(**写真 20.2**).

取り上げたトラブル事例は，実際に発生したものです．しかし，**対　策**の（1）は，事故発生後の対応であって厳密な意味での対策になっていないかもしれません.

また，これだけコンピュータ等 IT 化の進んだ社会で，ポンプの空運転を日常巡視点検の電流計チェックだけに頼っているのは時代遅れかもしれませんが，この「**トラブル事例**」は，トラブル事例を挙げてその対応を紹介することによって，ビギナーの方々がトラブル対応のノウハウを身につけ，生きた電気を学ぶことが目的と理解してください.

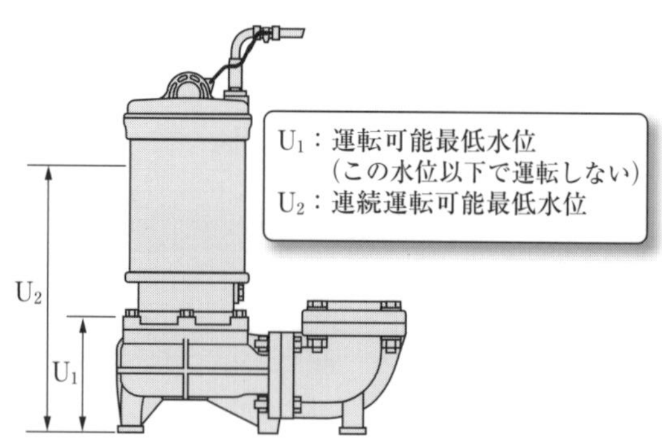

図 20.4　水中ポンプの運転水位

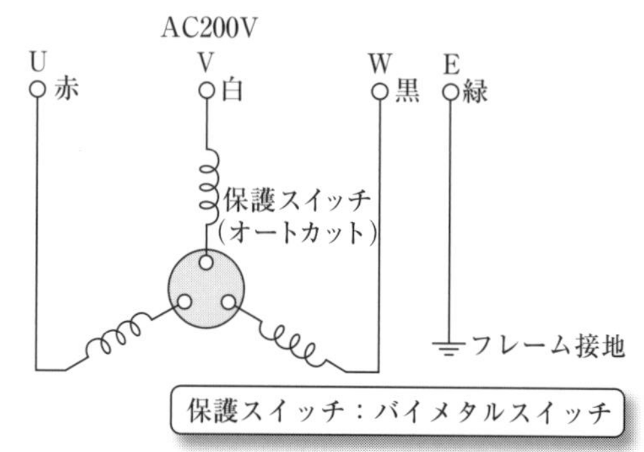

図 20.5　水中ポンプ用モータの結線と保護スイッチ

(注)

※1　**連続運転可能最低水位**；**図 20.4** の U_2 を参照.

※2　**保護スイッチ**；熱を検知，**図 20.5** 参照.

※3　**自己保持回路**；押釦スイッチの ON 操作，あるいはリレー X_1 に始動信号 X_2 を与えて動作させると，リレー X_1 の自己の接点を通して励磁を続ける回路.

※4　**ジャンパ**；jumper，リレーやリミットスイッチ等外部機器が動作して接続される線間を導線で直接配線することをいい，その導線を**ジャンパ線**という.

コラム4 液面制御

読者のQ&A①

Q20で制御回路のトラブル事例その1として**液面制御**を取り上げました.

図Aのように電極棒にひもがからんでポンプが空運転をしている解決策として，ホースで引いて水道水をかけ，電極棒(**図B**参照)にからみついたひもを取り除いたことを紹介しました.

間もなく読者の方から次のようなご提案をいただきました. ご提案ありがとうございました.

提案 対策として電極棒ではなく，電極帯式にすればよいと思います.

ご提案いただいた**電極帯**についてQ&A形式で紹介します.

Q1 電極帯とは？

A1 **電極帯**とは，**図C**のようなもので塩化ビニルを施したステンレス電線で，電極間の接触がなく，取付けや取り外しが簡単で**深井戸**(Q52参照)に適します.

なお，**電極帯**は，流水，＋60℃以上の高温中およびビニルやステンレスが侵されるような液体に使用することはできません. そこで，排水中のひものからみつきに対してメーカーに問い合わせたところ，電極棒よりは不具合の確率は少なくなりますが**割シズ**(図C参照)間にひもがからみつくと同じ現象になるということでした. **割シズ**は，ほぼ裸電極と同様に考えてください. やはり電極帯式は**深井戸**に適するから清水用なんでしょうね.

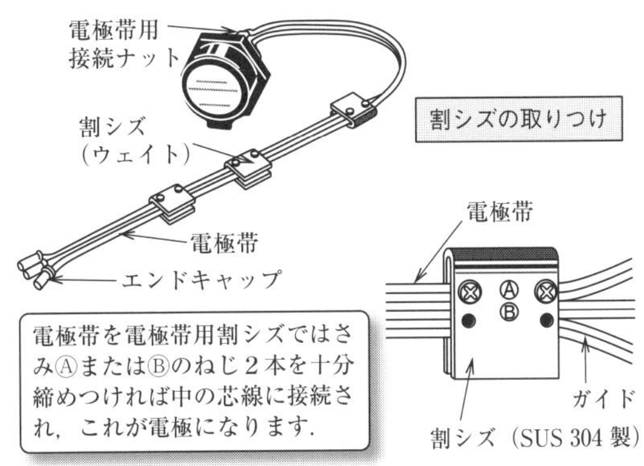

図C 電極帯

Q2 排水や汚水の液面制御に適するスイッチは?

A2 やはり図Dのような**フロート式スイッチ**が適します. 多少のひもがからみついても影響を受けません. 筆者が経験した**フロート式スイッチ**のトラブルは，汚泥中の一番下のスイッチ(長電極に相当)の周囲に汚泥がついて，その重みで汚泥がある位置なのに垂れ下がったままで作動しなかったことを覚えています.

したがって，どんな機器も完全なものはなく**リスク**(誤作動)がありますので故障に対応できる技術力が必要です.

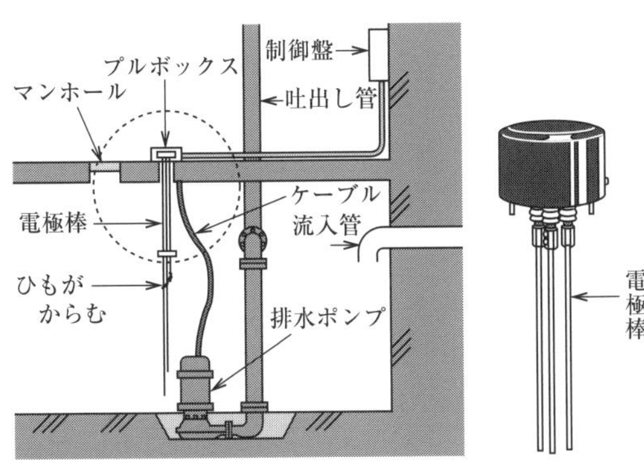

図A 電極棒にひも等のからみつき　図B 電極棒

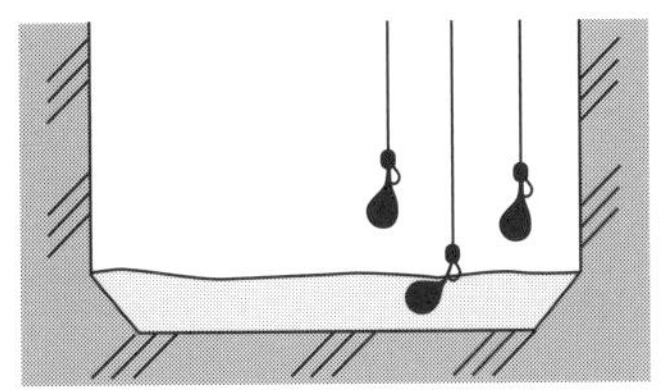

図D フロート式スイッチの例

※ (図B，Cはオムロンのカタログより引用)

制御回路②

Q21 制御回路で主幹漏電遮断器トリップ！なぜ？

電気設備定期点検の低圧回路絶縁抵抗測定で，**制御回路の絶縁不良**が見つかりました．

ここでは，**制御回路の絶縁不良**の対応についてのノウハウを学びます．

> 制御回路の絶縁不良で動力用主幹 ELCB が動作した．すべての動力回路は異常なかった！

調査

❶電気回路は？

制御盤の**動力回路**は，**図 21.1** のとおり 3ϕ3 W 200 V，**制御回路**も制御盤内主幹配線用遮断器(以下「MCCB」という)の一次側からとっているため 200 V で，その電源側の電気室配電盤の主幹 ELCB は，どちらかが絶縁不良でも動作することになります．なお，制御回路は**図 21.2** のとおりです．

❷ポンプの結線は？

11 kW 以上の水中ポンプ用モータには，**図 21.3** のように**サーマルプロテクタ**という保護装置がモータ内ステータコイルに埋め込まれ，異常温度上昇を検知してモータの焼損防止の役割を果たします．

しかも，ステータコイルと**サーマルプロテクタ**は独立していて，**サーマルプロテクタ**が動作すると外部に信号として取り出しています．

確かに，図 21.2 の制御回路図にも**サーマルプロテクタ**が配線されています．

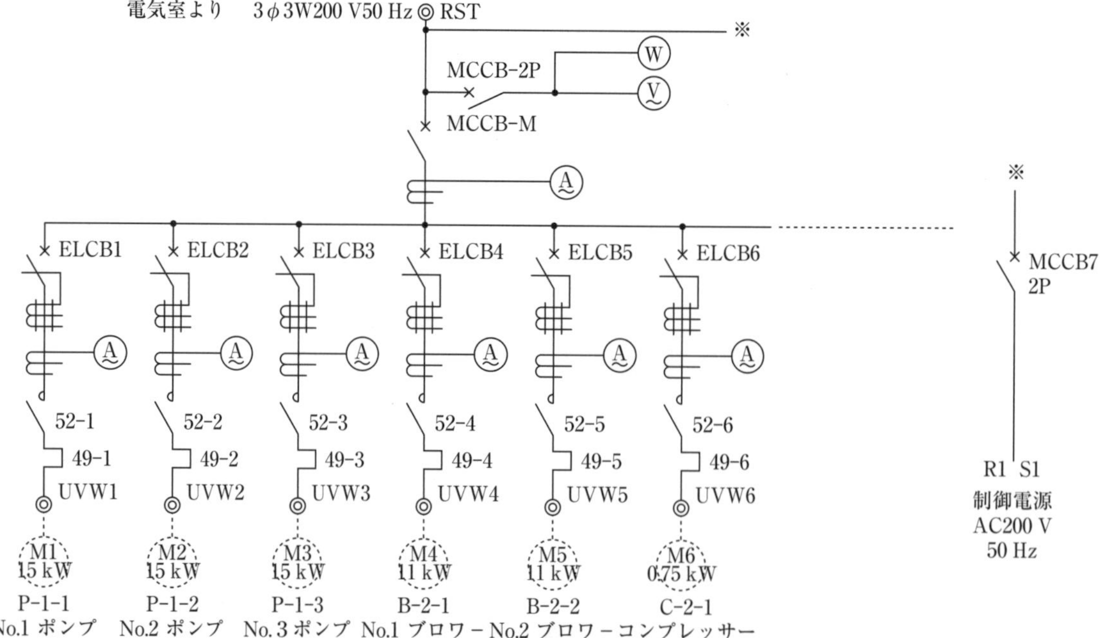

図 21.1　主回路図

❸絶縁測定結果は？

電気室配電盤 ELB 二次側　0.06〔MΩ〕

制御盤内制御電源　0.06〔MΩ〕

では，以上の調査1～調査3に基づき，どのように対応したらよいでしょうか？

A.21

原　因　**サーマルプロテクタの絶縁不良？**

このトラブルが発生した当時には，水中ポンプ用モータの保護装置としてサーマルプロテクタやオートカット(7.5 kW 以下，Q20 の図 20.5 参照)の知識を明確に持ち合わせていませんでした．

しかし，絶縁不良を**制御回路と特定**してからも，盤内部品の異常は考えられませんでした．

そこで，図 21.2 の制御回路図中の**外部機器**である◎の記号のある端子台から，ひとつずつ**外部機器の配線**を外していきました(図 21.2 には，◎の外部機器としてサーマルプロテクタ，表示灯，スイッチとわずかに見えますが，実際には，レベルスイッチ，圧力スイッチ等かなりの数になりますが，この図では省略しています)．

すると，No.1 ポンプ用**サーマルプロテクタの配線**を外したら，制御回路の絶縁抵抗が 100〔MΩ〕以上となり，**原因を特定**できました．

対　策

安全に維持管理できるよう，応急措置として，**サーマルプロテクタの配線**を外すとともに**該当ポンプの電源を遮断**して仮復旧しました．ポンプメーカーに問い合わせた結果，サーマルプロテクタの修理は不可能という回答で，9 年経過していましたので，後日，ポンプごと新品に交換しました．

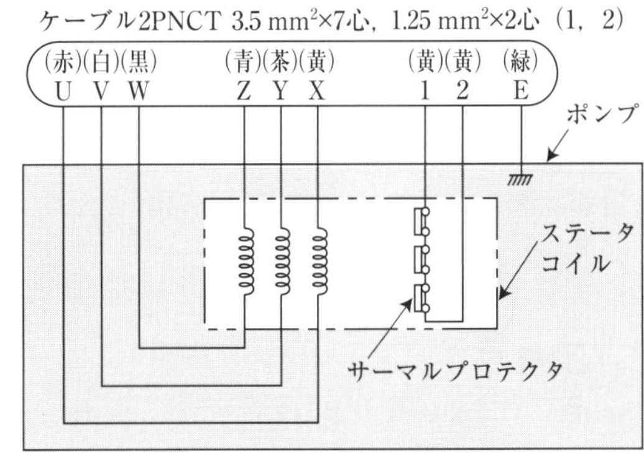

図 21.3　ポンプ結線図

(注)『電気 Q&A 電気の基礎知識』の Q40 の説明のようにモータ口出線の記号は変更されていますが、水中モータでは陸上で使用されるモータと異なった管理がされているので，必ずしも JEC-2137-2000 に準拠していません．(コラム 11，図 B 参照)

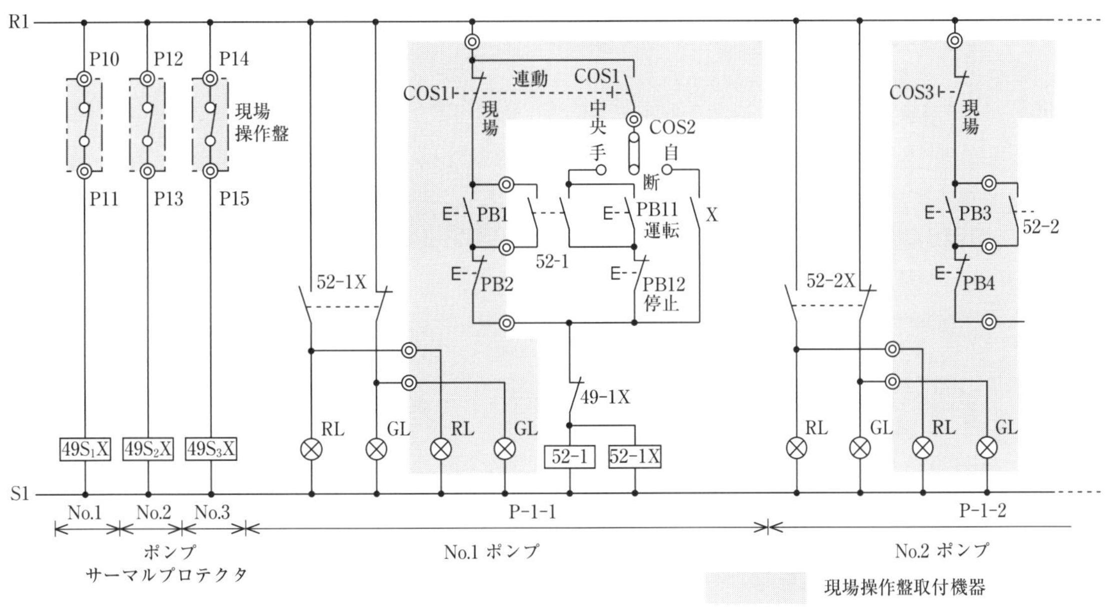

図 21.2　制御回路図

制御回路③

Q22 電磁弁コイルを引き抜いたら焼損！なぜ？

電気信号のON・OFFにより流体の開閉制御を行うのが**電磁弁**で，空調・給排水等の水配管に広く使用されています．ここでは，電磁弁を分解点検したときに発生したトラブルを扱い，電気の知識が現場に生きることを学びます．

通電状態の電磁弁のコイルを引き抜いたら，コイルが焼損した．

❶電磁弁とは？

電磁弁とは，弁の開閉を**電磁石（ソレノイド）**の吸引力で行うものです．**電磁石**は，**図22.1**のような構造をしていて，コイルに通電すると**可動鉄心（プランジャ）**が吸引されます．したがって，電磁弁を理解するには**電気回路**と**磁気回路**の知識が必要です．なお，電磁弁は，メンテナンスが必要なため，配管には**図22.2**のように**バイパス回路**を設置します．参考までに，トラブルの発生した電磁弁は，**写真22.1**のような電源AC100 V /200 V共用の**ダイヤフラム型水用電磁弁**です．

❷コイルの等価回路は？

電磁弁のコイルに交流電圧E〔V〕を加えたとき，**図22.3**の等価回路のように流れる電流I〔A〕は，$X = \omega L$，$\omega = 2\pi f$，$R \ll \omega L$であるから，

$$I = \frac{E}{\sqrt{R^2 + \omega^2 L^2}} \simeq \frac{E}{\omega L} = \frac{E}{2\pi f L} \text{〔A〕} \quad (22\cdot 1)$$

ただし，L；コイルの自己インダクタンス〔H〕

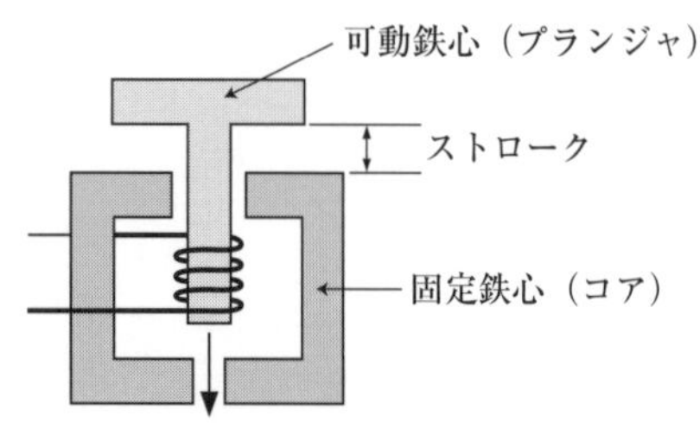

図22.1　電磁石の構造

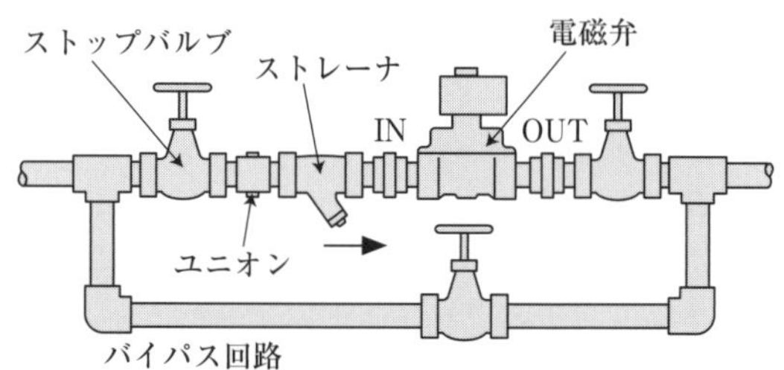

図22.2　電磁弁の配管

写真22.1　電磁弁の取付状況

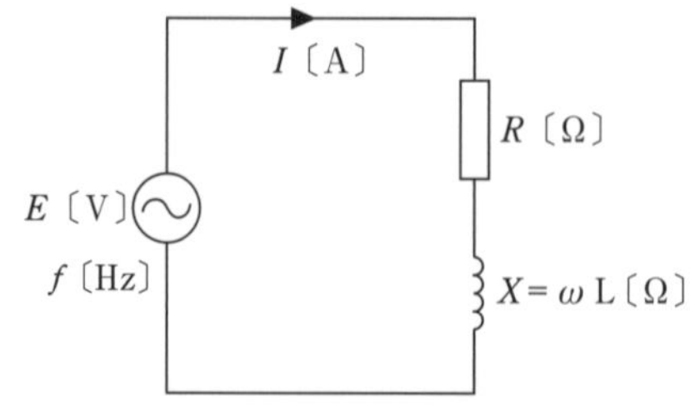

図22.3　コイルの等価回路

❸磁気回路のオームの法則とは？

鉄心にコイルを巻き，電流を流すと，鉄心中に磁束ができます．この磁束の通路を磁気回路と呼び電気回路に対応させると**表 22.1** のようになります．

表 22.1 中の R は電気抵抗 R に対して**磁気抵抗**，Φ は電流 I に対して**磁束**，NI は起電力 E に対して**起磁力**と呼び，電気回路と同じように扱うことができて，次式のように「**オームの法則**」が成立します（**図 22.4**）．

$$\Phi = \frac{NI}{R} \text{〔Wb〕} \qquad (22 \cdot 2)$$

また，上式中の**磁気抵抗 R**〔H^{-1}〕は，表 22.1 から，

$$R = \frac{l}{\mu A} \text{〔}H^{-1}\text{〕} \qquad (22 \cdot 3)$$

ここで μ は透磁率で，真空の透磁率を μ_0，その物質の比透磁率を μ_s とすれば，次式で表されます．

$$\mu = \mu_0 \mu_s \text{〔H/m〕} \qquad (22 \cdot 4)$$

表 22.1 磁気回路と電気回路の対応

磁気回路	電気回路
起磁力 NI〔A〕 N；巻数，I；電流〔A〕	起電力 E〔V〕
磁　束 Φ〔Wb〕	電　流 I〔A〕
磁気抵抗 $R = \frac{l}{\mu A}$〔H^{-1}〕 A；断面積〔m^2〕，l；長さ〔m〕	電気抵抗 $R = \frac{l}{\sigma A}$〔Ω〕 A；断面積〔m^2〕，l；長さ〔m〕
透磁率 μ〔H/m〕	導電率 σ〔S/m〕

ただし，$\mu_0 = 4\pi \times 10^{-7}$〔H/m〕で，$\mu_s$ は無名数で，鉄では 1 000 くらい，空気では 1 なので鉄は空気に比べて透磁率がおよそ 1 000 倍となるから磁気抵抗が小さくなり，磁束を通しやすい（磁束が大きい）ことがわかります．

では，以上の調査 1 〜調査 3 に基づき，どのように対応したらよいでしょうか？

A.22

『電気 Q&A 電気の基礎知識』の Q18 の**変圧器の原理**からも，鉄心にコイルを巻いて電流を流すと磁束のできることがわかります．**電磁弁**もまったくこれと同じ原理です．このことと，**調査 1 〜 3** および次の **現象の解明** から，通電状態のコイルを鉄心から抜くと焼損が理解できます．

現象の解明

今までの説明から，**通電中のコイル**を引き抜いて，**図 22.5** のようにプランジャ（可動鉄心）を本体に残すことは正常なことではないことがわかります．

これは，鉄心にコイルを巻いて電流を流しているところから鉄心を抜き去ることと同じことからも容易に理解できます．

では，このことを簡単な数式を使用して説明します．

まず，コイルの**自己インダクタンス L**〔H〕は，次式で表されます．

$$L = \frac{\mu S N^2}{l} \propto \mu \qquad (22 \cdot 5)$$

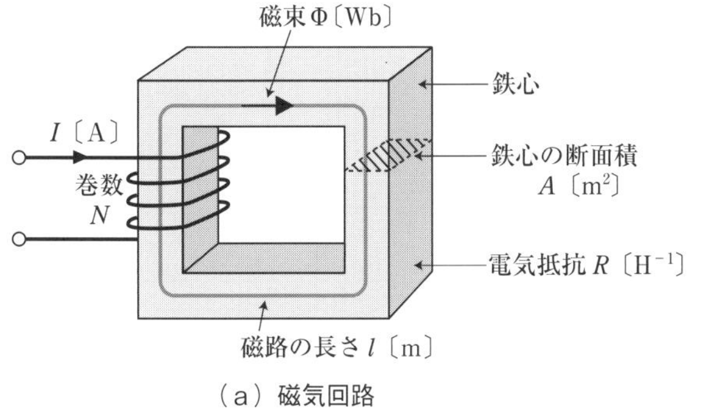

（a）磁気回路

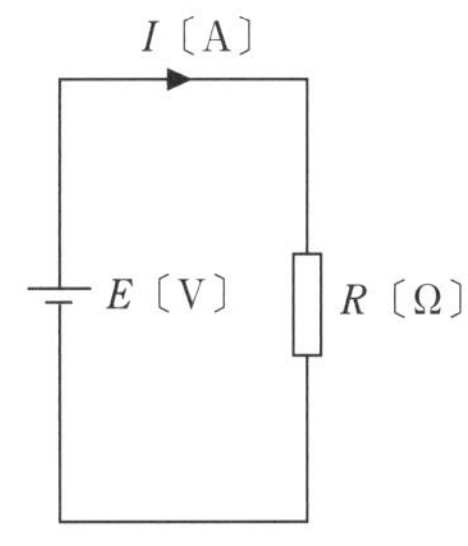

（b）電気回路

図 22.4 磁気回路と電気回路との対比

問題のコイルを鉄心から抜くことは，磁束の通路に鉄がなくなり，空気だけになるから，$\mu \to \mu_0$（$\because \mu_s = 1$）となって，μ **が小さくなる**ことを意味するから，式（22・5）より $L \to$小を意味します．したがって，式（22・1）から分母にLがありますから，**電流が大きくなる**ことがわかります．コイルを鉄心から抜けば，式(22・1)から電流は1 000倍近い大きさになり，コイルが焼損することが理解できます．

見方を変えると，L **が小さくなる**ことは，**磁気抵抗** R **が大きくなる**ことを意味します．

原　因

磁束の通路に鉄心がなくなるので**自己インダクタンス**が小さくなる（**磁気抵抗**が大きくなる）ため，**過大電流**が流れるから**コイルが焼損**します．

なお，**コイル**は，鉄心の吸引力が得られ，通電した温度上昇でコイルが焼損しない電流の大きさで設計されています．

したがって，電磁弁を保護するため，Q2で説明したように**ヒューズ**が使われています．

しかし，今回のように通電中のコイルを鉄心から引き抜くと，短絡電流と同じくらいの過大電流が瞬間に流れるため**コイルが焼損するとともにヒューズも切れます**．

対　策

以上から電磁弁の分解，点検の際には，**電源をOFFにした後に行う**ことが必要です．したがって，今回の例のように**通電中のコイルを鉄心から引き抜くことは決して行ってはならない作業です**．

補　足

今回の電磁弁コイルの焼損は，コイルを鉄心から引き抜かなくても，電磁弁のプランジャが異物をかみ込んで機械的に吸引できないときも発生します．これは**鉄心のギャップ(空隙)が大きいため磁気抵抗が大きい**，すなわちコイル焼損は自己インダクタンスが小さくなるため過大電流が流れるからと説明できます．

なお，今回の電磁弁コイルの焼損は，**交流電源**だから発生しました．直流ソレノイドの場合は，式(22・1)で周波数 $f = 0$ であるから，

$$I = \frac{E}{R} \text{〔A〕} \qquad (22 \cdot 6)$$

となって，磁束の通路に鉄心がない状態でも，このような現象は発生しません．したがって，コイル焼損対策に**直流電磁弁**を使うことも考えられます．

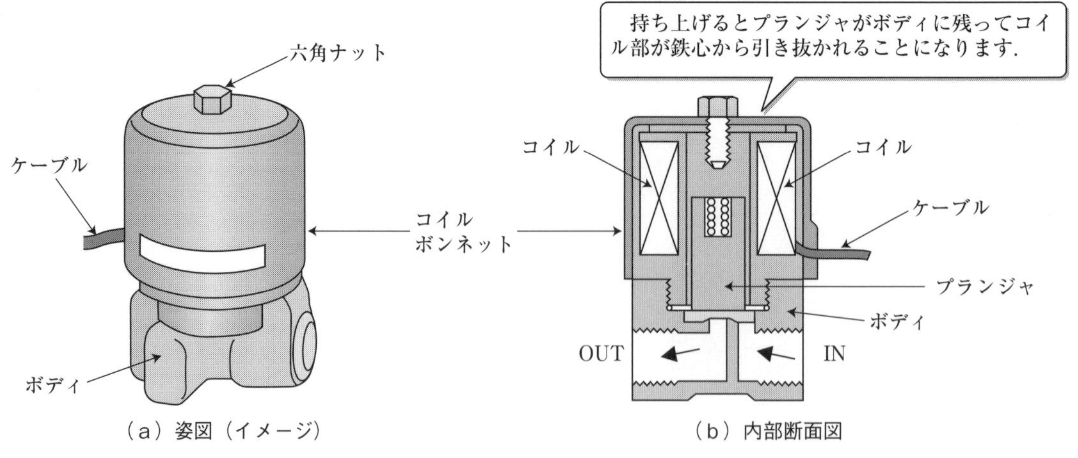

（a）姿図（イメージ）　（b）内部断面図

図22.5　ダイヤフラム型水用電磁弁

コラム5 進相コンデンサ

読者のQ&A②

Q7に関連して**進相コンデンサ**に関する内容について，いくつか質問が寄せられたので紹介します．

質問

Q1 トラブル入門編Q7の図7.1（ここでは図A）中の進相コンデンサの単位は，kV・Aでもよいでしょうか？

Q2 トラブル入門編Q7で，進相コンデンサ容量から定格電流 I を算出する式が示されています．この計算について説明してください．また，この I は，100％進み無効電流ですか？

Q3 『電気Q&A 電気の基礎知識』のQ45で「コンデンサがパンクした」という表現がありますが，コンデンサのパンク現象について説明してください．

A1 **JIS規格の改正**が行われてから進相コンデンサの単位は，**kvar**になりました．本書は修正されています．

それ以前は，kV・Aという単位を使用していました．ちなみに**JIS規格の改正**は，高圧および特別高圧が1990年より，低圧が1993年です．

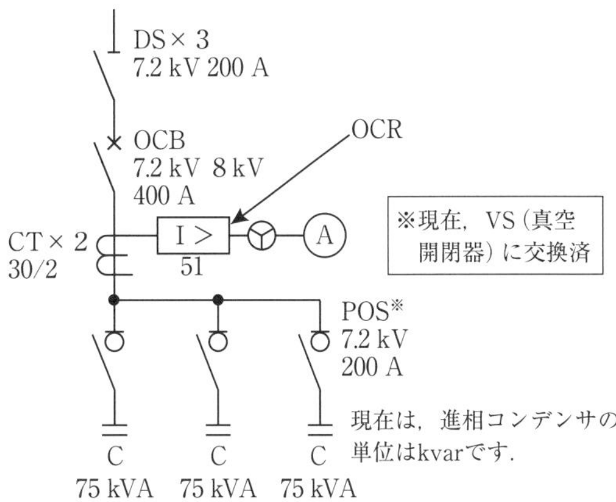

図A　以前の高圧進相コンデンサ回路

A2 Q7では，進相コンデンサ容量225〔kvar〕，定格電圧6.6〔kV〕のときの定格電流 I〔A〕の計算式が以下のように示されています．

$$I=\frac{225}{\sqrt{3}\times 6.6}\fallingdotseq 19.7〔A〕$$

しかし，正確には分母，分子とも $\times 10^3$ が入りますが，分母，分子に同じように $\times 10^3$ があるため消されますので，省略して記載しました．

$$I=\frac{225\times \cancel{10^3}}{\sqrt{3}\times 6.6\times \cancel{10^3}}\fallingdotseq 19.7〔A〕$$

この電流は，進相無効電力の電流ですから**進み無効電流**となり，電圧を基準にすると**90°進んだ電流**です．

A3 コンデンサの**誘電体の絶縁性能**が低下して絶縁劣化が進行すると，コンデンサが部分的に絶縁破壊を起こして，この現象が連続的，連鎖的に拡大して，コンデンサのケース破壊に至る現象のことです．

このコンデンサの**パンク現象**は，過電圧の影響が大きいと言われます．

すなわち，コンデンサ開放後の残留電荷が放電しないうちに再投入すると，コンデンサおよび母線に**過電圧**が発生して，コンデンサだけでなく，母線に接続される高圧機器も**絶縁破壊**を起こすことがあります．

したがって，『電気Q&A 電気の基礎知識』のQ45で説明しましたが，むやみにコンデンサの開閉をひんぱんに行うことは避けなければなりません．

また，**低圧進相コンデンサ**のように負荷に直接接続されて連続通電中のもので，負荷の開閉がひんぱんのものは，コンデンサの開閉がひんぱんに行われていることになるからこの低圧進相コンデンサは負荷から切り離すことを検討する必要があります．

制御回路④

Q23 ヒートポンプが漏電！なぜ？

冷暖房の熱源として30年以上使用している**ヒートポンプ式パッケージエアコンディショナ**（以下「**ヒートポンプ**」という）が，漏電のため使用できなくなったトラブルを扱います．

ヒートポンプへの動力ELCBが漏電トリップした．動力回路の絶縁は異常なかった．

❶ヒートポンプの電気図面は？

三相3線AC200Vの電源が供給され，**主回路**は**図23.1**，**制御回路**は主回路のR，T相から分岐されているためAC200Vです．

また，制御回路のシーケンスは，**図23.2**のとおりです．

電源供給は，電気室配電盤～空調機械室手元電源盤～ヒートポンプ内制御盤となっています．

❷ヒートポンプの仕様は？

冷房能力；40.7 kW（35 000 kcal/h）

暖房能力；45.3 kW（39 000 kcal/h）

ヒータ；49 300 kcal/h

❸漏電調査は？

ELCBの再投入が成功しなかったため絶縁抵抗計にて**絶縁測定**を行いました．

図23.1のように各回路にMCCBがないので手元電源盤内MCCBを遮断しました．MCCBの二次側，すなわち制御盤の電源端子にて絶縁測定を行ったところ，**0.05〔MΩ〕**でした．それから動力回路のモータそれぞれと制御回路を細区分して絶縁測定を行ったところ，動力回路はすべて異常ありませんでしたが，制御回路は**0.05〔MΩ〕**のうえ，**片側のヒューズが切れていました**．

	冷　房	暖　房
電気容量〔kW〕	16.2	25.9
定格電流〔A〕	54.5	78.1
始動電流〔A〕	309	309
力　　率〔%〕	86	94.5

なお，前日調査した者の引継ぎ事項では，冷媒配管近くの何かのセンサー（これがサーモスタット!?）から**火花**が出て，ヒートポンプが使えなくなったという**情報**がありました．

したがって，この「ヒートポンプのトラブル」もQ21と同様，やっかいな**制御回路の絶縁不良の対**

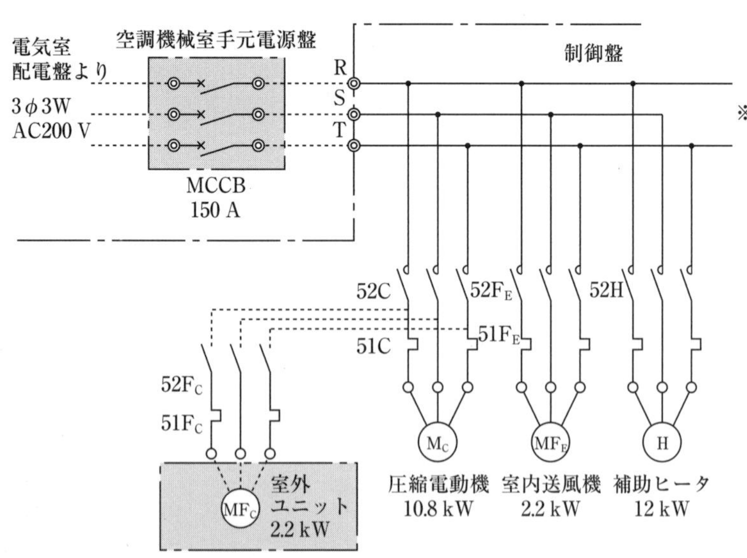

図23.1　ヒートポンプ主回路図

応です．なお，制御回路は操作回路と呼ばれることもあります．

では，以上の調査１～調査３に基づき，どのように対応したらよいでしょうか？

A.23

原　因　サーモスタットが不良？

制御回路の絶縁不良を調査するに当たり，注意しなければならないことは次のとおりです．

1）感電災害防止のため，制御回路専用開閉器をOFFにしてから行います．なお，図23.2のように操作回路用開閉器のない場合は，まず手元電源盤のMCCBをOFFにした後，制御回路を主回路から分離して絶縁測定を行います．このケースでは制御回路用ヒューズを２本とも外してください．

2）外部機器である図23.2上の◎1～18をひとつずつ外部端子台で配線を外して，絶縁測定を行います．この方法が面倒なようで一番早道です！

以上の結果，10～11を外して，操作回路の絶縁測定を行ったら，10〔MΩ〕以上に回復したため，外部機器のT*l*かI.Th（図23.2参照）**が絶縁不良**であると特定しました．

その次にT*l*のみを外して絶縁測定したら，3〔MΩ〕以上となりました．したがって，T*l*である**サーモスタットの絶縁不良**が原因と特定しました．

なお，10～11間に接続されているI.Thは，ヒートポンプの心臓部である**圧縮機に内蔵**されるインターナルサーモと呼ばれるもので，これだけの交換は不可能で，圧縮機ごとの交換が必要です．

対　策　サーモスタット交換

サーモスタットをメーカーのサービスステーションから取り寄せて自分たちで交換したら，正常に運転できました（**写真23.1**）．

なお，圧縮機のインターナルサーモも絶縁抵抗が低下していますが，この圧縮機の交換には多額の費用がかかるため，もう少し様子を見ることにしました．このヒートポンプは，1977年製ですから，40年以上も運転し続けました．

写真23.1　ヒートポンプのケースを外したところ（上部がフィルター，下部が圧縮機，制御盤．矢印は，漏電の原因だったサーモスタット）

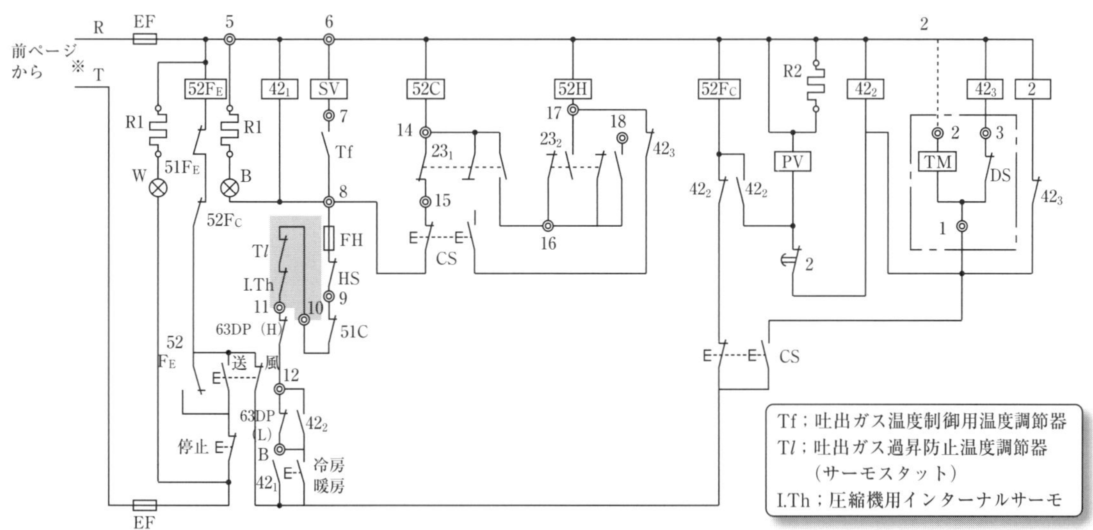

図23.2　ヒートポンプシーケンス（制御回路）

制御回路⑤

Q24 ヒータ断線警報器が動作した！なぜ？

ヒータ回路のヒータ断線警報器（以下「断線警報器」という）が動作した！

調査

❶ヒータ回路は？

実際の**ヒータ回路**は，**図 24.1** のとおり**三相 400 V 2.1 kW のデルタ結線**でした．

❷実際に流れていた電流は？

断線警報器（**写真 24.1**）が働いたので，正しく動作したのかを検証するため，実際に流れている電流を測定してみました．

クランプメータ（『電気 Q&A 電気の基礎知識』の Q44 参照）で**断線警報器**の出口側の各相の電流を測定すると，各相とも 2.9 A でバランスして正常のようです．なお，この測定電流は**線電流**（『電気 Q&A 電気の基礎知識』の Q8，23 参照）です．

❸断線警報器は正しい使い方？

この回路に使用されていた断線警報器は，OMRON 製の K2CU-F10A-C で，三相ヒータに使用する場合は，**図 24.2**（a）のように二相分の 2 本の電線を断線警報器本体の貫通穴に通します．

また，動作電流が同図（b）のように AC4 ～ 10 A のものを使用しているため検出電流が小さくなります．このような場合，次式による電線を貫通させて使います．

（動作させる電流）× n ＝本体安定範囲内

n；貫通させる回数

今回のケースでは，2.9×2 = 5.8 より小さい 5.4 A に整定されていました．

では，以上の調査 1 ～調査 3 に基づき，どのように対応したらよいでしょうか？

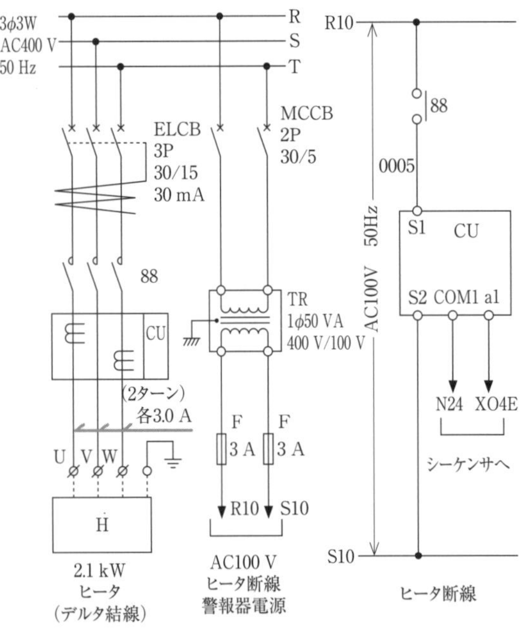

図 24.1　ヒータ回路と断線警報器（CU）

A.24

原　因

1）ヒータ回路の電流を計算で算出する！

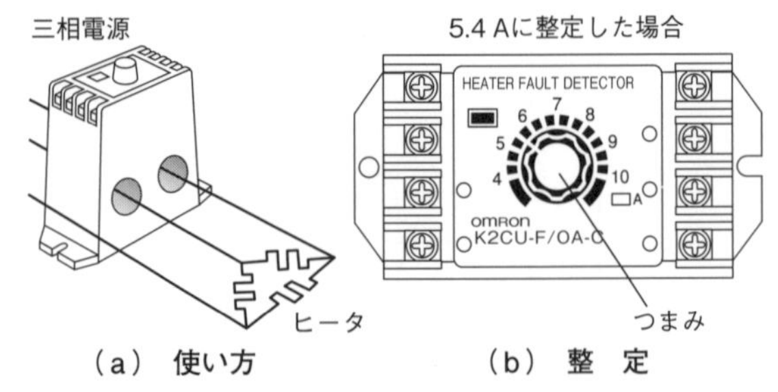

図 24.2　ヒータ断線警報器の使い方と整定

『電気Q&A 電気の基礎知識』の Q21 の式（21・3）でヒータは，$\cos\theta = 1$ であるから，

$$I_l = \frac{2\,100}{\sqrt{3} \times 400} \fallingdotseq 3\text{ A} \qquad (24 \cdot 1)$$

したがって，計算結果は，クランプメータでの測定値2.9 A とほぼ等しいので，**断線がなかったのに断線警報器が動作**したことになります．

2）整定の間違いか？

メーカーのカタログを見ると，整定誤差が ±7 %以内となっているから，

$5.4\text{ A} \times 0.07 \fallingdotseq \pm 0.38\text{ A}$

したがって，整定値5.4 A に対して，整定誤差があるから，5.02 ～ 5.78 A の範囲内で動作してもよいことになります．

クランプメータの測定結果が2.9 A で，貫通回数が $n = 2$ ですから，

$2.9 \times 2 = 5.8\text{ A}$

ヒータへの供給電圧 400 V が上昇すれば，電流は減少するので測定結果の5.8 A でもクランプメータの誤差を考えれば，動作しても問題ないことになります．したがって，断線警報の原因は，ヒータの断線ではなく，整定誤差範囲内に整定したことが原因とわかりました．

対 策

メーカーのカタログによると動作電流の整定は，ヒータの正常時電流と故障時電流の中間値とするよう推奨しています．

$$\text{整定値} = \frac{\text{正常時電流} + \text{故障時電流}}{2} \qquad (24 \cdot 2)$$

ここで，**正常時電流** = 式(24・1）×2 = 6 A

2.1 kW デルタ結線の**故障時電流**は，**表 24.1** の 200 V 3 kW の場合で 5 A だから，$n = 2$ より

$$5\text{ A} \times \frac{2.1}{3} \times \frac{1}{2} \times 2 = 3.5\text{ A}$$

したがって　$\text{整定値} = \dfrac{6 + 3.5}{2} = 4.75\text{ A}$

よって，端数を切捨て，**4.7 A に変更しました**．

写真 24.1　断線警報器

表 24.1　ヒータの接続方法と電流

		正常時	故障時	故障時
単相		5 A→，200 V，1 kW，←5 A	0 A，200 V，0 A，5A	
三相	デルタ結線	8.7 A→，200 V，200 V，200 V，8.7 A→，8.7 A→，1 kW，1 kW，1 kW（5 A×$\sqrt{3}$）	7.5 A→，7.5 A→（5 A×$\sqrt{3}$×$\frac{\sqrt{3}}{2}$）	5 A→，8.7 A→，5 A→（5 A×$\sqrt{3}$×$\frac{1}{\sqrt{3}}$）
三相	スター結線	2.9 A→，200 V，200 V，200 V，2.9 A→，2.9 A→，1 kW，1 kW，1 kW（5 A×$\frac{1}{\sqrt{3}}$）	2.5 A→，2.5 A→（5 A×$\frac{1}{\sqrt{3}}$×$\frac{\sqrt{3}}{2}$）	2.5 A→，2.5 A→（5 A×$\frac{1}{\sqrt{3}}$×$\frac{\sqrt{3}}{2}$）
三相	V結線	5 A→，200 V，200 V，200 V，8.7 A→，5 A→，1 kW，1 kW（5 A×$\sqrt{3}$ = 8.7 A）	2.5 A→，2.5 A→（5 A×$\frac{1}{2}$）	5 A→，5 A→（5 A×1）

（注）200 V，1 kW のヒータを単相または，三相に使用した場合の電流値．ヒータの接続方法によって故障時の電流は，表のような値となる．動作電流の整定値を決定する場合の参考．（OMRON のカタログより）

制御回路⑥

Q25 制御盤が冠水した！なぜ？

冠水と水の毛細管現象によって，電気設備が被害を受けた事例を紹介します.

制御盤が冠水した！

A.25

事例1 制御盤が 60 ～ 70 cm 程度冠水！

フロートスイッチ三つを使って制御していた排水ポンプが，満水になってからもポンプが運転しなかったため，**図 25.1** のように槽上にあった**制御盤が 60 ～ 70 cm 程度冠水**してしまいました．なお，冠水してしまった部品はすべて交換しなければ使用できませんでした.

原　因

排水槽内のフロートスイッチ F_2 に水面が達すると E_1-E_3 間が導通し，液面リレーユニット U_2 が動作するため，ポンプが始動します．ところが**フロートスイッチ F_2 が動作不良**だったので，**液面リレーユニット U_2** がまったく動作しませんでした.

したがって，**図 25.2** に示す液面リレー内 T_{c1}-T_{a1} 間に導通がないためポンプが運転しないので，すぐに満水になってしまいました．しかし，満水になっても **U_2 は動作せず**，U_1 の動作だけでは，リレー X_2 は ON になりますがポンプは停止したままで**制御盤が冠水**しました.

対　策

図 25.2 はフロートスイッチ F_1，F_2 は正常であることを仮定した場合のシーケンスです．しかし，フロートスイッチ F_2 の動作不良は想定外としても**満水のフロートスイッチ F_3** が動作したときに１台でもポンプが運転するように，図 25.2 のように T_{c1}-T_{a1} 間に並列にリレー X_2 の a 接点（図中の点線）を入れました．この対策以後，同様な不具合は発生しなくなりました.

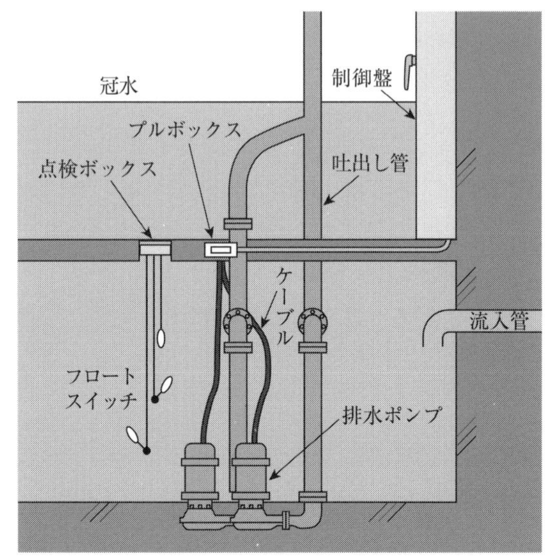

図 25.1　フロートスイッチを使う排水ポンプ

事例2 接地線によって盤内底板が腐食！

この盤は，現場の電気室に設置されていたので，水気はまったくないように感じられました．ところが，年１回の電気設備点検時に盤の扉を開けて点検すると，年々盤内底板の錆が目立ち，**腐食**が進行しているようでした(**写真 25.1**).

原　因

ある年に盤に近接している配線ピットの蓋を開けたところ，**図 25.3** のように底部に水がたまっていて，**接地線**接続箇所が水没していました．また，**接地線**の水没部分は，わずかな割には接地線自体が水を含んでいることが判明しました．水が電線の被覆と導体(銅線)のわずかな隙間に吸い上げられた毛細管現象を疑いました．これは，接地

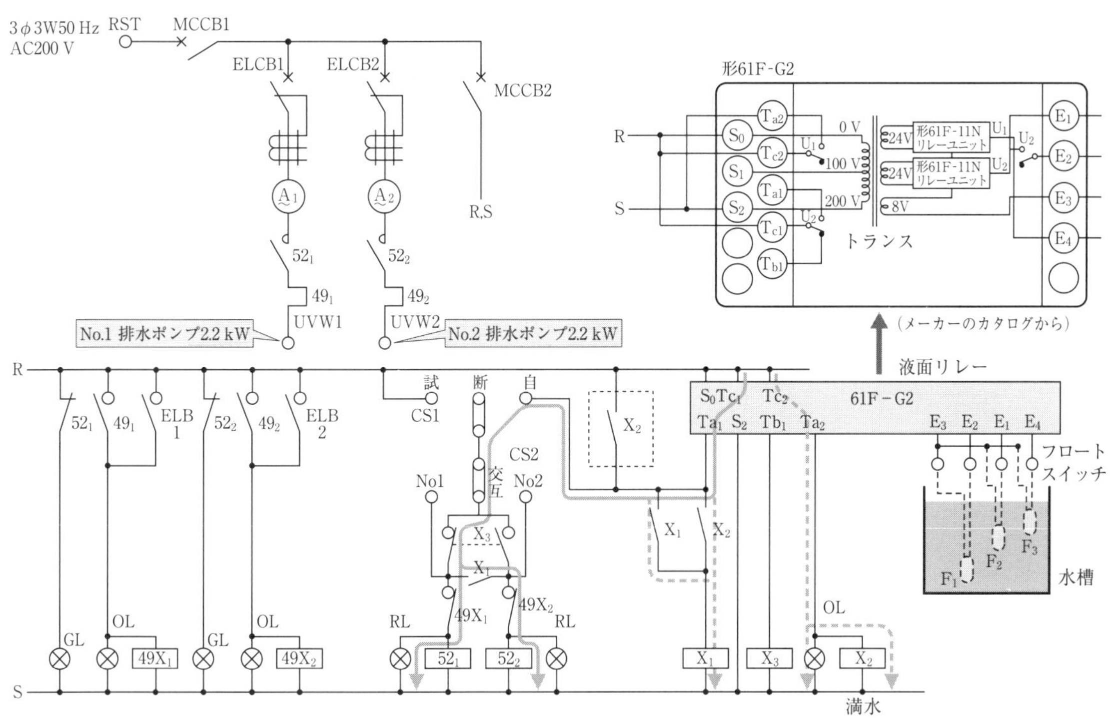

図 25.2 排水ポンプの自動運転シーケンス

写真 25.1 接地線回り盤内底板の腐食

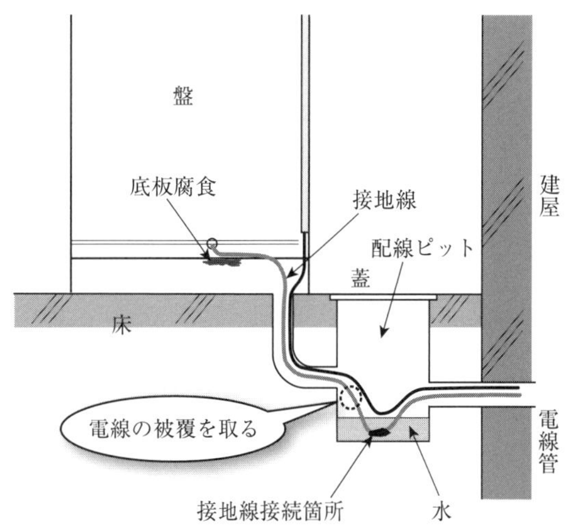

図 25.3 接地線の配線状況

線接続箇所からの**毛細管現象**によるもので，吸い上げられた水が長い間に盤内底板に蓄積して錆を発生し腐食が進行したものです．

対 策

電線の水没部分と盤内底板間の配線ピット部分（図 25.3）で点検可能な箇所の電線被覆を 5 cm ほど剥ぎ取ってみたところ毛細管現象が止まり，効果はてきめんでした．この対策以後，盤内底板の腐食進行は止まりました．もちろん、費用はまったくかかりませんでした．

制御回路⑦

Q26 重油小出槽から重油があふれた！なぜ？

バルブの不具合が原因で，非常用発電機用の**重油小出槽から重油があふれ出たトラブル**を扱います．

重油小出槽から重油があふれた！

A.26

事 例 **重油小出槽への重油供給は？**

非常用発電機（以下「非発」という）への重油は，**図 26.1** のように**重油小出槽**（以下「**小出槽**」という）から**レベル制御**（**図 26.2** 参照）によりサービスタンクから供給されます．また，サービスタンクへの重油補給は，小出槽と同様な**レベル制御**により，重油貯蔵タンクから供給しています．なお，**レベル制御**は，レベルスイッチにより No.1 弁と No.2 弁の**給油弁**という電磁弁の ON・OFF，すなわち開閉で行われています．しかし，今回のトラブルは，何らかの不具合が発生したため，小出槽の液面が **M2，H**（図 26.2 のレベルスイッチ LS 参照）になってもサービスタンクから重油が供給され続けました．したがって，小出槽から重油があふれ出し，非発の小出槽の防油堤に重油がたまりました．

制御説明 **図 26.2 のシーケンス参照**

小出槽の液面が **M1 以下**でリレー M1X が動作すると，リレー X_2，X_3 が励磁され，それぞれ**自己保持回路**が構成されます．リレー X_3 によって X_4 が動作し，X_2 により No.1，X_4 により No.2 給油弁に電圧が加わるので，どちらの給油弁も開となって重油が供給されます．

しかし，液面が **M2 以上**になると，図 26.2 の△1よりリレー M2X が動作するので，△2の M2X の b 接点が開となってリレー X_3 が OFF となります．

リレー X_3 が OFF になると，△3によりリレー X_4 も OFF になります．したがって，△4により X_4 の a 接点が開となって No.2 給油弁が閉じるので重油の供給がストップされます．万が一，この No.2 弁の故障で重油の供給がストップされないと，小出槽の液面が H 以上になって，△5によりリレー HX で警報表示を出すとともにリレー HXA が動作します．次に△6により，リレー X_2 の励磁が解かれるため，リレー X_2 の a 接点が開となって，△7により **No.1 給油弁**が閉じるようになっています．

原 因 **制御不具合**

図 26.2 のシーケンスを参照しながらの前ペー

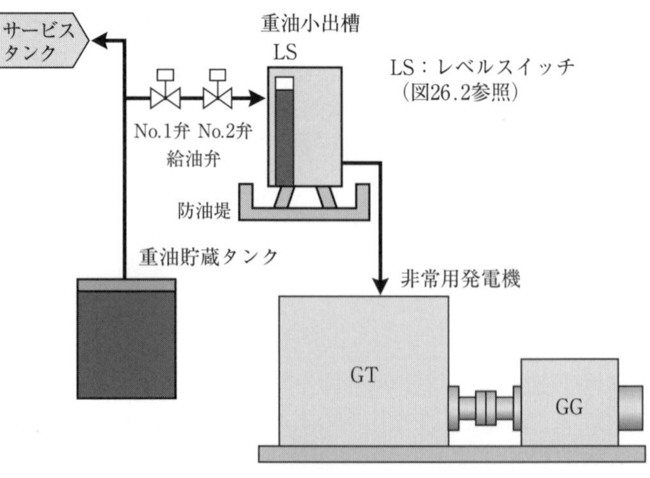

図 26.1　非常用発電機への重油供給図

ジの **制御説明** により **No.1，No.2 給油弁の故障**がわかりました(**図 26.3**).

この電磁弁のツール部は，テフロンと金属合わせで**テフロンツールパッキン**に傷があり，給油弁は電気的に閉でも重油が流れたものと推定しました.

電磁弁は，使用後 10 年以上経過していました.

対　策

使用後 10 年以上経過していましたので，メーカーと相談した結果，信頼性をより重視し部品交換ではなく，No.1，No.2 とも本体ごと**電磁弁を交換**することしました．配線も一部，誤結線があったようで電磁弁交換後は正常に動作しました.

〈参考〉
電磁弁仕様　CKD
パイロット式２ポート・ピストン駆動形
通電時開形，OIL0.5 ～ 6 kg/cm^2
型式：AP11-20A　C3K　100V　18VA

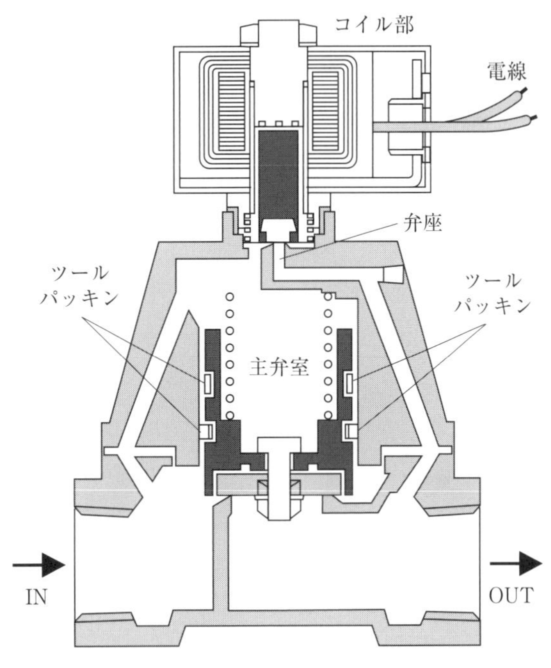

図 26.3　電磁弁構造図

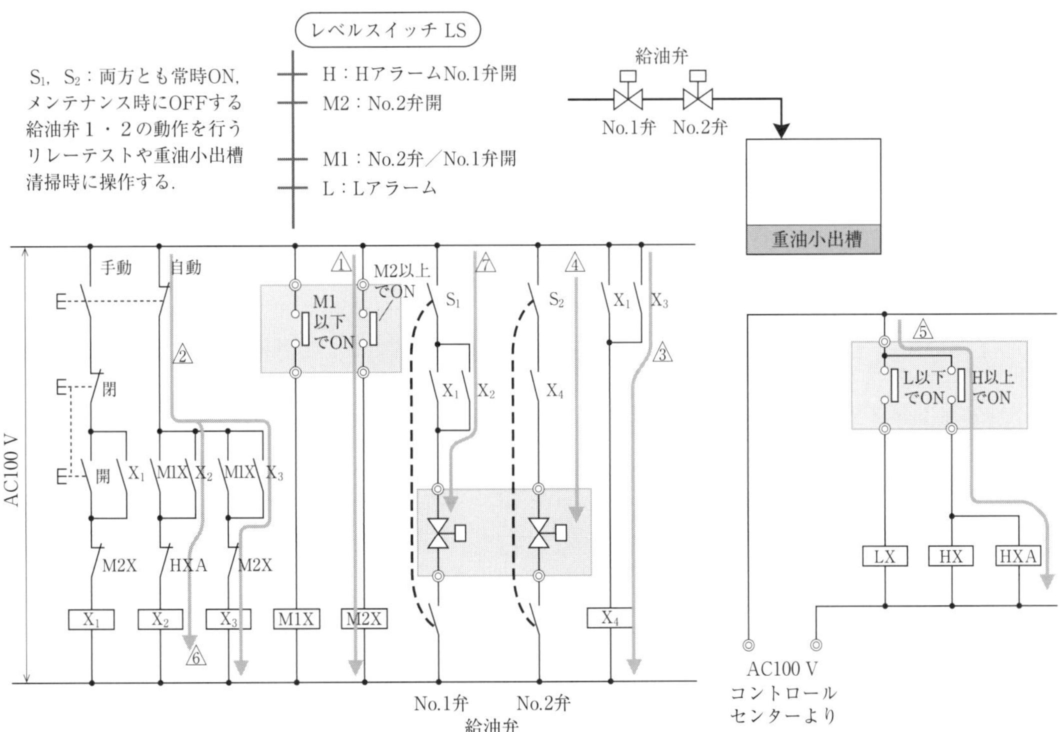

図 26.2　重油小出槽給油弁操作シーケンス

制御回路⑧

Q27 消火栓ポンプが急に起動した！なぜ？

屋内消火栓設備を構成する圧力タンクの安全弁の不具合が招いたトラブルを扱います．

消火栓ポンプが急に起動した！

A.27

事 例 システムは？

図 27.1 のような屋内消火栓設備で，常時屋上の消火用補給水槽より各階に設置されている消火栓の放水口あるいは消火栓弁に落差による圧力が加わっています．消火栓を使用するときは，屋内消火栓箱の**起動用ボタン**を押すことにより**消火栓ポンプ**が自動起動します．

この場合，**消火栓ポンプ**の起動を明示する赤色の起動表示ランプがフリッカ点灯します．

また，**消火栓ポンプ**は設置されているどこかの箇所の消火栓弁を開けると，**圧力タンク**の常時設定圧力が低下して圧力スイッチが働き，このときも**消火栓ポンプ**が自動起動します．

今回のケースは，たまたま深夜に屋内**消火栓ポンプ**が自動起動し，宿直員が気づかなかったため長時間運転となり，制御盤内の**配線用遮断器**（以下「MCCB」という）がトリップしました．

原 因 圧力タンクの圧力が低下？

屋内消火栓設備を構成する**圧力タンク**に設置されている**圧力スイッチ**（**写真 27.1**）が動作すると，**図 27.2** のシーケンス図の起動ボタンが押されたのと同様，ℓ1-ℓ2 間がジャンパされます．

MCCB を再投入して数日間様子をみると，10 kg/cm^2 (0.98 MPa) あった圧力が徐々に低下していくことが，圧力タンクの**圧力計**で確認できました．

圧力スイッチの設定圧力は，8 kg/cm^2 (0.8 MPa) ですから，この設定圧力近くになると消火栓ポンプが起動することが判明しました．

原因はすべての消火栓箱を点検しても確認できず，圧力タンクに付属する**安全弁**を疑いました．

安全弁のメーカーに確認すると，スケール障害により設定圧力以下で漏れることがあるとのこと

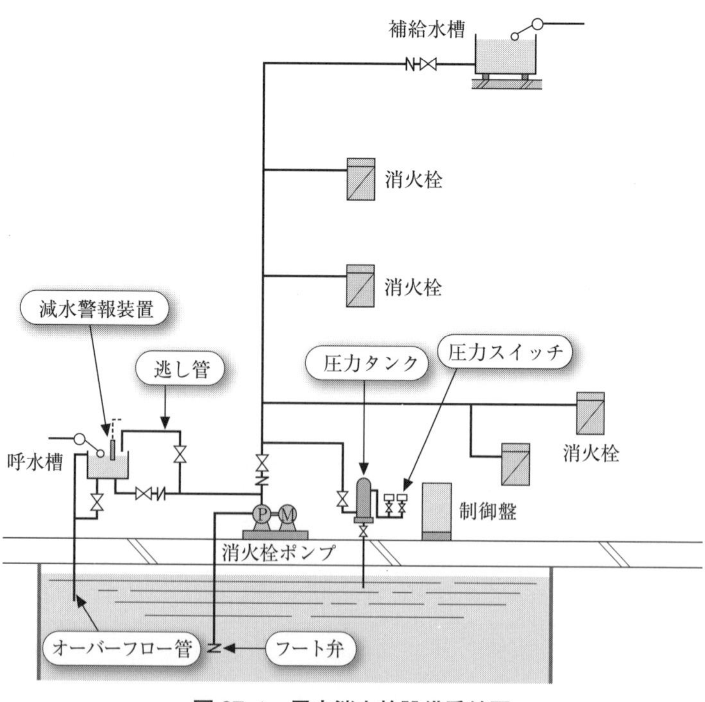

図 27.1 屋内消火栓設備系統図

で，10年以上経過していましたので，交換することを勧められました．

対　策　**安全弁を交換**

安全弁交換後，今回のような原因不明の消火栓ポンプの自動起動はなくなりました．やはり，**圧力タンク**の**安全弁**の弁体へのゴミ，スケール等が原因のようでした．

この不具合発生以降，**圧力タンク**の**圧力計の指針値**に注意してメンテナンスをしています．

写真 27.1　消火栓ポンプ（左）と圧力タンク（右）

（注）　図 27.2 の消火栓ポンプのY－△始動

図 27.2 だけをみていてもY－△始動のY結線，△結線を理解するのは容易ではありません．**図 27.3** のようにモータの結線をまず頭に入れ，次にY，△時には配線がどのようになるかを考えると理解できます．

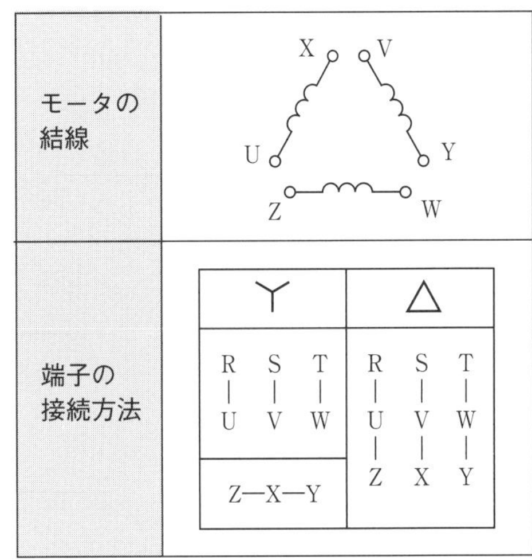

図 27.3　モータの結線と端子の接続方法

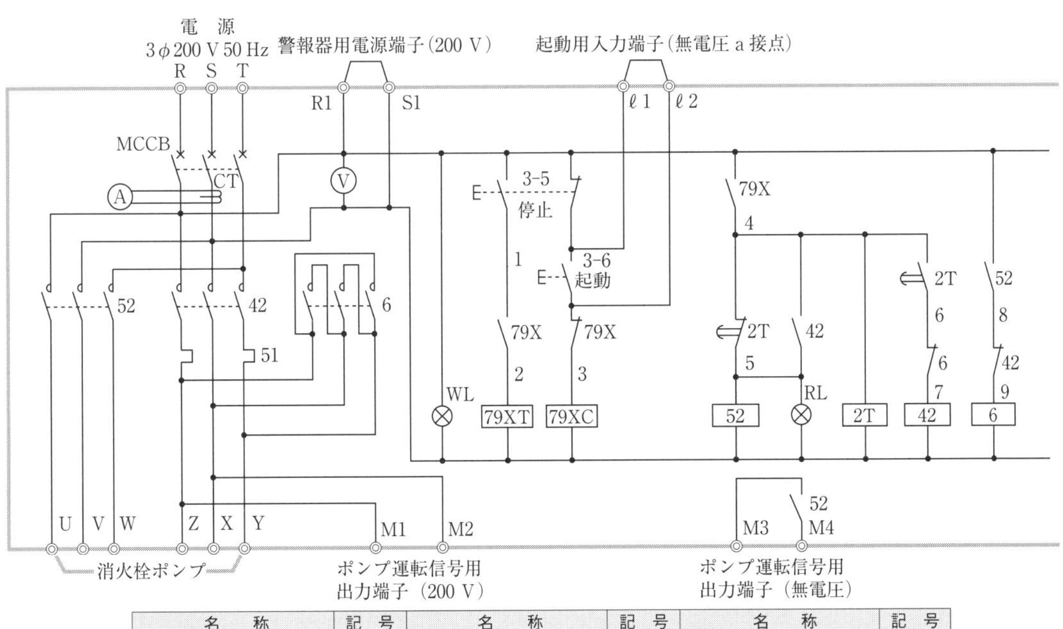

名　称	記　号	名　称	記　号	名　称	記　号
電源表示灯	WL	電流計	A	マグネットスイッチ△用	42
運転表示灯	RL	電圧計	V	タイマー	2T
起動用押ボタンスイッチ	3-6	サーマルリレー	51	変流器	CT
停止用押ボタンスイッチ	3-5	マグネットスイッチ	52	配線用遮断器	MCCB
キープリレー	79X	マグネットスイッチY用	6		

図 27.2　消火栓ポンプ主回路図

コラム6 記録の重要さ

筆者のひとりごと③

記録といっても業務によってさまざまです．設備管理業務に限っても，メモ程度のものから許認可届出や竣工図書等まで，いろいろです．

ここでいう**記録**は，大きく分けると二つあると考えています．一つは**個人の記録**，もう一つはビルや工場，すなわち官公庁，団体あるいは企業としての記録（以下「**組織の記録**」という）です．

以降述べるものは，法令等で様式の定められているものは対象外とし，法令等で記録することが当然と解釈できても，大多数の事業所が記録として残していないと想定できるものを対象としました．

1．個人の記録

30 年以上前のことですが，全体研修を終えた新人が初めて配属されて早々に，その新人への**電気保安研修**を行うよう上司から依頼されたときのことです．この時，筆者は新人に対して，「先輩たちから学んだ操作手順，故障対応，日常の仕事で疑問に感じたこと等を，自費で購入した少し高価なノートに記録することを定年まで継続すること．それが自分を高め，年月の経過とともに，そのノートが宝になっていく」という主旨のことを話しながら，自分自身が実践していないことに気づき，驚きを隠せなかったことを今でも思い出します．これ以降，筆者は自費で購入した少し高価な表紙の破れにくいノートに，**故障対応**，日常の業務の中で**疑問**に感じた用語や事柄等を記録することを，定年まで継続しました．しかし，ノート記入時での故障原因，故障対応，疑問に対する答え等わからないものも多く，後から調べてわかったもの，教えていただいてわかったもの等，**スパンの長い対応の心構え**と**後から記入できるスペース**が必要でした．

その 20 年間近い故障対応件数は 508 件におよび，それらの故障のうちの一部を事業所が特定しないよう配慮をして，紹介したのが本書です．また，全故障件数の約 70 %について分析し，事故原因，事故現象，故障部品の比率をまとめたものを，電気 Q&A シリーズとして，拙著『**電気 Q&A 電気設備の疑問解決**』の**第２部現場の経験編**で紹介しました．なお，この**故障対応記録**は，勤務していた事業所のサーバにも残してきました．

一方，業務を通じての**疑問点**も多く，これも 20 年間継続して記録して得た知識，技術の積み重ねは，振り返ると自分を高めることに結び付いたようです．定年後に新しい職場でまったく異なる仕事，すなわち，日本の次世代を担う学生，職業訓練生，国家試験受験者に夢と希望を与える「教育」という仕事に就けたのは，そのおかげといえそうです．

2．組織の記録

組織として必要な記録は，設備管理の業務に限っても相当あり，冒頭で述べた法令等により記録が必要でも盲点となっていることが 2 点あります．一つは労働安全衛生法の**安全衛生教育**，もう一つは電気の保安規程で定められた**電気保安教育**の記録です．

安全衛生教育のうち，同安全衛生規則第 59 条で定められている**新規採用者**に対するもの，**作業内容変更時**の，いわゆる配置転換者に対するものは実施していても，その記録となるとどうでしょうか．筆者は，**様式を整備**してそれらを作成し，記録として残すようにしました．

また，ビルでは，不意の停電時等にエレベータ閉じ込め事故が発生したとき，過電流・地絡事故時，不意の停電における復電時の対応，火災警報鳴動時の対応等の緊急対応訓練を実施したら，その記録も必要です．筆者は，これら緊急対応訓練を含め保安規程に定められた電気保安教育についても同様に様式を整備して記録として残すようにしました．これらの組織の記録は後輩にも引き継がれ，よき管理の継続につながっています．

第Ⅱ部

トラブル事例編

第3章
照明・開閉器のトラブル

照　明①

Q28 外灯が点灯しない！なぜ？

外灯が点灯しない場合の事例を扱います.

> 外灯が点灯しない. 分電盤を見たら外灯の漏電遮断器がトリップしていた.

❶外灯が点灯しない！

外灯は, **水銀ランプ 200 W** を使用して **24 時間タイマ**で点灯制御されていました.

しかし,「いつも点灯する外灯が点灯していない」という警備員からの報告を受けて調査したところ, 電灯分電盤(以下「分電盤」という)内⑤の**漏電遮断器**(以下「ELCB」という)の**漏電表示**が飛び出て**トリップ**していました(**図 28.1**).

❷外灯の電気回路は？

図 28.1 のように単相 3 線式 100/200 V の分電盤の **200 V 回路**から外灯(水銀ランプ)に電源供給されます.

また, その分電盤の **100 V 回路**から 24 時間タイマにて設定時間のみオンディレーの b 接点(『電気 Q&A 電気の基礎知識』の Q37 参照)を通して電磁接触器(『電気 Q&A 電気の基礎知識』の Q36 参照)のコイルを励磁するから, 主接点 51-1, 2 が入り, U5-W5, U6-W6 にそれぞれ電圧 200 V が加わり外灯(**水銀ランプ**)が点灯するしくみになっています.

❸外灯の配線は？

これまでの調査から, 外灯への電源供給は, ELCB ～電磁接触器～分電盤内端子台～外灯へと至る回路となっていますが, **図 28.2** の外灯への配線をみると 1 回路 1 ランプではなく, **わたり配線**で 1 回路にいくつかのランプが接続されています.

また, 外灯ごとに**安定器取付口**があって, その中に**安定器**と **MCCB** が収納されています.

では, 以上の調査 1 ～調査 3 に基づき, どのように対応したらよいでしょうか？

A.28

絶縁抵抗測定

1）ELCB ⑤二次側から絶縁測定しても外灯絶縁不良は発見できない！？

ELCB ⑤を遮断したうえ, 外灯切換スイッチ COS を断にして ELCB ⑤二次側から絶縁測定しても分電盤内の ELCB ⑤～電磁接触器 52-1 の一

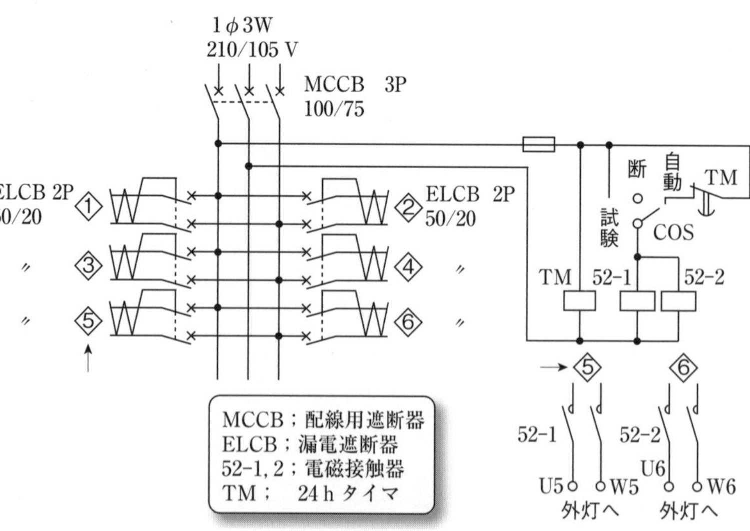

図 28.1　外灯の電気回路（分電盤内）

次側配線を測定していることになります．

正しい測定は，分電盤内外灯端子台 U5，W5 で行います．

2）1回路には，いくつかの外灯が接続されている！？

このような場合の絶縁不良の見分け方は，1台ずつ安定器取付口を開放して**内部の MCCB を OFF** していきます．

絶縁不良の外灯の安定器取付口内 MCCB（以下「内部 MCCB」という）を OFF して絶縁測定が正常になれば，その外灯の**安定器**が原因と考えられます（**絶縁測定の方法**は，Q 1 参照）．

次に，この方法で絶縁不良が発見できない場合は，配線か内部 MCCB の絶縁不良が考えられます．この場合は，電源から遠い順にわたり配線を外して順次，分電盤内外灯端子台 U5，W5 で絶縁測定を行います．

原　因　外灯の漏電の原因として考えられるのは，次のとおりです．

1）**安定器**

2）**内部 MCCB**

3）**配線**　わたり配線か電源線か．

筆者の体験から，一番多いのが**安定器**，次は意外にも**内部 MCCB** です．これは長い間に安定器取付口のパッキンが腐食して雨水が入り，また，浸入した雨水が安定器取付口内部の排水状況が悪くて MCCB と安定器が冠水していることもありました．

対　策　1回路にいくつかの外灯が接続されていることがわかりました．したがって，絶縁不良が発見されても交換部品がないときは**正常な外灯だけでも点灯**することが防犯および安全面から大切なことです（**写真 28.1**）．

内部 MCCB の OFF を知っていれば正常な外灯を生かすことによって，応急的に**外灯の役目**を果たすことができます．

なお，配線が原因と判定されたときは電気工事業者に依頼して，**配線の入替え**も視野に入れてください．

写真 28.1　外灯のランプ交換作業

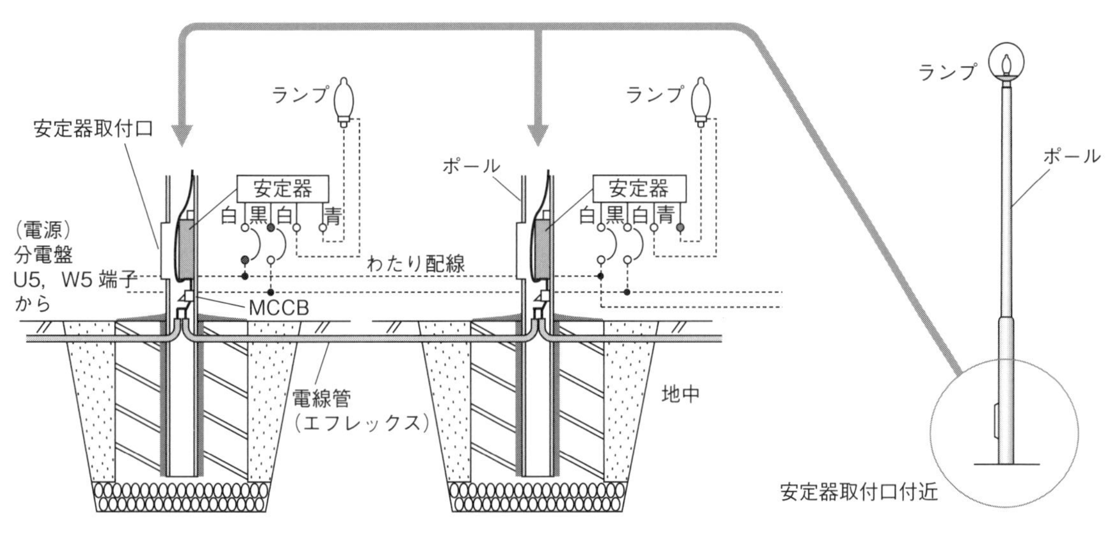

図 28.2　外灯への配線

照　明②

Q29 HIDランプの寿命が短い！なぜ？

安定器容量と異なる水銀ランプ等のHIDランプの大きさ(ワット)のものを使用した場合のトラブル事例を扱います.

安定器の大きさと異なったHIDランプを使用したとき，ランプの寿命が短かった.

❶HIDランプとは？

HIDランプとは，High Intensity Discharge Lampの頭文字から付けられた呼称で，日本語名「**高輝度放電灯**」とも呼ばれ，**高圧ナトリウムランプ**，**メタルハライドランプ**，**水銀ランプ**の総称です(図29.1).

HIDランプはほかの放電ランプと同様で，ランプのみで点灯することはできません．ランプ電流を最適な値に制限し，安定した点灯をさせるために安定器が必要となります．また，ランプ1灯当たりの光束が大きく，大空間の照明に適しています.

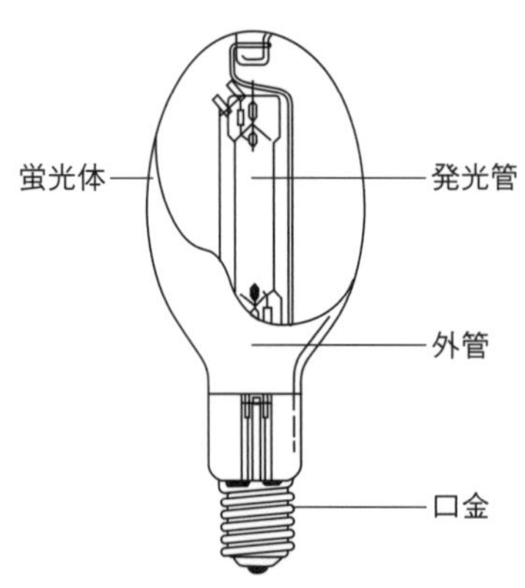

図29.1　水銀灯の構造図

❷ワットの小さなランプ？

白熱ランプやハロゲンランプは，同じ口金(くちがね)で従来使用していたワット(以下「W数」という)より小さなW数のものを使用しても問題はありません.

このような背景から，ランプの種類が多い事業所では，管理が徹底されず口金さえ同じなら**小さなW数のランプ**が使われることがありました.

❸過去の事例は？

過去の事例として次の2つがありました.

1）専用安定器で点灯する**400W高圧ナトリウムランプ**を使用すべきところ（水銀ランプ兼用安定器で点灯する）360W高圧ナトリウムランプに交換したら，ランプの光色が強い黄色味から白っぽい光色に変わり，点灯**寿命**が極端に短かった.

2）専用安定器で点灯する**700W高圧ナトリウムランプ**を使用すべきところを，まちがえて400W水銀ランプに交換したら，ランプは白っぽい光色で点灯したがすぐに不点となった．そのうえ，**ソケット(口金)**が異常発熱して熱劣化し，ランプが外せなくなった.

では，以上の調査1～調査3に基づき，今回の不具合の原因を推定できますか？

A.29

原　因

1）ランプに適合する安定器(ワット，型式)を必ず使用する.

■ランプと安定器が適合しない場合

点灯しない　　ランプが割れる

ランプ短寿命　安定器の故障

器具が過熱して火災の原因になる

2）**高圧ナトリウムランプ**では，決められたラ

表 29.1　水銀ランプと安定器の組合せ

	ランプ点灯の可否	ランプ状態	安定器状態
安定器より小さいW数のランプ	△	△ 破損の危険	○
安定器より大きいW数のランプ	△	× 短寿命	× 短寿命

ンプのW数より小さなW数を入れると，ランプへ供給する電力が増し発光管内のナトリウムの圧力が増加するため，強い黄色味から黄色味が弱まり，白っぽい光色へと変化します．

参考までにHIDランプのうち代表的な水銀ランプと安定器の組合せについての特性を**表 29.1**に示しました．

現象の解明

1）始動時

HIDのランプと安定器は，**図 29.2**のようにランプはほぼ純抵抗 R，安定器はコイルですからリアクタンス X（$= \omega L$，L はインダクタンス）の**RL 直列回路**の等価回路と考えられます．

この**HID ランプ**の基本原理は，けい光ランプ（『電気Q&A 電気の基礎知識』のQ5参照）と同様で，発光管内の放電によって発光します．しかし，けい光ランプの場合は低蒸気圧放電で，紫外線がほとんどですが，HIDは点灯中の封入圧力と温度が高いため，**可視光線**※1を多く発光します．したがって，発光管内の**高温化**が必要な**HID ランプ**では，スイッチを入れてから高温状態で安定して発光するまで通常数分を要します．

また，HIDランプでは始動時は，ランプの抵抗 R はほとんど零で徐々に抵抗 R が大きくなると考えてください．

2）安定時

放電が安定してくると**HID ランプ**の等価回路の**図 29.3**で，$R \fallingdotseq X$ となり，ランプと安定器の分担電圧はほぼ等しくなります．

なお，参考までにHIDランプの代表的な高圧水銀ランプの250 W，400 Wそれぞれのランプの等価抵抗 R，安定器のリアクタンス X の値および安定時の入力電流 I の値を以下に示します．

	R〔Ω〕	X〔Ω〕	I〔A〕
250 W	60	60	2.1
400 W	40	40	3.3

実際には，**HID ランプ**は純粋な抵抗だけではなく，インダクタンス成分もありますからランプの力率は1.0ではありません．

3）小さなW数のランプを使用すると

例えば水銀ランプ400 Wの器具に間違えて250 Wのランプを使用した場合，表のように3.3 Aの電流が流れますから，250 Wのランプ電流は2.1 Aなので過電流となり，ランプの破損につながり短寿命になります．

すなわち，ランプのW数の大きさに関係なく，**安定器容量に見合った電流**が流れてしまうから，**ランプ過負荷**となり寿命が短くなるのです．

（注）

※1　**可視光線**；波長380～760 nm（ナノメートル）の電磁波で，私たちの目に明るさの感覚をもたらす光．

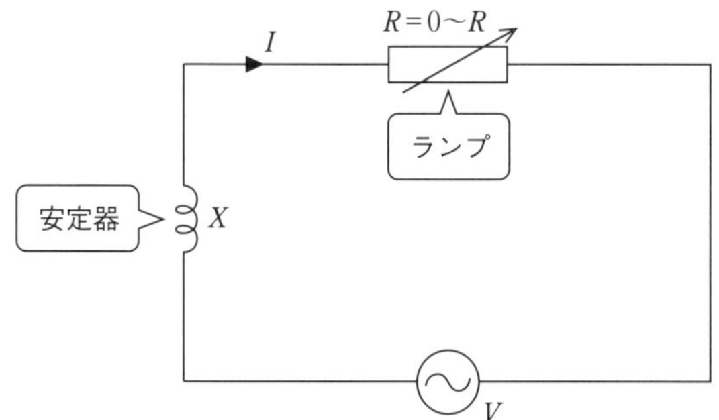

図 29.2　始動時の HID ランプの等価回路

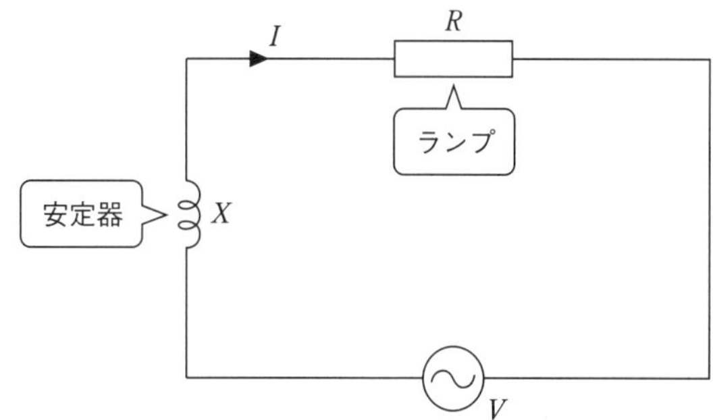

図 29.3　安定時の HID ランプの等価回路

照 明③

Q30 照明器具が漏電した！なぜ？

水のいたずらで照明器具が**漏電**した3つの事例を紹介します.

水のいたずらで照明器具が漏電した！

A.30

事例1 **水銀灯が雨の日によく漏電した！**

天候のよくない曇りや雨の日に必要とする照明が漏電遮断器(以下「ELCB」という)のトリップによって使用できなくなることがありました.

原 因 建屋の**雨漏り**が長年にわたって屋内型の鉄製の**安定器ボックス**（**写真 30.1**）に浸入し，その中の端子台に**鉄錆が発生**しました.

そして，**鉄錆**によって端子台接続部と端子台取付部分の安定器BOX間に電路ができたり，長年の鉄錆膨張によって**端子台極間**の絶縁不良に発展したことが，**漏電の原因**でした（**写真 30.2**）．すなわち，この漏電は，雨の浸入(**水のいたずら**)が端子台の絶縁不良に進展したものです．これは，建屋内にある安定器ボックスが屋内型であったのに加え，安定器発生熱の放熱のため**パンチングメタル製**であったことも水を浸入しやすくしたようです.

対 策

端子台の交換だけでは，このケースの抜本的対策になりません．もちろん，端子台のうち鉄錆が発生しているものは，すべて交換しました.

雨漏りが原因ですから，建屋を補修することが一番よい対策になります．しかし，建屋補修費用

写真 30.1 安定器ボックス

写真 30.2 長年の雨により腐食した端子台

は莫大で，そのための予算もなかったため，雨漏りが建屋内部に伝わっても安定器ボックスに入らないように，**ステンレス製**の庇(ひさし)を取り付けることにしました(**図 30.1**).

ステンレスの材料は安くありませんが，今回は取付け費込みでもわずかな費用で対策できました.

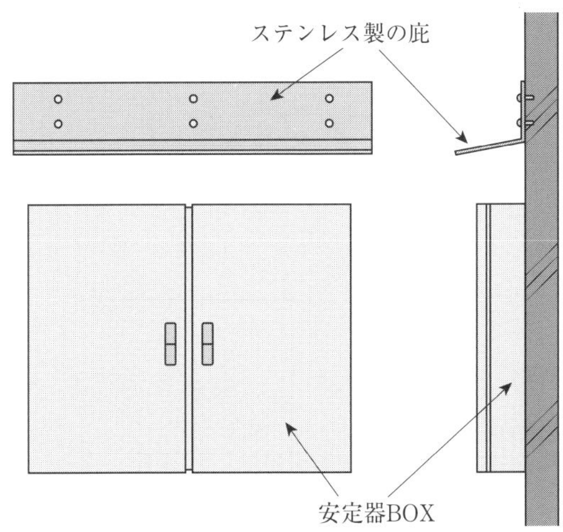

図 30.1　雨漏り対策の庇取付け

写真 30.3　ステンレス製の庇を取り付けた
けい光灯器具

このステンレス製の庇を安定器ボックスの上部に取り付けた以降，この水銀灯の**漏電発生**はまったくなくなりました．

事例2 **壁面取付けのけい光灯器具が漏電した！**

直上階の清掃洗浄水が配管を伝わって流れ落ち，**図 30.2** のように壁面取付けのけい光灯器具に浸入しました．そのため，けい光灯器具内部やソケットに水が入り込み，電灯分電盤の ELCB がよくトリップしました．

原　因 上述のようにスラブに貫通した配管の隙間から**床清掃洗浄水が配管を伝わって**直接，けい光灯器具に浸入したためです．

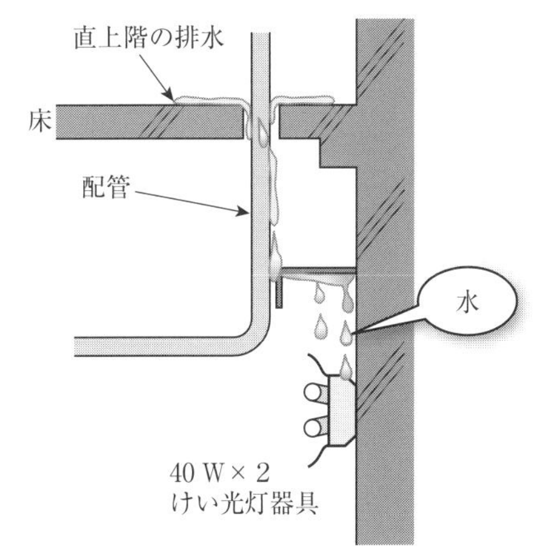

図 30.2　配管を通して直上階の排水が流れ落ちる様子

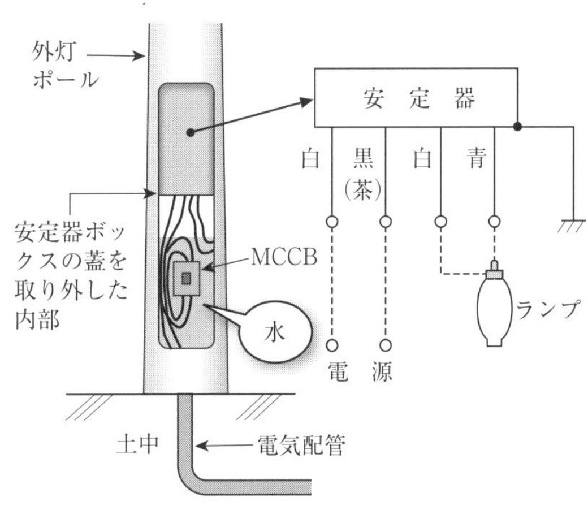

図 30.3　外灯安定器ボックスにたまった水

対　策 **事例1** と同じようにステンレス製の庇をけい光灯器具上部に取り付けた後は，漏電の発生はなくなりました(**写真 30.3 の矢印**)．

事例3 **外灯安定器ボックス内の配線用遮断器**(以下「MCCB」という)が**絶縁不良！**

原　因 安定器ボックス蓋のパッキン劣化による雨水の浸入によって，**安定器ボックス**内に水がたまって，MCCB の位置まで水没し漏電したものです(**図 30.3**)．

対　策 安定器ボックス内にたまった水を掃き出し，MCCB およびパッキンを交換し，雨水の侵入を防ぎました．

照　明④

Q31 器具が新しいのにランプ不点！なぜ？

竣工後まだ年数が経過していないのに，**ランプが不点**になったり，**フリッカ**した事例です．

器具がまだ新しいのに**ランプ不点**，あるいは**ランプがフリッカ**する！

A.31

解　説 HIDランプ※1が竣工後2年も経過していないのに何台か不点になり，ランプを交換しても点灯しませんでした．また，**けい光灯器具**を更新して3年程度経過後12台中2台の**ランプにフリッカ**が発生しました．

事例1 **400 W水銀ランプ**が竣工後2年も経過していないのに不点となり，ランプを交換しても不点のままでした(17台中2台に不点発生)．

調　査 筆者は，今回の不具合要因が**HIDランプ用安定器**と推定し，その寿命は，8～10年間であり，2年未満では問題点があると考えました．そこで，照明器具メーカーにその不具合要因の調査を依頼したところ，「安定器内部に使用するコンデンサの表面に膨らみが見られ，**コンデンサ回路の断線**」という調査結果を得ました．

原　因 メーカーの回答によれば，コンデンサの分解調査の結果，メタリコン部(引出し電極部)が劣化してはく離したもので，**製造に起因**するものということでした(**図31.1**)．

なお，メーカーの品質保証担当が出張して，水銀ランプ用安定器内のコンデンサを交換したら，ランプは正常に点灯しました(**写真31.1・31.2**)．

対　策 メーカーでは，不点だった2台の安定器を含め**同一取付場所の安定器17台すべてにつ**

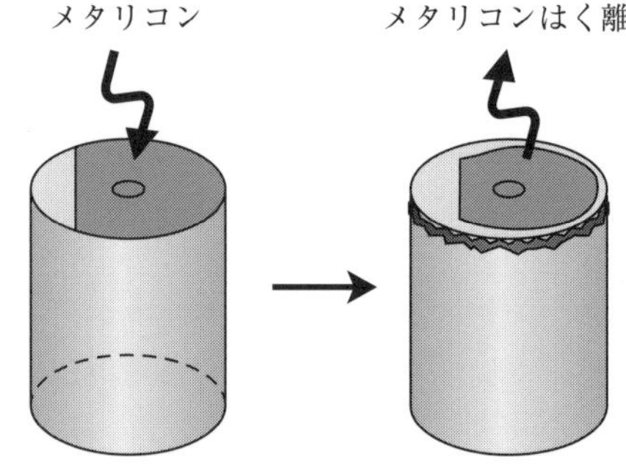

図31.1　コンデンサメタリコン部

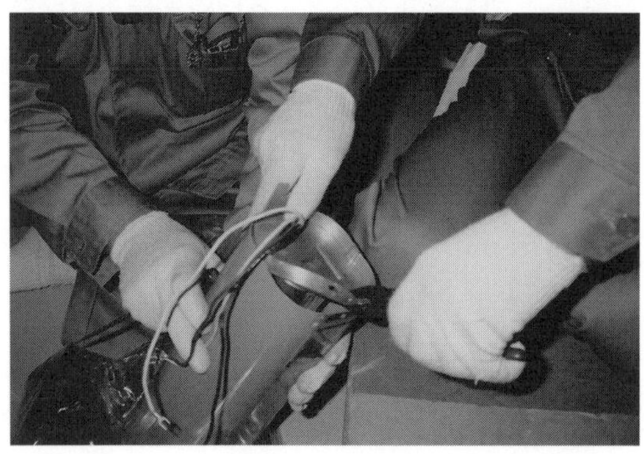

写真31.1　安定器からコンデンサを取り出す

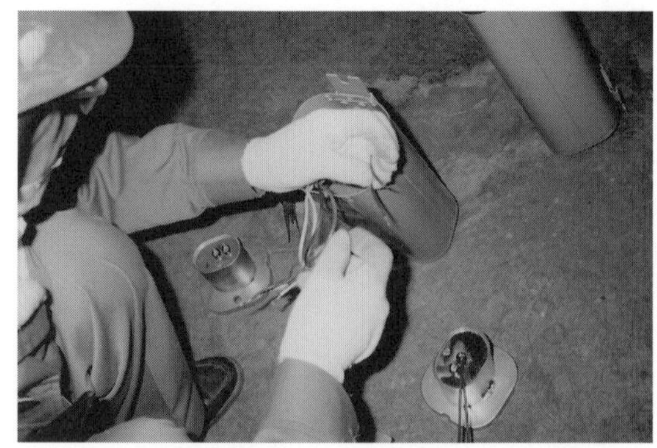

写真31.2　安定器内から取り出したコンデンサ

写真 31.3　けい光灯器具の安定器交換作業

いてコンデンサを交換する対策をとりました．そのほかに，同一製造時期の **HID ランプ用安定器**が 25 台ありましたので，これらについてもメーカー負担でコンデンサを交換しました．

事例2 更新した 12 台の 40 W 2 灯直列ラピッド式（高力率）**けい光灯器具**のうち，2 台が 5 年近く経過したところでランプを交換しても，**フリッカ**が発生しました．

調　査 **けい光灯安定器の寿命**※2 も HID ランプ用安定器同様 8 ～ 10 年間ですから，かなり短いと判断した筆者は，フリッカしている器具内の安定器を外し，メーカーに送って原因調査を依頼しました．

原　因 およそ 2 週間経過してから送られてきたメーカーの回答は「**安定器内部のフィルムコンデンサの容量低下によりランプ電流が減少して出力不足となり，ランプにちらつきが発生**した」というものでした．製造過程でコンデンサ蒸着フィルム層間に空隙ができ，電圧ストレスにより**蒸着フィルムが絶縁破壊**し，安定器内蔵のヒューズが動作したことが原因（推定）でした．

対　策 メーカーでは，**保証期間**は照明器具 1 年間，けい光灯安定器 3 年間としながらも，今回のケースでは，フリッカしたけい光灯器具 2 台だけでなく，更新したほかの器具すべてについて現地（当工場）で**安定器の交換**をしました（**写真 31.3**）．

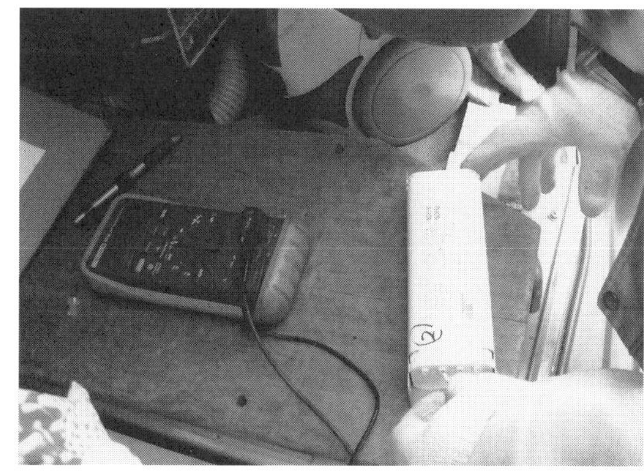

写真 31.4　安定器のコンデンサ容量を測定

また，外した安定器全般について**写真 31.4** のようにデジタルマルチメータで安定器内の**コンデンサ容量**を測定しました．フリッカの発生したコンデンサは 4.18 μF で，ほかは 4.29 ～ 5.13 μF でした．なお，新品では 5.0 μF 以上の容量があったのでコンデンサの**容量低下**が原因でした．

教　訓 保証期間内はもちろん，保証期間が多少オーバーしていても，**2 台以上おかしな事象**が発生したら，**メーカーあるいは施工者に相談**しましょう．

（注）

※1　**HID ランプ**；高輝度放電灯とも呼ばれ，高圧ナトリウム，メタルハライドランプ，水銀ランプの総称．

※2　**けい光灯安定器の寿命**；銅鉄安定器の寿命はほかの電気機器同様，巻線，コンデンサ等に用いられる絶縁物の寿命によって決定．

> ●JIS C 8108-1991蛍光灯安定器
> 蛍光灯安定器の巻線の最高許容温度以下で使用した場合の**平均寿命は，一般的な使用状態で8～10年間**と考えられます．**ここで"平均"とは，この年数までに半数の安定器は寿命が尽きていることを意味します．**この寿命の『ばらつき』は，絶縁材料のばらつきおよび安定器の製造工程中に絶縁材料が受ける各種の影響により生ずる結果であって，現在の技術をもってしても避けられないところです．
> ⇒絶縁材料は，その温度が 8～10 ℃高くなると，寿命が半分になるといわれています．

開閉器①

Q32 過電流でもないのに配線用遮断器トリップ！なぜ？

配線用遮断器（以下「**MCCB**」という）や**漏電遮断器**（以下「**ELCB**」という）等の開閉器の現場で発生したトラブル事例を扱います.

電気室配電盤の動力用200V，3P600AのMCCBが過電流でもないのにトリップした.

❶トリップの状況は？

1）ベルトコンベヤ主体のモータ負荷で，**トリップ**は始動時ではなく運転中に発生しました.

2）**トリップ**は，真夏の時期に1～2回発生する程度で，再投入後はそのまま運転を継続し，各相の電流を測定したらR相：380 A，S相：410 A，T相：440 Aで**定格負荷以下**でした.

3）運転中，電気室に行くと，このMCCBからわずかにジージーという音がしていたので気にはなっていました．しかし，原因もわからないまま3年の歳月が流れました.

❷MCCBが異常過熱！

年1回の活線状態で行う低圧関係の端子部の**過熱状態**を把握する**定期点検**があり，「**放射温度計**」（Q60参照）で**図32.1**のようにMCCB一次側端子部の温度を測定したところ，R相のみがほかの相と比較して**異常過熱**していることが判明しました.

❸メーカーの現場調査は？

調査1～2の結果をもとに，メーカーに調査依頼したところ，早速**現場調査**が実施されました.

これは，運転状態のまま各相ごとにMCCBの**極間電圧降下**（『電気Q&A電気の基礎知識』のQ16，コラム6を参照）をデジタルテスタのmVレンジで測定したところ，R相：187 mV，S相：61 mV，T相：58 mVという測定結果でした（**写真32.1**）.

測定結果からR相の極間電圧降下の値がほかの相と比較して極端に大きな値であることがわかり，R相の異常過熱が裏付けされました.

実際，MCCBのモールドケースに触れてみると，R相付近がほかの相と比較して熱いことがわかりました.

ここでメーカーが行った極間電圧降下測定は，MCCB内の接点間の接触抵抗の異常の有無を調べるために実施されたものです.

この**極間電圧降下**の基準値として正式に定められたものではありませんが，某メーカーの技術資料の中で，MCCBのフレームの大きさごとに最高値が示され，今回の600 Aフレームでは250 mV以下としています．ただし，これは定格電流を通電した場合の数値です（『電気Q&A電気の基礎知識』のコラム6参照）.

では，以上の調査1～調査3に基づき，今回の不具合の原因を推定できますか？

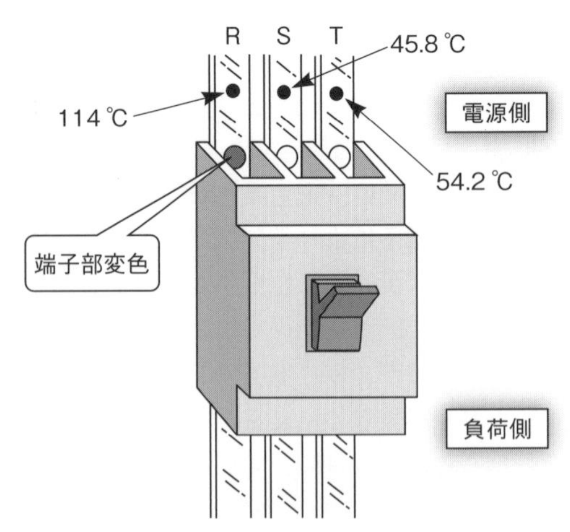

図32.1 MCCB各相の温度測定

写真 32.1　MCCB の極間電圧降下測定

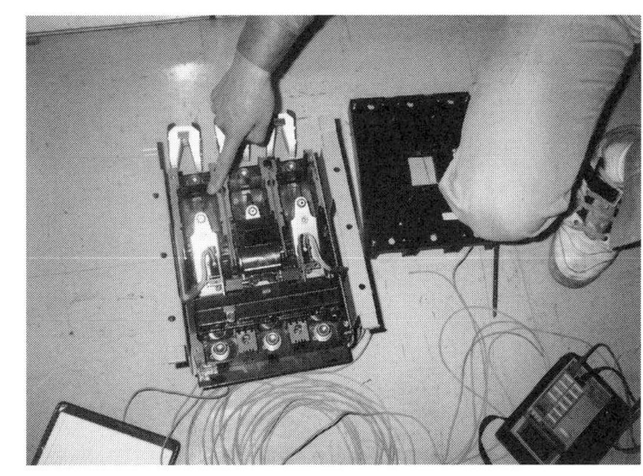

写真 32.2　メーカーによる MCCB 内部点検
（左側のＲ相のみが異常過熱で変色）

A.32

原　因

1）内部点検

放射温度計による測定でＲ相の異常過熱，極間電圧降下でＲ相の値がほかの相と比べて非常に大きいことがわかったので，メーカーによる**MCCB の内部点検**を実施しました．

その結果，MCCB の内部点検で特にＲ相の固定コンタクト（接点）に**写真 32.2** のように**過熱痕跡**が見られました．これは，可動コンタクト連動軸のかしめ部に緩みを生じ，これが**接点間の接触圧力の低下**から**接触抵抗の増加**となり，**過熱**したものと推定できました．

この不具合の発生したMCCBは，**使用後12年を経過**していました．メーカーでは**経年劣化**によるものとし，**使用環境**が劣化を促進した要因の一つという見解でした（日本電機工業会の更新推奨時期は15年です）．

2）めいわく引外し

「定格電流以下の通電中に引外し動作」の原因は，**表 32.1** から，「**遮断器内部の発熱**」が該当します．したがって，リレー部の**バイメタルが動作**し，これは接触抵抗の増加によるジュール熱の発熱で，過電流と同様の原理です．

対　策

メーカーの現場調査のあと，応急措置として電気を停止して MCCB 内部接点の**研磨**を実施して運転しました．しかし，接触抵抗の増加は避けられないため，３か月ほど後にメーカーの見解どおり**新品と交換**しました．

表 32.1　MCCB のめいわく引外しに対する処置方法

異常時の状態	推　定　原　因	処　　置
• 定格電流以下の通電中に引外し動作	• 周囲温度が異常に高い（40℃以上）．	• 通気等で遮断器の周囲温度を低く保つ．
	• 端子部ねじの緩みによる異常発熱．	• 増締めする．
	• 遮断器内部の発熱．	• 新品と交換のうえ原因調査する．
	• 振動，衝撃．	• クッション等振動，衝撃の減衰処置をとる．
	• 定格電流以上の負荷電流が流れている．（例：電動機を過負荷，低電圧又は過電圧で使用している場合）	• 選定の見直しをする．
	• 取付け角度が悪い（完全電磁式）．	• 正常な取付けに直す．
	• 適用周波数の間違い（50～60 Hz）．	• 周波数の合ったものと交換する．
	• 接続電線が細過ぎるための異常発熱．	• 正規の電線に取り換える．
• 始動電流で引外し動作	• 始動突入電流で引外し動作．	• 瞬時引外し電流の設定値変更又は定格変更をする．
	• 始動電流が大きく時延引外し動作する． • 始動時間が長く時延引外し動作する．	• 定格電流を変更する．
	• 電圧引外し装置，不足電圧引外しの装置の操作回路誤接続等による誤動作．	• 配線のチェックをする．

（出典：日立製作所配線用遮断器・漏電遮断器の予防保全）

開閉器②

Q33 エアプラズマ切断中に漏電遮断器トリップ！なぜ？

高周波の影響を受けた漏電遮断器（以下「ELCB」という）が不要動作した事例を扱います．

工事用電源（ELCB100 A）でエアプラズマ切断機使用中に，このELCBがトリップした．

❶負荷電流は？

1）工事用電源のELCBは，**1982年10月製**F社製のもので100 A，感度電流30 mAでした．

2）エアプラズマ切断機使用中の電流を測定したら，2.5～13.5 Aで，最大でも15 Aであった．（過電流ではなかった）

❷プラズマ切断とは？

1）**プラズマ切断**は，アークのエネルギーを切断局部に集中させて溶断する方法です．**図33.1**にプラズマ切断の基本原理図を示します．

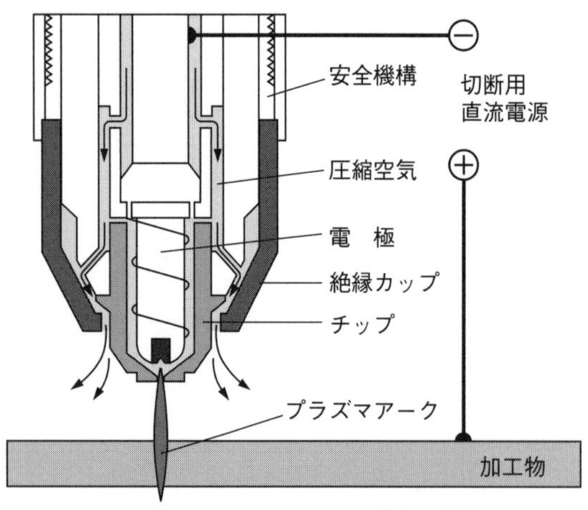

図33.1 プラズマ切断の基本原理図
（ダイヘン ホームページから引用）

電極とチップ間でパイロットアークと呼ばれる小電流プラズマジェットを発生させた後に，チップから噴出した高温プラズマ流で電極と被切断材との間に**プラズマアーク**（主アーク）を作って切断します．**プラズマガス**に**圧縮空気**を利用した「**エアプラズマ切断**」と，酸素を利用した「**酸素プラズマ切断**」とがあります．

プラズマ状態とは，**図33.2**のように気体（水蒸気）となった状態をさらに加熱し，5千～7千度以上の高温にすることにより生ずる状態で，この**プラズマ状態**では気体が**電離**し，原子がプラズマイオンと電子に分離した状態です．この電離した状態になると電流が流れやすくなり，発生したアークを**プラズマアーク**と呼んでいます．

❸エアプラズマ切断の特徴は？

1）**中・厚板までの切断**ができる．

2）軟鋼，ステンレス，アルミニウム，銅，しんちゅう，塗装板，亜鉛板等**あらゆる金属の切断**ができる．

3）安全で操作が簡単．

4）酸素プラズマ切断と比較すると，酸素ガスを使用しないためランニングコストが安くなる．

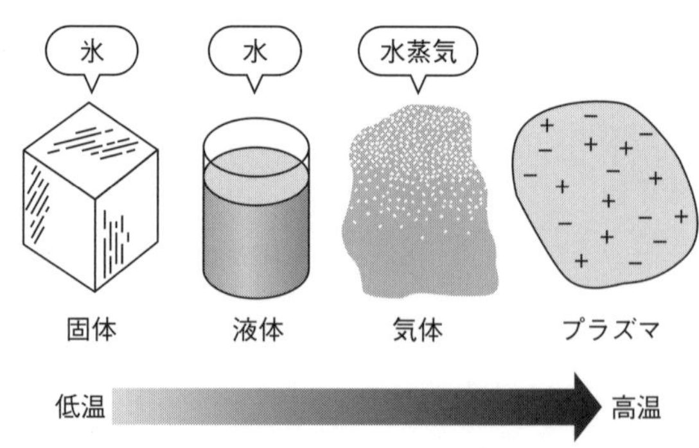

図33.2 水を例とした物質の状態

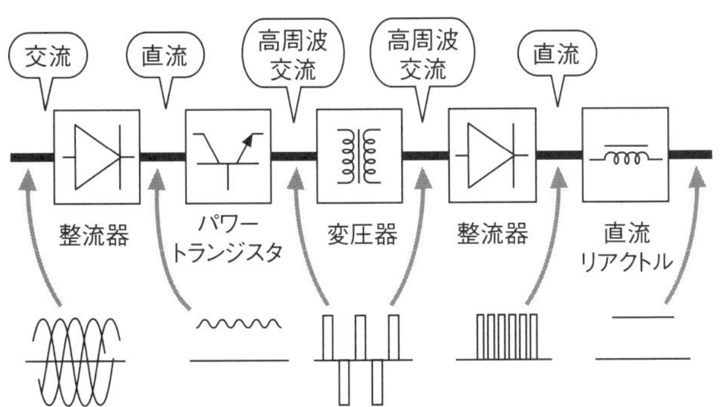

図 33.3　プラズマ切断電源の回路構成

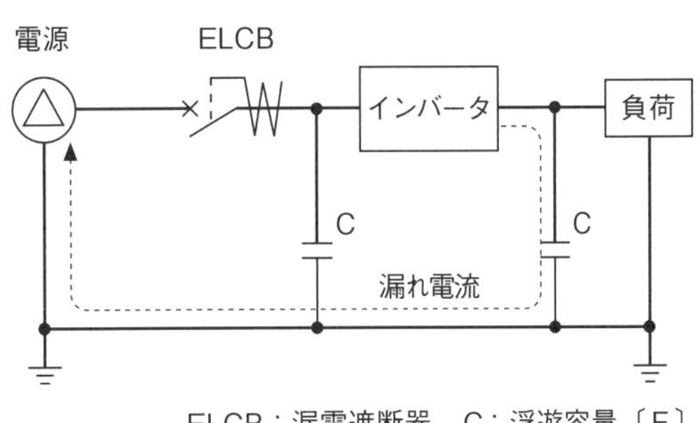

ELCB：漏電遮断器　C：浮遊容量〔F〕

図 33.4　漏れ電流の経路

❹エアプラズマ切断電源は？

回路構成は，**図 33.3** に示すとおり**インバータ**が使用され，アークの安定化を図るために定電流特性となっています．

では，以上の調査１～調査４に基づき，今回の不具合の原因を推定できますか？

A.33

現象の解明

1）インバータから漏れ電流

インバータと負荷との間の配線や負荷と大地間には浮遊容量Cが存在します．

このため，インバータの高速スイッチングによって，**漏れ電流**が浮遊容量Cから大地を経由して電源に流れます(**図 33.4**).

さらに**漏れ電流**は，インバータのキャリア周波数に左右され，このプラズマ切断電源のインバータは高キャリア周波数のため**漏れ電流**も増加します.

2）ELCB の漏れ電流による影響

インバータの**漏れ電流**には，**高周波成分**が多く含まれています.

したがって，一般形のELCBは低周波から高周波まで周波数帯に関係なく同じレベルで**漏れ電流**を検出しているので，この高周波数帯の**漏れ電流**がELCBの動作電流を上回ることになってELCBが動作します.

原　因

インバータからの**漏れ電流**によって **ELCB** が**動作**したものです.

F社によれば1983年7月生産品からインバータからの**高周波漏れ電流**に対して動作感度電流を鈍くし，かつインバータの負荷側で地絡事故が発生した場合には正常に動作するように零相変流器の二次側にフィルタ回路を追加し周波数特性の改良を行っています(以下「**対策品**」という).

現在の製品はすべて**対策品**です.

今回使用していたものはF社製で1982年10月製ですから対策品ではなく，**不要動作**※1したことが考えられます.

対　策

たまたま予備品として在庫のあった1986年2月製のM社製のものに交換し，現在まで問題なく至っています.

このように**対策品を使用**したらインバータからの漏れ電流によってELCBの**不要動作**はなくなりました.

以上のようにインバータの主回路素子の**スイッチング**によって**漏れ電流**が流れ，この**漏れ電流**が浮遊容量Cを通して電源に流れます.

今回の事例では，**エアプラズマ切断電源**に使用されている**インバータ**でしたが，一般によく使用されている**モータ制御用のインバータ**でも同様の現象は現れ，**対策品の ELCB** でなければ**不要動作**は考えられるということです.

(注)

※1　**不要動作**；迷惑動作または不必要動作のこと．機器装置等が動作すべきでない場合に動作すること.

開閉器③

Q34 現場操作盤に開閉器がない！なぜ？

現場操作盤に**開閉器**がない！

A.34

解　説 機械のメンテナンスを行うとき，機械の近くに現場操作盤があって，**開閉器**がないと作業者にとっては安心感がありません．また，作業者はこの**開閉器**が機械から相当離れていると，作業前に通電停止を確認したとしても不安です．ここでは，現場操作盤に**開閉器**がなかった事例を取り上げて，その対応策を紹介します．

事例 1

機械設備の改造工事があり，ファンの能力が不足したため，モータ容量が37 kWから110 kWに大幅に増えたときでした．改造工事中に現場に行ったら，**現場の開閉器盤**（**写真 34.1**）が**手元押釦箱**（**写真 34.2**）に変更され，筆者は現場で唖然(あぜん)として立ち竦(すく)みました（**図 34.1**）．

どこが問題か このファンは，能力維持のため羽根の清掃が定期的に必要でした．このため，ファンのメンテナンスの際には停止して，作業者がファン内部に入って清掃していました．作業者の**安全確保のため現場の開閉器は欠かせないものでした．**

こだわり 筆者は，この工場に転勤した当初，ファン清掃中に運転員から，このファンを運転してよいか相談され，現場の状況も知らないまま運転員のいる中央制御室（以下「中制」という）からのファンの清掃を許可した苦い経験があります．ご推察のとおり，ファン清掃中の作業員は，ファンが回転して危険にさらされ，大事には至りませんでしたが作業責任者から怒鳴り込まれ，平謝りした記憶が頭から離れません．しかし，筆者は，この

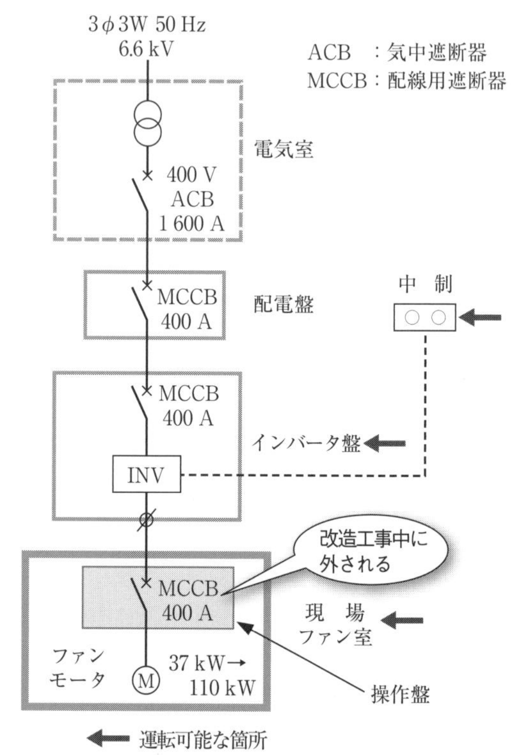

図 34.1　事例 1 の現場操作盤

写真 34.1　元の現場操作盤

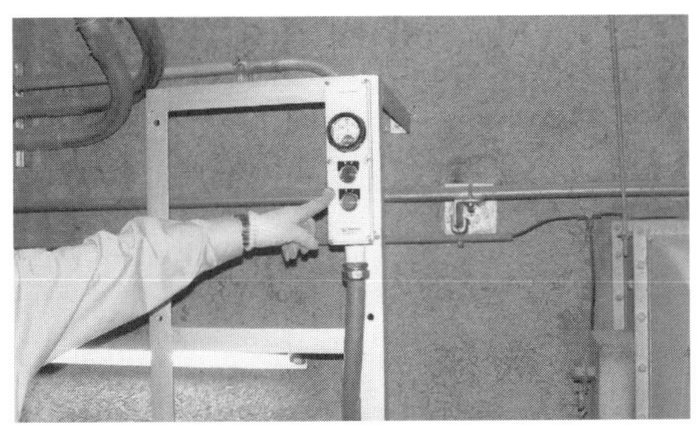

写真 34.2　改造工事中に改修された手元押釦箱（開閉器がない！）

写真 34.3　MCCB 入りの開閉器盤

ファンの近くに**現場操作盤**があり，この中に開閉器の **MCCB** があることに気づき，作業者の**安全確保のために MCCB を遮断して作業をしていない**ことが後日，判明しました．このあと筆者は，作業責任者に「**作業者の安全確保のため現場の MCCB を遮断しなかったことは安全配慮に欠ける**」旨を申し入れ，納得していただきました．このような経験をしたこともあって，**現場の開閉器が取り外された**ことは寝耳に水の出来事だったのです．

対　策　安全に対してこだわりをもつ筆者は，上司と相談して改造工事中の施工業者（以下「施工者」という）に対して，**現場操作盤**は，設計当初の**安全優先**の考えにより **MCCB の入ったもの**とするよう申し入れ，了解いただきました（**写真 34.3**）．また，ファン清掃中だけに限らず，当施設の出入り業者すべてに対して，工事やメンテナンス中は，現場の開閉器は必ず遮断し，かつ，操作盤の見えやすい箇所に「**通電操作責任者の許可なく通電禁止の旨**」の表示を**義務付け**ました．この表示がある限り，発注者でも**施工者の立会いがないと現場の開閉器は投入できない**ことをマニュアル化しました．そのほか，作業のあるときには，作業責任者を**朝礼**に出席させ，複数作業のあるときには，互いに**ほかの作業内容も周知**するように徹底しました．

事例2

4F 屋外にある**空調熱源機**のメンテナンスを依頼したメーカー系保守業者の責任者（以下「業者責任者」という）から，開閉器を遮断するよう申し入れがある度に，1F のコントロールセンター内 MCCB（開閉器）を遮断していました（**図 34.2**）．数年が経過したとき，業者責任者から開閉器を遮断していても，その開閉器は遠く離れているので，**点検中，不安で安心していられない**ので，**空調熱源機の制御盤**（以下「空調熱源盤」という）**に開閉器を設置して欲しい要望**がありました．

どこが問題か　現場の空調熱源盤の主回路図は，**図 34.3** のように熱源のヒートポンプチラー系にも冷温水ポンプ系にも**開閉器がありません**．電源を遮断するには，1F のコントロールセンターの MCCB を操作するしかありません．おそらく，空調熱源機のメーカーは，**コスト削減**を安全より優先させたものと推察します．業者責任者までが要望するくらいなので，現状のままでは安全は保てないと判断しました．

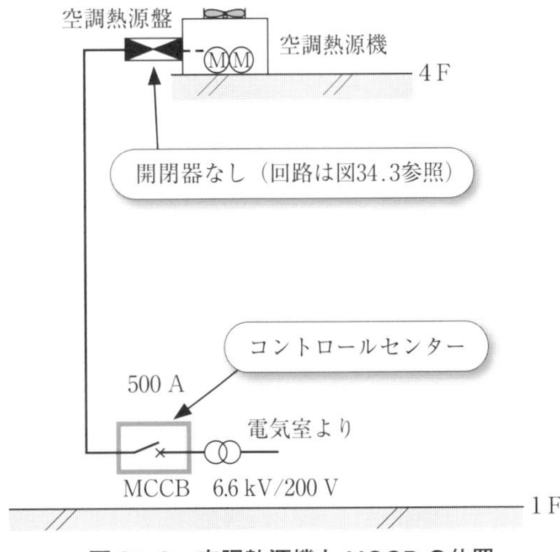

図 34.2　空調熱源機と MCCB の位置

こだわり 筆者は，以前に冷温水発生機の付属モータが**地絡事故により焼損**した苦い経験をもっています．メーカーはコスト削減を優先させ，各モータ回路に漏電遮断器（以下「ELCB」という）を付けず，主回路にMCCBしかなかったため，地絡事故を検出できずに**モータの焼損**に至ったのです．

このとき，メーカーは，すばやい対応でメーカー負担にて各モータにELCBを取り付けました．このような事故を経験した筆者は，盤内スペースを調査のうえ，現場に開閉器を設置する方向で検討を開始しました．

対　策 早速，空調熱源盤のスペースにヒートポンプチラー系と冷温水ポンプ系それぞれに**MCCBを1台ずつ**取り付け可能とわかり，改修しました（図34.3，**写真34.4**）．

その後の業者責任者は，従来より好意的に当施設のメンテナンスを実施するようになりました（笑）．

総　括 **事例1**では，施工者の設計担当者が企業の**コスト削減**を**現場の安全**より優先し，当初の設計思想を忘れていました．**事例2**は，メーカーが**コスト削減**を**現場の安全より優先させた**事例です．「事故が発生していなかったからよかった」では済まされません．

「**こんなことって？**」という事態が実際に起こるのです．私たちメンテナンスに携わる者は，常に現場を見つめ直し，**安全重視の考え**を忘れず現場に向き合う姿勢が大切です．

写真34.4　改修後の空調熱源盤（MCCBあり！）

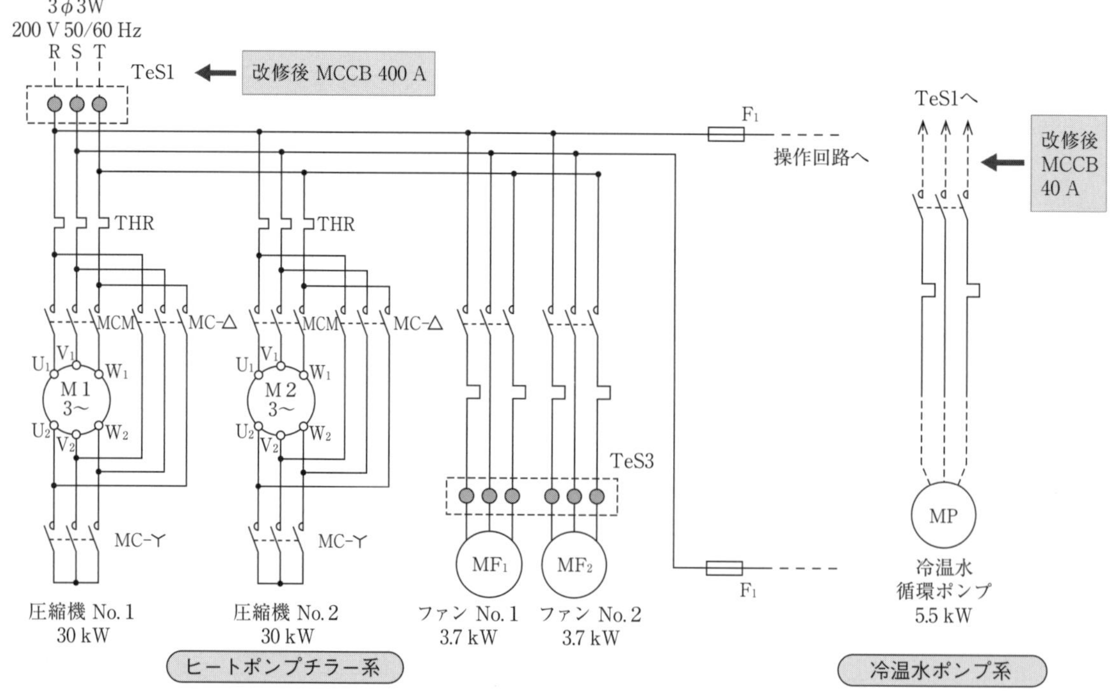

図34.3　空調熱源盤の主回路（改修前）

コラム 7 人体電流の計算

接地抵抗によって感電の危険は？

コラム 1 で漏電時の接地工事の有効さと許容人体電流および接触電圧を知りました．

ここでは，まず**人体抵抗の数値**を知ってから電気の基本である**オームの法則**（『電気 Q&A 電気の基礎知識』の Q1）で**人体電流**および**接触電圧**を計算します．その次に，これが接地抵抗の大きさの違いでどう変わるかを調べて**感電防止の検討**をします．

●人体抵抗の大きさは？

人体抵抗は，**およそ 500 ～ 1 500 Ω** ですが人体の通常の状態では,ほぼ **1 500 Ω** と考えます．

この値は，コラム 1 で解説したとおり，許容人体電流の余裕を見込み，住宅で使う漏電遮断器の定格感度電流と同じ 30 mA とすると，許容接触電圧 50 V から計算した抵抗値にほぼ一致します．

●人体電流の計算値は？

金属製外箱を持つ機器が，絶縁不良となって漏電したときの地絡電流 I_g〔A〕を求め，計算結果から分流の法則により**人体に流れる電流** I〔A〕を計算します．**図 A** において，E = 100〔V〕，$R_B = R_D$ = 50〔Ω〕，R = 1 500〔Ω〕とします．

まず，**オームの法則**から，

$$I_g = \frac{E}{R_B + R_D} = \frac{100}{50 + 50} = 1\text{〔A〕}$$

上記の計算は, 正確には次の式で求めますが, 計算結果の数値は, あまり変わりません（**図 B**）.

$$I_g = \frac{E}{R_B + \dfrac{R_D R}{R_D + R}} = \frac{100}{50 + \dfrac{50 \times 1\,500}{50 + 1\,500}}$$

$$= 1.02\text{〔A〕}$$

したがって，**人体を流れる電流** I〔A〕は，

$$I = \frac{R_D}{R_D + R} I_g = \frac{50}{50 + 1\,500} \times 1 \simeq 0.032\text{〔A〕}$$

接触電圧 V〔V〕は，$I_g \simeq I'$ であるから，

$$V = RI \simeq R_D I_g = 50 \times 1 = 50\text{〔V〕}$$

●D 種接地抵抗を小さくしたら？

R_D = 30〔Ω〕とし，ほかの値はそのままで上記と同じように計算すると，

$$I_g = 1.25\text{〔A〕},\ I = 0.04\text{〔A〕},\ V = 37.5\text{〔V〕}$$

以上の計算結果から，**D 種接地抵抗**を小さくするほど，漏電したときに機器の外箱に触れても**接触電圧**が小さくなるから，**感電の危険**が小さくなります．

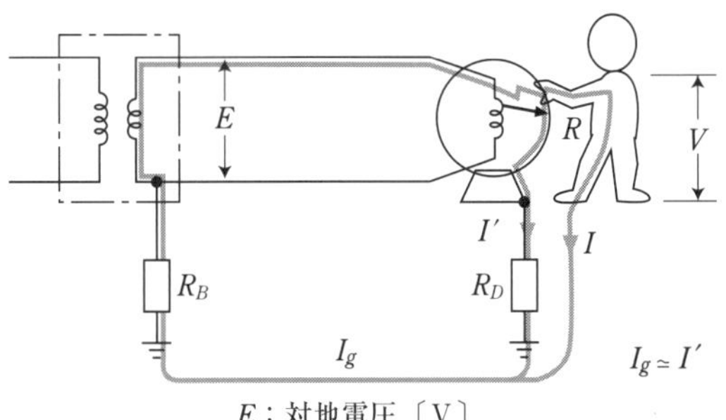

E；対地電圧〔V〕
V；接触電圧〔V〕
R_B；B 種接地抵抗〔Ω〕
R_D；D 種接地抵抗〔Ω〕
R；人体抵抗 = 1 500〔Ω〕
I_g；地絡電流〔A〕
I；人体電流

図 A　地絡時の人体電流と接地抵抗

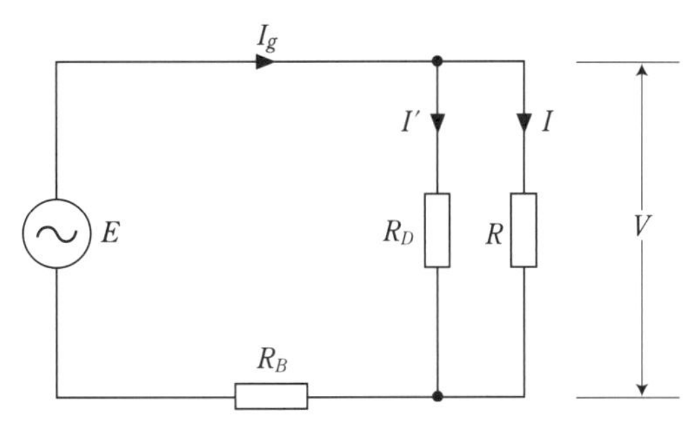

図 B　図 A の等価回路

ファン①

Q35 ファンが回って鳩が犠牲に！なぜ？

ファンの**功罪**についての事例を紹介します．

ファンが回転してハトが犠牲に！

A.35

解　説 ファンの働きは良いことずくめですが，筆者が転勤してきたばかりの工場では，思わず目を背けたくなる**ハトの犠牲**がありました．これは使い方を誤った例です．また，制御盤，操作盤内の機器の発熱で内部に設置された**電子機器の寿命**が短くなったり，盤内回路の調査のような**メンテナンス**に時間のかかるものでは，その熱さのため作業に支障を生ずるものもありました．

事例１ **換気ファンの近くにハトの死がい!?**

写真35.1のような換気ファンの近くにハトの死がいを発見しました．あまり，気持ちのよいものではなく，作業員たちもなかなか死がいを片付けようとはしないで，長い間，放置されていました．

原　因

ハトの死が，換気ファンによるものと気づくまでに時間がかかりました．これは，設置された換気ファンを点検しているときは，いつも回っていたからです．あるとき，５台の換気ファンすべてが停止しているのを見て，調査の結果，サーモスタットによる自動発停がわかりました．筆者は，ファン停止時にハトが外部から侵入して，換気ファン枠に止まって休んでいるときに急に換気ファンが回転して，事故に遭ったものと断定しました．

対　策 ハトが外部から侵入できないよう換気ファンの外側に網を取り付けました．これ以後ハトの犠牲はなくなりました(**写真35.1・35.2**)．

写真35.1　ハトが犠牲になった換気ファン(屋外に網取付け)

写真35.2　電気室用換気ファン(屋外に網取付け)

事例２ **インバータ内の基板に取り付けられたスイッチ等が脱落しかかる!?**

昭和60年代に製作されたインバータは，現在のようなケース入りだけではなく透明なアクリル板のカバーがあるものもありました．この内部にあったプリント基板に取り付けられていた部品が基板からはがれたり脱落しました．

写真 35.3　インバータの冷却ファン

原　因

これは，**盤内の発熱**によるもので，長期間の発熱で基板に熱が伝わり，**接着剤のはがれ**が発生して**基板上の部品**が部分的に脱落しました．

インバータには，**写真 35.3** のような小さな冷却ファンが取り付けられていましたが，インバータを収納する制御盤内の機器の**発熱量は大きく**，夏場にはいつも制御盤の扉を開放していました．すなわち，**制御盤の発熱**を考慮した設計がされていなくて，盤側面に 120 mm 角の冷却ファンがありましたが効果は期待できるものではありませんでした．

対　策

ほとんどのインバータで基板の部品脱落が発生したため寿命と判断し，納入後 13 年目にすべての**インバータを交換**するとともに，制御盤上部に**写真 35.4** のような 150 mm 角の**大きめの冷却ファン**を取り付け，**強制冷却**としました．**強制冷却**の効果はてきめんで，夏場に制御盤の扉を開放することもなくなりました．

事例3 **据置アルカリ蓄電池が充電状態になると液温が上昇し，温度センサが動作して配線用遮断器（以下「MCCB」という）がトリップ！**

焼結式アルカリ蓄電池は大電流放電特性が優れているためエンジン始動用に使用されていました．

写真 35.4　電磁制御盤の盤面取付けファン（改良後）

写真 35.5　据置アルカリ蓄電池の換気ファン（右上）

原　因

非常用発電機を月 1 回無負荷運転をしていましたが，**夏場**に決まって充電装置内の MCCB がトリップしました．

これは焼結式蓄電池の**電解液温度**が 45 ℃以上にならないように，**温度センサ**が動作したものです．

メーカーによる調査で，周囲温度が高いか充電電圧が高いか，どちらかの原因であることがわかりました．

対　策

夏場には周囲温度が夜でも 30 ℃なのに**浮動充電電圧**が 1 セル当たり 1.35 V だったので 1.325 V に変更するとともに，盤に**写真 35.5** のように**換気ファン**を新たに取り付けました．対策後には問題の発生はまったくなくなりました．

ファン②

Q36 酸欠危険場所の事故防止対策は？

工場内の有害ガス発生のおそれのある場所，すなわち**酸素欠乏危険場所**(以下「**酸欠場所**」という)に入ろうとした作業者が急に気分が悪くなった事例を取り上げて，電気屋さんの立場から**事故再発防止対策**を考えました(**図 36.1**).

酸欠場所に入ろうとした作業者が急に気分が悪くなり引き返した．これはなぜ？

調査

❶気分が悪くなったのは？

急に気分が悪くなった原因は，「**酸素欠乏症の症状**」です．空気中には約 21 %の酸素があり，その酸素が不足すると**酸素欠乏**になり，その限界は 16 %といわれています．

酸素欠乏症の症状としては，顔面そう白または紅潮，脈拍および呼吸数の増加，息苦しさ，めまい，頭痛等の症状のほか，重症の場合には，意識不明，けいれん，呼吸停止，心臓停止等の症状が現れます．しかし，このケースでは，作業者が現場の異変にすぐ気付いて安全な場所に引き返したため大事には至らずに済みました．

❷酸欠の直接原因は？

労働安全衛生法の省令(規則)の１つである**酸素欠乏症等防止規則**(以下「**酸欠則**」という)では，**酸欠場所の作業における基本原則**として①**換気**を十分に行い，②**酸素濃度測定**で酸素濃度が 18 %以上あることを確認することが定められています．しかし，このケースでは，①，②のいずれも実施されていませんでした．なお，この場所には送排風機が設置されていましたが，当日は停止状態の

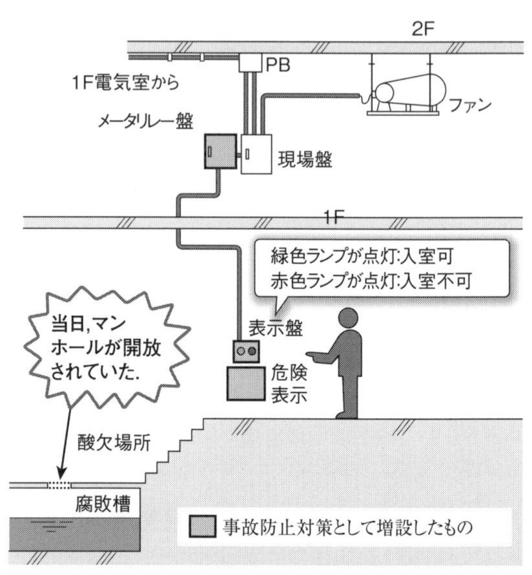

図 36.1　酸欠場所の事故防止対策

まま入室したことが直接の原因でした．

❸酸欠場所の周知は？

管理者，すなわち法律(労働安全衛生法)では事業者は，工場またはビルのすみずみまで**酸欠場所**を徹底的に調べ，その場所を作業者に周知しておくことが必要です．

また，作業者がわかるように**酸欠場所**である**表示**がなされていなければなりません．しかし，このケースでは**表示**がなかったので，事故再発防止対策として，即**表示**しました(**写真 36.1**).

では，以上の調査１～調査３に基づき，どのように対応したらよいでしょうか？

A.36

原　因

作業者の気分が悪くなったのは，**酸欠場所の表示**がなかったから**作業者のリスク意識の低下**と送

酸欠危険
有毒ガス注意
18%
●必ず酸素濃度を測定しよう！

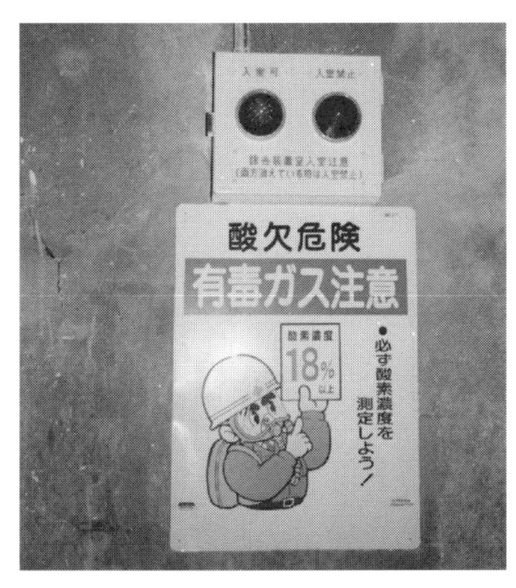

写真 36.1 酸欠危険表示と入室許可表示盤

排風機が停止状態にあったことが原因でした．図36.1のように，この酸欠場所付近には，送排風機の運転がわかる現場盤もなかったため，酸欠場所入口に**運転表示**があれば予防策になったと考えられました．なお，作業者の常駐している制御室は，主操作盤が設置されていて，運転表示も操作スイッチもありました．

対 策

ここでは，換気が**停止状態**にあったことから，主に電気的な**酸欠事故再発防止対策**を考えます．なお，工場やビルには酸欠場所も多いことから，酸欠則の要求する防止対策についても簡単に触れ

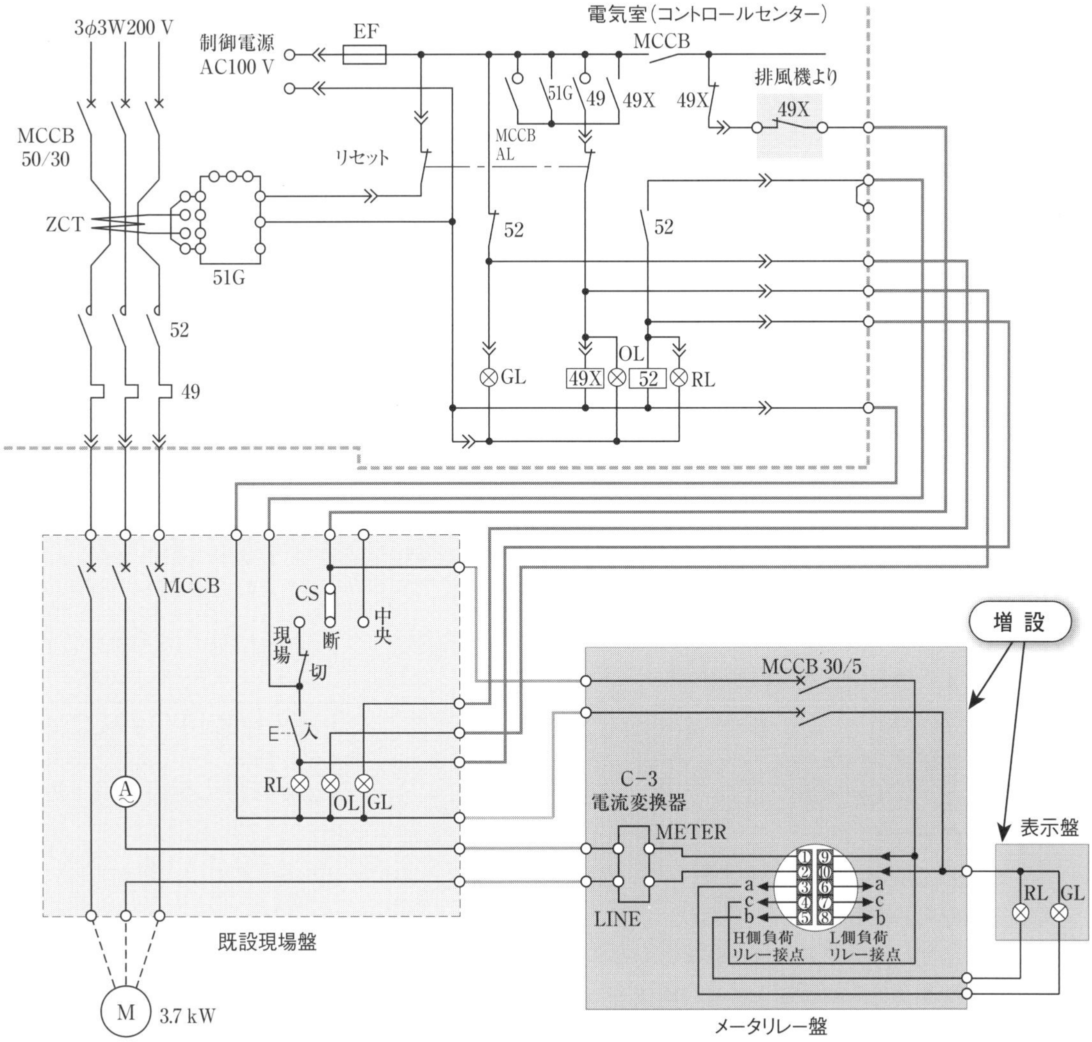

3φ3W200 V
制御電源
AC100 V
EF
電気室（コントロールセンター）
MCCB
MCCB
50/30
51G
49
49X
49X
排風機より
49X
リセット
MCCB
AL
ZCT
51G
52
52
52
49
GL
49X
OL
52
RL
MCCB
CS
現場
断
中央
切
E
入
RL
OL
GL
増 設
MCCB 30/5
C−3
電流変換器
METER
LINE
a
c
b
a
c
b
H側負荷
リレー接点
L側負荷
リレー接点
表示盤
RL
GL
既設現場盤
メータリレー盤
M
3.7 kW

図 36.2 メータリレー盤と表示盤

ます.

1）入室許可表示盤の増設

酸欠場所入口に換気装置が運転しているか否かがわかる「**入室許可表示盤**(写真36.1)」(以下「**表示盤**」という)を増設しました. しかし, モータがただ回っているだけでも運転表示となる問題が発覚しました.

すなわち, 換気のファンベルトが伸びてスリップ状態となって換気能力が低下しても, 現状の電気回路では運転表示となる問題に直面しました. そこで, 筆者の考えたのが電流の計測と同時に外部回路を制御するリレーも持つ**メータリレー**の採用です(**図36.2**, **図36.3**). 換気ファンの電流値は, 7.5 Aくらいのため, 図36.3のように**メータリレー**のH側負荷リレー接点を使用する場合では, 電流値が例えば設定値の5 A付近まで下がるとリレー接点がOFFになります. したがって, 写真36.1の表示盤の赤色ランプが点灯して入口付近の作業者に入室不可であることを知らせます. 当初, 既設の現場盤の電流計を**メータリレー**に交換することを計画しましたが, 図36.2のように**メータリレー**は奥行きがあるため, 既設盤内のMCCBに当たって収まらないので, **写真36.2**のように既設盤の左側に新たに**メータリレー盤**を増設しました(奥行は電流計40 mm, メータリレー110 mm).

2）酸欠危険の表示

酸欠場所周知のため, 写真36.1のように表示盤の下に**酸欠危険表示**を掲げました.

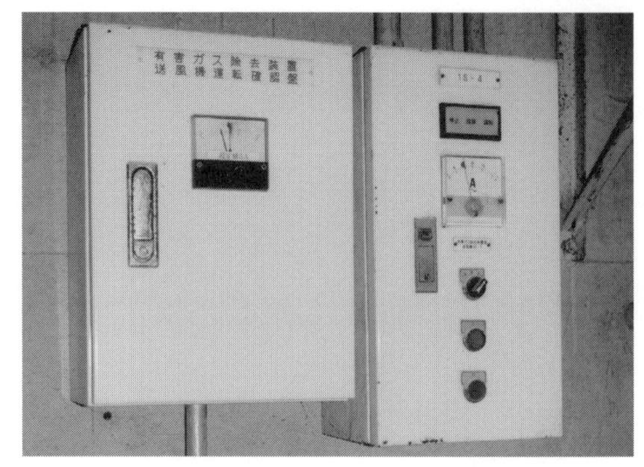

写真36.2　増設したメータリレー盤（左側）

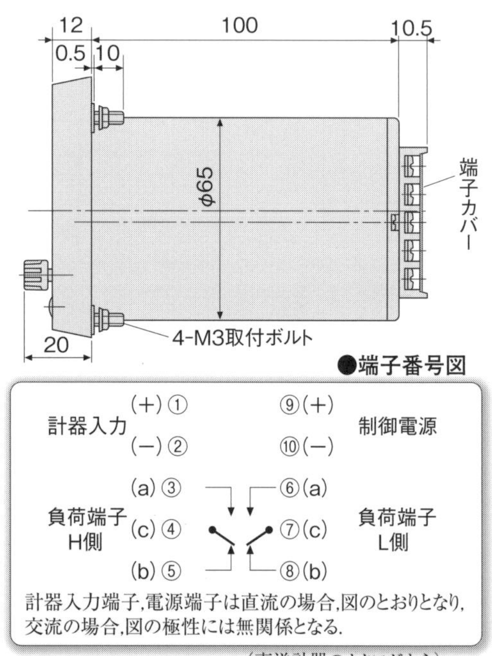

図36.3　メータリレー外形図と端子番号図

参　考

酸欠則の要求する酸素欠乏症等の防止対策

1）酸素濃度等の測定
2）換気および保護具の使用
3）人員の確認, 立入禁止等
4）作業主任者の選任
5）特別教育の実施
6）監視人の配置, 退避等

なお, 当工場では, 作業者の安全確保とレベルアップのため**酸素欠乏危険作業主任者技能講習**に積極的に参加させており, 当日酸欠場所に入ろうとした作業者の一人は, 当技能講習の修了者でした. このことから, 資格は持っているだけでは「宝の持ち腐れ」です. 資格は, 常に教育と訓練それに本人の自覚があったうえ, 現場で活かしてこそ活きるものです.

酸素欠乏症は致死率が非常に高く, 臭気はなく救出に向かった人も含めて複数の人が被災する例が少なくありません.

したがって, **酸素欠乏症**の危険性を関係者に十分に徹底し, 酸素欠乏危険作業について酸欠則に従い十分な教育が必要と思い知らされました.

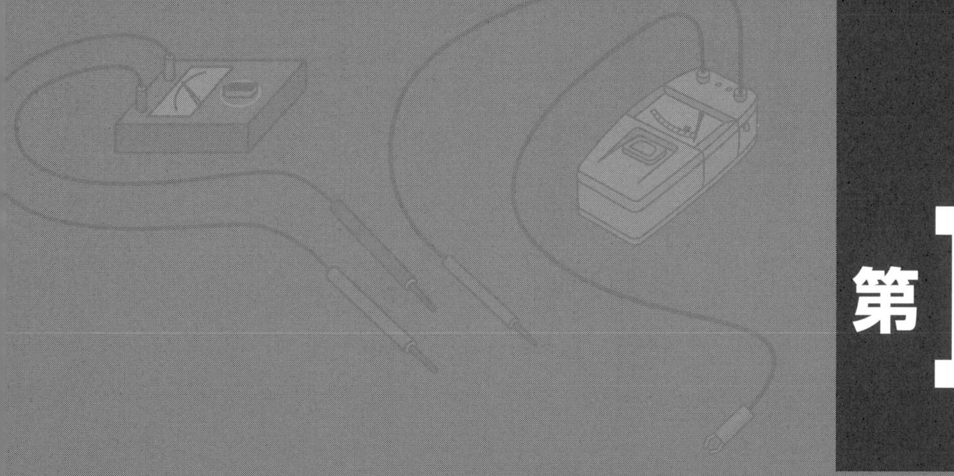

第Ⅱ部

トラブル事例編

第4章
受変電設備のトラブル

受変電①

Q37 系統事故なのに構内全停電！なぜ？

工場の廃熱を蒸気の形で熱回収し，この蒸気で**タービン発電機**を回し，電力に変換しています．このような**蒸気タービン発電機**（以下「**発電機**」という）の**自家発電**で，工場全体の負荷のおよそ半分を賄い，その不足分を電力会社から**買電**（ばいでん）している工場がありました．なお，発電機と電力会社の商用電力系統（以下「**系統**」という）は**連系**していますが逆潮流（ぎゃくちょうりゅう）※1 はありません（**図 37.1** 参照）．

ここでは，**系統の事故**で連系している工場が**全停電になった事例**を扱います．工場の事例といっても，**コージェネレーション**※2 を導入しているビルでも**連系条件**は同じです．

系統地絡事故に対し，自家用構内の地絡過電圧リレーが動作して全停電！

❶系統地絡事故の内容は？

電力会社の配電用変電所（以下「配変」という，**写真 37.1**）２号変圧器から**図 37.2** の自家用への配電線フィーダーと異なる配電線フィーダーのＦ点にて地絡事故が発生しました．

❷構内全停電はどうして？

図 37.2 のように自家用構内の**地絡過電圧リレー** OVGR1，2がともに動作しました．なお，OVGR1 が動作すると受電遮断器 CB1 がトリップし，OVGR2 が動作すると連系遮断器 CB2，発電機遮断器 CB3 がトリップしました．したがって，系統および発電機の両方から電気の供給が停止し，工場構内が**全停電**となりました．

❸連系条件は？

発電機を系統に連系するための基本的な考え方は次のとおりです．そのために，**保護リレー**を設置して**保護協調**を行います．

- 発電機の異常および故障に対し，この影響を連系した系統に波及させないため，発電機を系統から**解列**（かいれつ）する．
- 連系した系統に事故が発生した場合に，系統から発電機を**解列**する．

以上，必要となる技術要件は，従来「系統連系技術要件ガイドライン」（以下「ガイドライン」という）に定められていましたが，平成 16 年 10 月１日に整備され，その中の保安の確保，すなわち安全面については「**電気設備技術基準の解釈**」（以下「電技・解釈」という）の中に取り入れられ，電力品質の維持の部分は新ガイドラインに移行されました．

したがって，**ガイドライン**は廃止されました．

❹敵を知る！（配変）

配変の地絡保護は，２つの保護リレーの組合せ

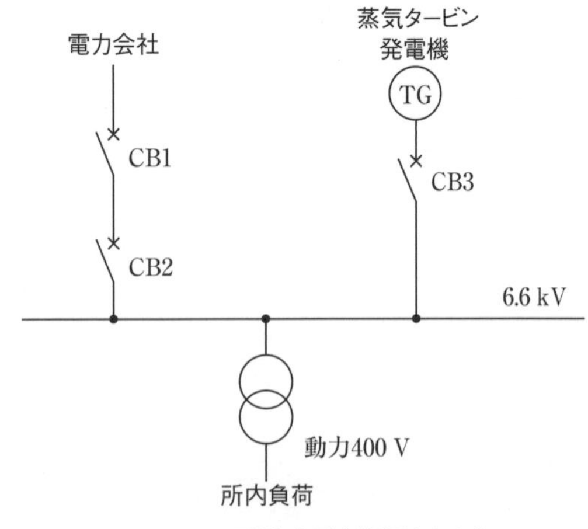

図 37.1　系統連系（逆潮流なし）

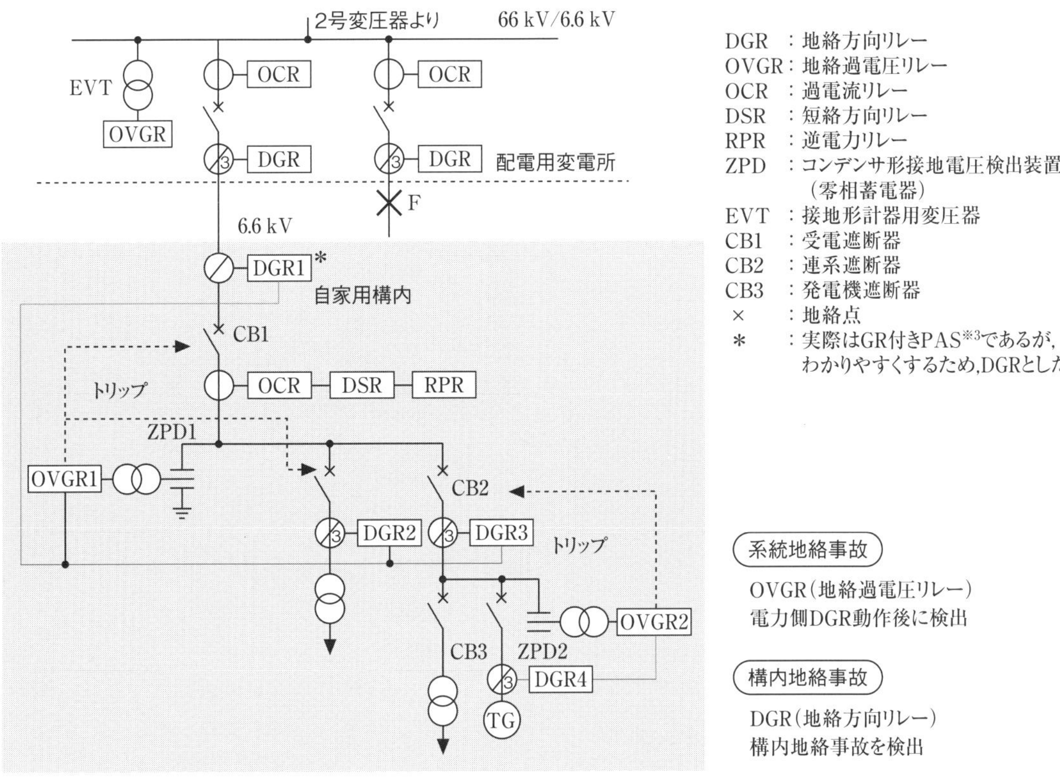

図 37.2　系統地絡事故による自家用構内全停電

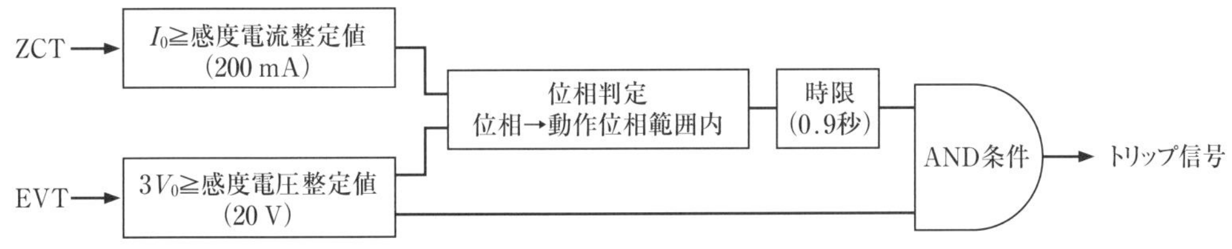

図 37.3　配変の地絡遮断のトリップダイヤグラム（東京電力資料「高圧受電設備の地絡保護協調」p.6 から引用）

で構成されます（**図 37.3** 参照）．

1つは，配電線ごとに取り付けられた ZCT（零相変流器）で検出した零相電流 I_0 と EVT で検出した零相電圧 V_0 を組み合わせ，位相判別を行って地絡事故の発生した配電線のみを選択遮断できる **DGR** です．もう1つは，EVT の零相電圧 V_0 だけで動作する **OVGR** です．それぞれの保護リレーは，独立した a 接点を持ち，図 37.3 のように両者が同時または連続して動作した状態が 0.9 秒以上継続し，その接点が連続して ON になったときに**配電線フィーダーの CB** がトリップします．

❺自家用の地絡保護は？

発電機があって系統と連系している自家用の地絡保護に必要な保護リレーは，図 37.2 にも示されているとおり，次の2つがあります．

- **DGR　構内地絡事故を検出**
  （発電機を持たない一般の自家用高圧需要家にも必要）
- OVGR　発電機を連系している**配電線の地絡事故**を検出し，発電機を系統から解列する．ただし，**時限**を持たせて配変と協調を図る．

では，以上の調査1～調査5に基づき，どのように対応したらよいでしょうか？

A.37

問題点

1）自家用のOVGRが配変より先に動作？

今回の事例は，1989年8月に発生したもので，この施設が設計された頃にはガイドラインも整備されていなかったうえ，保護リレーの整定を含め連系条件も電力会社主導で決められていたものと推察されます．したがって，図37.3の**配変のDGR**の整定が当時は**1.5秒（現在0.9秒）**で，**自家用のOVGR1，2**の整定が**1.2秒**であったため，系統地絡事故なのに先に自家用のOVGR1，2が動作しました．

2）連系条件に問題は？

系統地絡事故に対して自家用に要求されていることは，**電技・解釈第229条**により発電機を系統から解列することが定められているだけです．したがって，今回の事例のようにOVGR2でCB3までトリップさせれば，発電機は解列されたうえ、負荷に給電されず**自立運転**※4はできなくなります．

対　策

1）保護協調を図る

保護リレーの本来あるべき姿は，発電機の故障または系統の事故時に，事故の除去，事故範囲の局限化等を行うための**保護協調**にあります．したがって，系統地絡事故に対しては，配変のDGR動作後に自家用OVGRが動作するように**電力会社と協議**し，OVGR1，2の**整定**とも1.2秒→2秒に変更しました．これは，**OVGRの時限**が0.2秒の固定型だったので外付けタイマを調整しました．

2）連系条件どおりに

系統地絡事故時に自家用に要求されているのは，**発電機の確実な解列**です．したがって，系統事故時にCB3までトリップする必要はないわけですから，CB3のトリップは外しました．

注　意

ここでいう「発電機」とは，商用電源停止時に不足電圧保護リレーUVRで検出して運転する**非常用発電設備**ではありません．あくまでも系統に連系して運転する常用の発電機を指します．

写真37.1　配電用変電所

事故の教訓

1）主任技術者はじめ電気設備の管理に携わる者は，新たな施設の担当となったら，保護リレーの整定をチェックし，**保護協調**を検討すべきです．

2）保護協調を検討するうえで**配変**の保護リレーの整定も知る必要があります．したがって，相手である電力会社の配変の知識も必須です．

（注）

※1　**逆潮流**；当該発電機の構内から，一般送配電事業者が運用する系統側に向かう有効電力の流れ．

※2　**コージェネレーション**；略称「コージェネ」と呼び，1種類の一次エネルギーから連続的に2種類以上の二次エネルギーを発生させるシステム．熱電併給のこと．欧米ではCGSと呼ばれることも多い．

※3　**GR付きPAS**；GRはGround Relayの略で地絡保護継電器，PASはPole Air Switchesの略で高圧交流負荷開閉器のこと．

※4　**自立運転**；発電機が系統から解列された状態において，当該発電機を用いて単独に構内負荷に電力を供給する状態を示す．「単独運転」とは異なる．

コラム8 インバータの故障

読者のQ&A③

Q10, 11でインバータの故障に関連した対応を取り上げました．インバータは，モータの回転数制御に使用されますから，故障発生時にはモータと深く関連します．実務に携わっている読者の方から，このことに関連する質問が寄せられましたので紹介します．

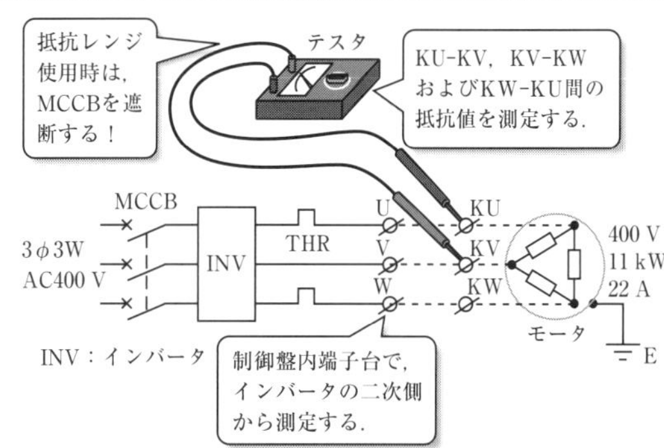

図A　モータコイル間の抵抗値測定

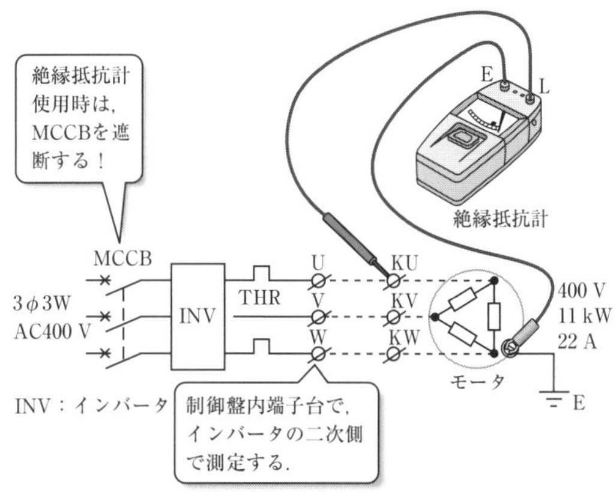

図B　モータの絶縁抵抗測定

質問

Q10を参照して，

Q1 モータの絶縁抵抗測定が正常のとき，コイル間の抵抗値はどこを測定すればよいか，また測定は抵抗値のバラツキをみるのでしょうか？

Q2 上記の抵抗値の大まかな基準値は，図Aのようなモータのとき，V＝400 V，I＝22 Aとしてオームの法則より，R＝V/I≃18 Ωとしてよろしいでしょうか？

Q3 インバータ単体の不具合測定方法は？

Q4 モータの絶縁抵抗測定を図Bでは1線と大地間で測定していますが線間測定するとどうなりますか？

A1 『電気Q&A 電気の基礎知識』のQ40で解説したとおり，モータの結線は製造年によって異なっています．この例は，1987年製のためU-X，V- Y，W-Z間の抵抗値を測定するから，図AではKU-KV，KV-KW，KW-KU間で測定します．確かに測定値のバラツキはみますがメーカーの**試験成績書**による巻線抵抗値と比較することになります．→コラム3参照．

A2 Q10で解説したとおり，メーカーの試験成績書※による巻線抵抗値は，1.0381 Ωです．

あなたの計算値は，**抵抗R**ではなく，**インピーダンスZ**です．テスタで測定できるのは，Zではなく Rですから，計算では基準値が出ません．

A3 図AまたはBで制御盤内端子台からモータ配線を外してインバータの無負荷運転が可能かをみます．次にその端子台で**インバータの出力電圧**（U-V，V-W，W-U）が正常に出てバランスしていれば，インバータはほぼ正常といえます．

A4 モータの結線は，Yか△です．この例では△結線ですから線間絶縁抵抗は0 MΩになり，モータの絶縁測定での線間測定は実施しません．

※　コラム3（Q15）参照

受変電②

Q38 低圧地絡事故なのに全停電！なぜ？

低圧モータの端子カバー内のテーピング不良で**地絡事故**が発生し，受電用遮断器がトリップした事例（全停電）を扱います．

低圧側の地絡事故が発生して全停電になった！

❶低圧側の地絡事故とは？

排風機をメーカーで整備後に，当施設にて試運転するとき，**写真38.1**のようにモータ口出線と電源との接続部にビニル絶縁テープを巻かないで，ガムテープにて仮配線して行いました．

ところが，試運転完了後にビニル絶縁テープを巻かないでモータ端子カバーを閉めたため、排風機架台の振動でその接続部が**モータ端子カバーに接触**し，地絡電流（写真38.1の矢印）が流れました．なお，このガムテープは同写真のように接続部に巻かれたものではなく，相合わせの表示に，ただ口出線に巻かれたものでした．

❷全停電になったのは？

図38.1のように**低圧側で地絡事故**が発生しましたが，低圧地絡リレー51G（Q45参照）の動作より先に高圧側の**地絡過電圧リレーOVGR1**が動作しました．このため，**受電遮断器CB1**がトリップし**全停電**となりました（Q37の**調査２**参照）．

❸低圧との保護協調は？

低圧側の地絡事故で**高圧側の地絡過電圧リレーOVGR1**が動作することは通常考えられないことです．しかも低圧側の地絡リレーが動作しなかったことになります．

結果的には，電流整定はどちらも同じ0.2Aですが，**時限協調**が取れていないことが判明しました．OVGR1が2秒，低圧地絡リレー51Gが0.3秒＋外付タイマ3秒＝3.3秒となっていたため，高圧側のOVGR1が先に動作したものと考えられます．（Q45の**調査２**では，低圧地絡リレーの時間設定が1.0秒となっていて，つじつまが合わないようですが，この事故後に3.3秒→1.0秒に変更しました）

では，以上の調査１～調査３に基づき，どのように対応したらよいでしょうか？

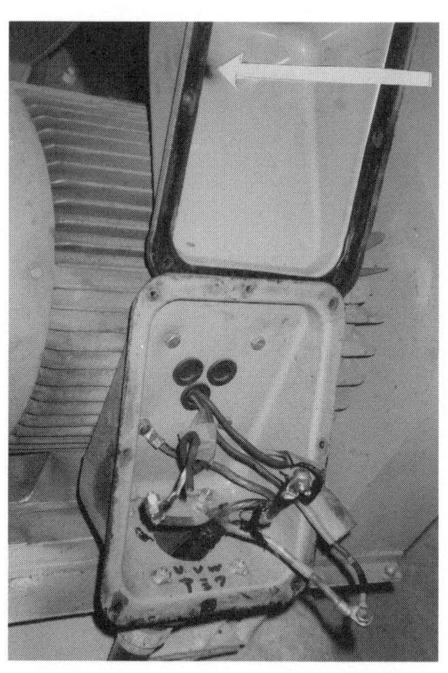

写真38.1　モータ端子カバー内の地絡
（矢印の指す部分に地絡電流が流れた跡）

A.38

原　因　なぜ高圧のOVGR1が動作？

1）ZPD1とDGR1の二次側の両方で接地

低圧側の地絡事故によって**図38.2**（b）のよう

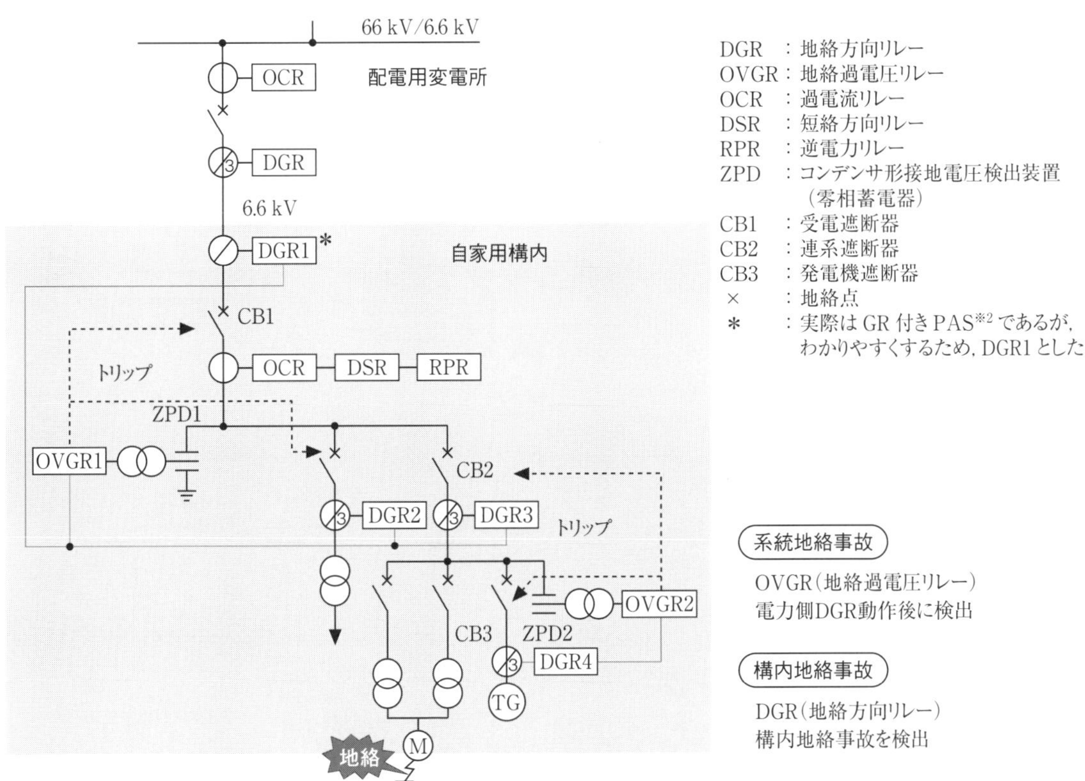

図 38.1　低圧地絡事故による工場構内全停電

に地絡電流 I_g が流れます．このとき，OVGR1 が動作するためには，同図（a）のように **ZPD1 二次側に 50 mV** 以上の電圧が出ていることが条件です．なお，OVGR の入力抵抗は 300 Ω ですから，オームの法則によって OVGR が動作する電流 I_R は，

$$I_R \simeq \frac{V}{R} = \frac{50\ \text{mV}}{300\ \Omega} = 0.167\ \text{mA}$$

したがって，**OVGR1 が動作するための地絡電流 I_g の大きさ**は，分流の法則※1により（同図（c）），

$$I_g = \frac{R + 2r}{r} I_R = \frac{301}{0.5} \times 0.167 \simeq 100\ \text{mA}$$

以上から，OVGR1 用 ZPD1 二次側と DGR3 用 ZCT 二次側の両方で接地，すなわち**多点接地**がありました．このため，低圧側の地絡事故によって**地絡電流 I_g** が流れ，OVGR1 を不必要動作させました（**写真 38.1**）．

2）GR 付き PAS※2にも多点接地

上記 1）が原因と考え，後述する対策を施しましたが再度，同様の事故が発生し，新たな原因が見つかりました．

図 38.3 のように GR 付き PAS 内の DGR1（図 38.1 の ZCT の二次側端子）の **Z_2 端子の配線中継端子，ZPD 二次側の y_2 端子の多点接地**が地絡リレーメーカー技術担当の協力を得て発見されました（図 38.3 の矢印の箇所）．

対　策

1）1 点接地にした．

写真 38.2 のように **DGR3 用 ZCT 二次側の接地線**を外し，ZPD の y_2 端子だけの 1 点接地としたつもりでした．しかし，対策した 6 年後にも同様の事故が発生し，さらに **GR 付き PAS に多点接地**が発見されました．したがって，このときに図 38.3 のように DGR1 の z_2 端子を浮かせて，ZPD の y_2 端子だけの **1 点接地**としました．

2）低圧地絡リレーの時間整定変更

低圧地絡リレーが動作しないで，高圧側の地絡過電圧リレーが先に動作したことがわかりました．

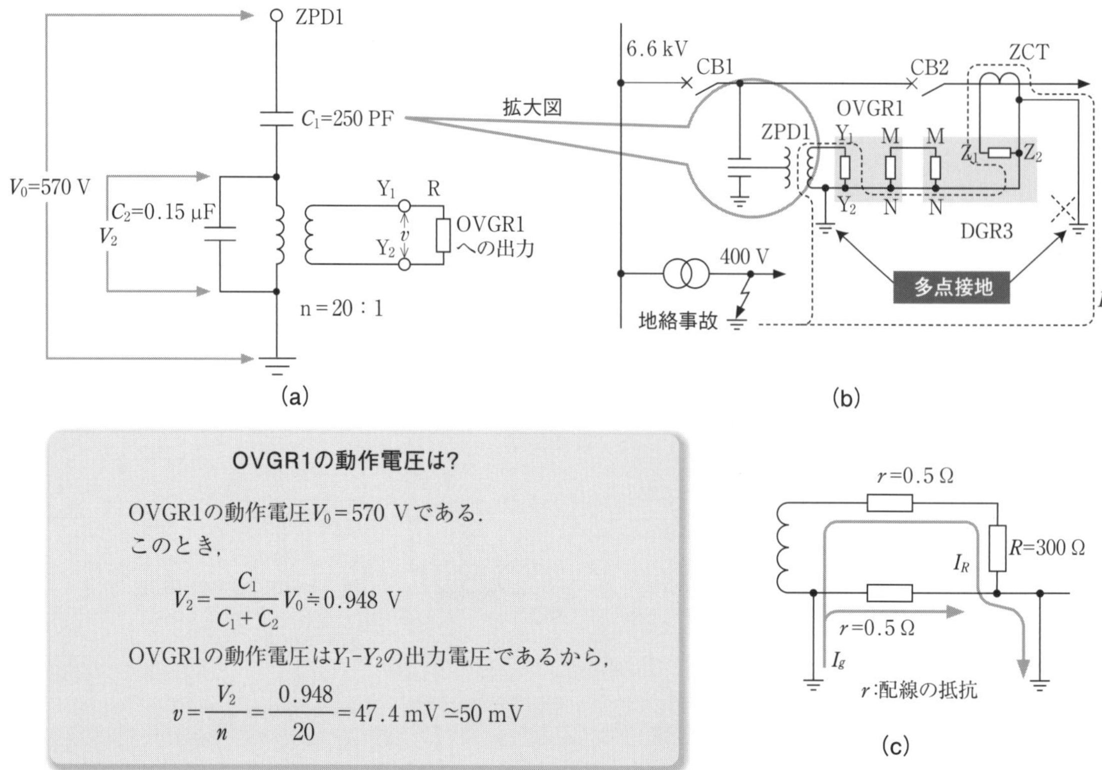

図 38.2　多点接地による OVGR 動作の等価回路および ZPD

すなわち，**地絡時限協調**が取れていなかったことが判明し，低圧地絡リレー 51G の外付タイマを **3 秒→0.7 秒**に変更しました．したがって、低圧地絡リレーの動作時間が 0.3 秒なので、0.3 + 0.7 = 1.0 秒の動作となり、OVGR1 の 2 秒より早くなります．

(注)

※1　**分流の法則**；2 個の抵抗 R_1〔Ω〕，R_2〔Ω〕の並列回路において，各抵抗に分流する電流の大きさ I_1〔A〕，I_2〔A〕は，並列接続の抵抗の大きさに反比例して配分されるという法則．

オームの法則により，次の分流の法則の式が導出．

$$\left.\begin{aligned} I_1 &= \frac{V}{R_1} = \frac{R_2}{R_1 + R_2} I \text{〔A〕} \\ I_2 &= \frac{V}{R_2} = \frac{R_1}{R_1 + R_2} I \text{〔A〕} \end{aligned}\right\} \quad (38 \cdot 1)$$

写真 38.2　ZCT 二次側の接地線を外した後（矢印）

※2　**GR 付き PAS**；Q37 参照

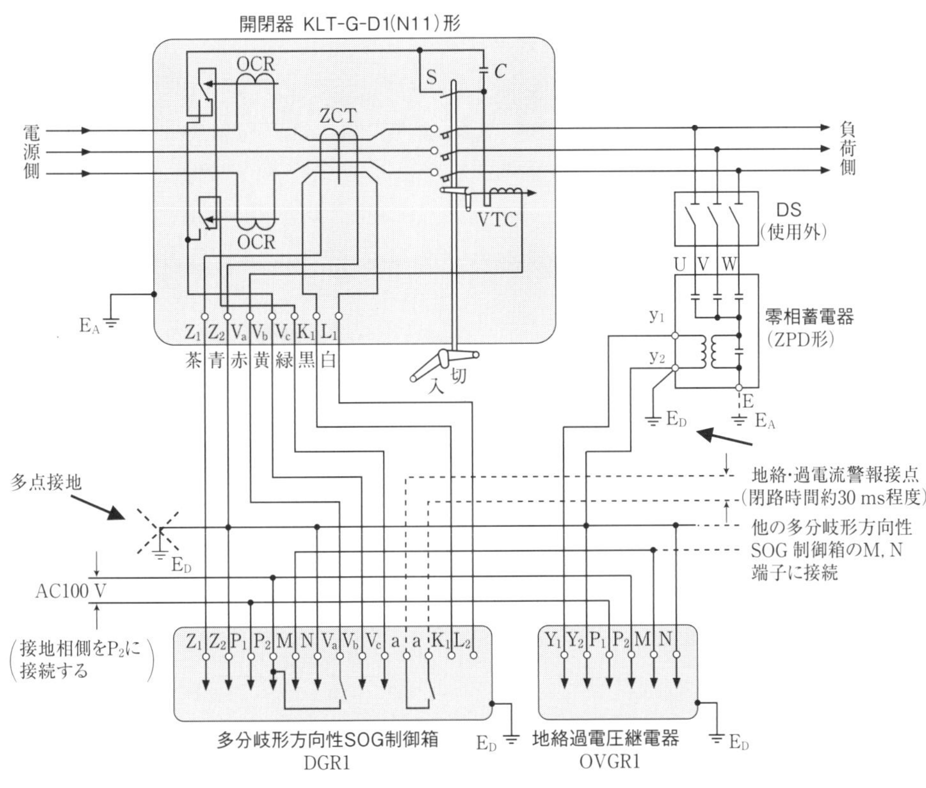

図 38.3 GR 付 PAS の多点接地（戸上電機製作所のカタログから）

例題38.1 次の文章は，高圧受電設備の地絡保護協調に関する記述である．（「高圧受電設備規程」による．）

a．高圧電路に地絡を生じたとき，［（ア）］に電路を遮断するため，必要な箇所に地絡遮断装置を施設すること．

b．地絡遮断装置は，一般送配電事業者の配電用変電所の地絡保護装置との［（イ）］をはかること．

c．地絡遮断装置の［（ウ）］整定にあたっては，一般送配電事業者の配電用変電所の地絡保護装置との［（イ）］をはかるため一般送配電事業者と協議すること．

d．地絡遮断装置から［（エ）］の高圧電路における対地静電容量が大きい場合は，地絡方向継電装置を使用することが望ましい．

上記の記述中の空白箇所（ア），（イ），（ウ）及び（エ）に当てはまる語句として，正しいものを組み合わせたのは次のうちどれか．

	（ア）	（イ）	（ウ）	（エ）
（1）	機械的	動作協調	感　度	電源側
（2）	自動的	短絡強度協調	感　度	負荷側
（3）	自動的	動作協調	動作時限	負荷側
（4）	機械的	動作協調	動作時限	電源側
（5）	機械的	短絡強度協調	動作時限	負荷側

H18　電験三種法規より

〔**解　説**〕 **高圧受電設備規程**は，省令および解釈に定められている事項および電気保安確保に必要な要件について，また，規定を具体的に適用するための技術的要件についても解説されています．

第2110節　保護協調に関する基本事項－2 地絡保護協調からの出題です．ア－自動的，イ－動作協調，ウ－動作時限とわかります．エは，**需要家構内の高圧ケーブルが長い場合**に，**需要家構内**に地絡事故がないのに地絡継電装置が不必要動作するから負荷側です．　　　**（答）（3）**

受変電③

Q39 受電遮断器が投入できない！なぜ？

受電遮断器が投入できない！　こんなことってあるのでしょうか．筆者は，このような体験が2回ありました．

受電遮断器が投入できない！

A.39

解　説 1970年代の後半の出来事です．年1回のビルの**受変電設備定期点検**がようやく終了したので，復電しようと受電ジスコンを入れ，次に**受電遮断器**を投入するために遠方，すなわち監視室から遮断器ONのスイッチをいくら押しても入らない．メーカーに問合せもできない年の瀬の29日でした．もう1件は，1990年代の前半の出来事です．**電力会社の停電**によって受電用遮断器がトリップした後，復電したので**受電遮断器を操作しても投入**できない事態が発生しました．さて，あなたならどうしますか？

事例1 復電しようと受電遮断器を監視室から遠隔操作しても投入できない⁉

原　因 40年以上も前のことで詳細なメモもないので，記憶をたどりながらの記述になります．当時は，**油入遮断器**（以下「OCB」という）を使用していて，納入後まだ間もない時期に不具合が発生したので，復電後の落ち着いた頃にメーカーに状況を連絡し，再度停電してOCB全数について**内部点検**を実施しました．その結果，OCBの操作機構部に原因があると断定しました．

対　策

応急処置 OCB未投入のまま放置しておけないため，とっさの判断で現場の電気室に設置されている図39.1のような開放形受変電設備フェンス内のOCB**手動操作ハンドル**を操作したところ，投入できました．ここでもう一度，**手動操作ハンドル**を操作してOFFにした後，再び遠方操作したら投入できました．

恒久処置 **メーカーによる内部点検**を実施し，不具合原因とみられる**OCB操作機構部**のバネ，ねじ類，シール類を交換しました．もちろん，この点検と交換部品の費用は，**メーカー負担**でした．

この例が示すように，不具合発生は，仮に復旧できてもメーカーに連絡するのが得策です．また，メーカー対策は再発防止になり，その後の不具合は皆無でした．

事例2 電力会社側の事故で受電遮断器がトリップした．復電後にリセットボタンを押しても受電遮断器が投入できない！？

調　査 常用発電機と電力会社は，**図39.2**のように系統連系[※1]しています．あるとき，系統事故により逆電力リレー（RPR）が動作して，同図のように受電遮断器（CB1）のほかCB2，CB4

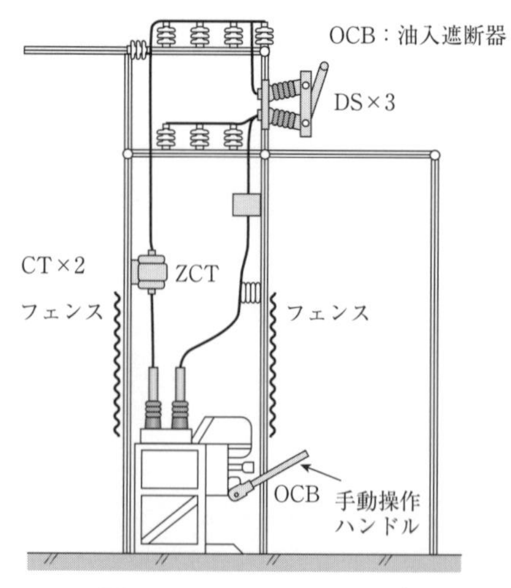

図39.1　OCBのイメージ

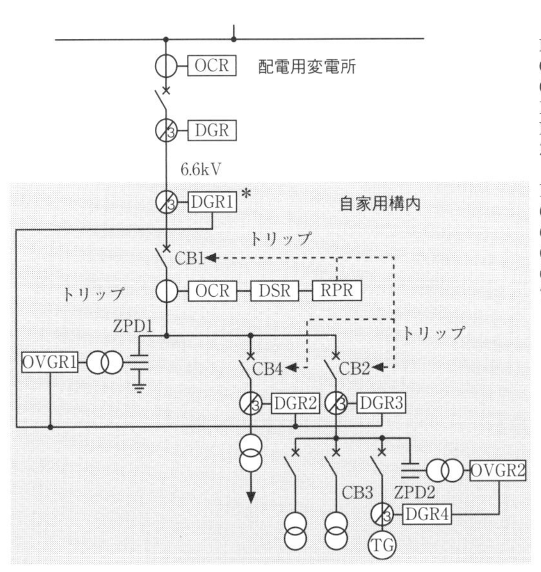

DGR　：地絡方向リレー
OVGR：地絡過電圧リレー
OCR　：過電流リレー
DSR　：短絡方向リレー
RPR　：逆電力リレー
ZPD　：コンデンサ形接地電圧検出装置（零相蓄電器）
EVT　：接地形計器用変圧器
CB1　：受電遮断器
CB2　：連系遮断器
CB3　：発電機遮断器
CB4　：受電時のみの遮断器
TG　：常用発電機
＊　：実際はGR付きPASであるが，わかりやすくするため，DGRとした

図 39.2　逆電力リレー作動時の遮断器トリップの様子

写真 39.1　逆電力リレー（上段左の２つ）

がトリップしました．なお，常用発電機を有する自家用需要家である工場（以下「工場」という）は，発電機出力＜構内負荷で不足分を電力会社から買電しているので，**逆潮流**[※2]**はない**という条件で**系統連系**しています．このような系統連系の技術要件は，平成 16 年 10 月に「電気設備の技術基準の解釈」に定められましたが，実際にはこれを補足・補完する民間の自主規定として，「**系統連系規程**」（以下「**規程**」という）が存在します．この規程によれば，逆潮流のない場合の**単独運転**[※3]**防止対策**として，発電機設置側から系統へ電力が流出したときに **RPR** によって検出します．

原　因　系統事故は，電力会社き線（饋線）ケーブル事故によるもので，復電後にリセットボタンを押しても保護リレー故障回路を復帰できないため，**受電遮断器が投入できません**でした．復帰できなかった原因は，メーカーによると，この保護リレー（**RPR, 写真 39.1**，上段左の２つ）は，電気的に保持されるわけではなく，保持率が高いためで，順方向電力の量が少なかったという説明でした．なお，メーカーからは，このタイプのリレーが過去にも正常に復帰しないという事例が報告されていることも情報としていただきました．以上のように，**RPR のみがリセットボタンで復帰しないことに対し釈然としませんでした．**

対　策

応急処置　復電したので，受電遮断器を未投入のまま，常用発電機だけでは工場を維持できないため，とっさの判断で RPR のケースカバーを取り外し，自分の指で**円板を強制的に回転**させました．この操作により，正常に復帰し，受電遮断器は投入できました．数日後，メーカーに問い合わせたら「最新版のカタログでは，外部にて PT 入力および制御電源を開放して**強制復帰**させるよう記載しています」との回答でした．このことは，具体的にいうと「保護リレーの**テストターミナルを抜き，再度差し込む**」ということでした．これではわかりませんね．

恒久処置　再発防止のためメーカーの受発電システム設計と打ち合わせのうえ，復電後に**リセットボタン**を押すと復帰できるように**シーケンスを改造**しました．**不具合発生から** 2 年後のことでした．

（注）

※1　**連系**；発電機が系統に**並列**する時点から解列するまでの状態で，**並列**とも表現する．系統連系の略称．

※2　**逆潮流**；発電機設置者の構内から系統側に向かう有効電力の流れ．

※3　**単独運転**；事故等によって系統電源と切り離された状態で発電機だけで線路負荷に電力供給している状態のこと．

受変電④

Q40 昇圧変圧器焼損！なぜ？

排水処理施設の高度水処理である円筒多管式オゾン発生器(以下「**オゾナイザ**」という)の電気保護回路設計の甘さから**昇圧変圧器焼損**に至った事例を扱います．

この事例では**保護回路設計**に盲点がありました(**写真 40.1**)．

オゾナイザの昇圧変圧器が焼損した！

調査

❶オゾン発生の原理は？

図 40.1 のように対向した２つの電極間にガラスの**誘電体**※1 をはさんで交流電圧を加えると，電極間のギャップに**無声放電**※2 が生じます．

このギャップに，空気または酸素を通すと**オゾン**が発生します．この**オゾン**の発生量は，およそ**放電電力**に比例し，**放電電力**は加える**電圧と周波数**によりほぼ決定されます．なお，供給された電力のうちオゾン生成に有効に利用される電力は

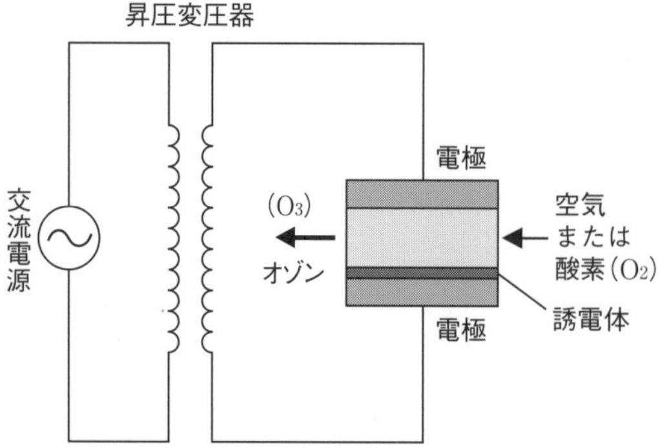

図 40.1　オゾン発生の原理

写真 40.1　オゾナイザ外観(円筒形，左が昇圧変圧器)

10％弱で，残りは熱となるため**オゾン発生管内**の温度が上昇しないように十分冷却する必要があります．

❷オゾン発生装置の機器構成は？

オゾン発生装置は，**オゾナイザ**，原料空気供給装置，冷却水供給装置および電源・制御装置等から構成されます（**図 40.2**）．また，**オゾナイザ**は同図イメージ図どおり**オゾン発生管**（以下「発生管」という），オゾン発生器本体，保護ヒューズ，高圧碍子(がいし)および内部配線等から成り立っています．なお，電源・制御装置は，高効率なオゾン発生のため**インバータと発生管**がきわめて重要なファクターになっています．このシステムでは，インバータで電圧と周波数を制御してオゾン発生量を調節し，**昇圧変圧器**によってオゾン発生器への印加電圧を昇圧しています．

❸高圧碍子と発生管が焼損！

写真 40.2 のとおり，**高圧碍子** 3 個のうち，ヒューズ側から見て一番左側のオゾン発生器内部に位置する下部が軸方向に溶損し，上部のオゾン発生器外部の部分（写真 40.2 の指さし部）はクラッ

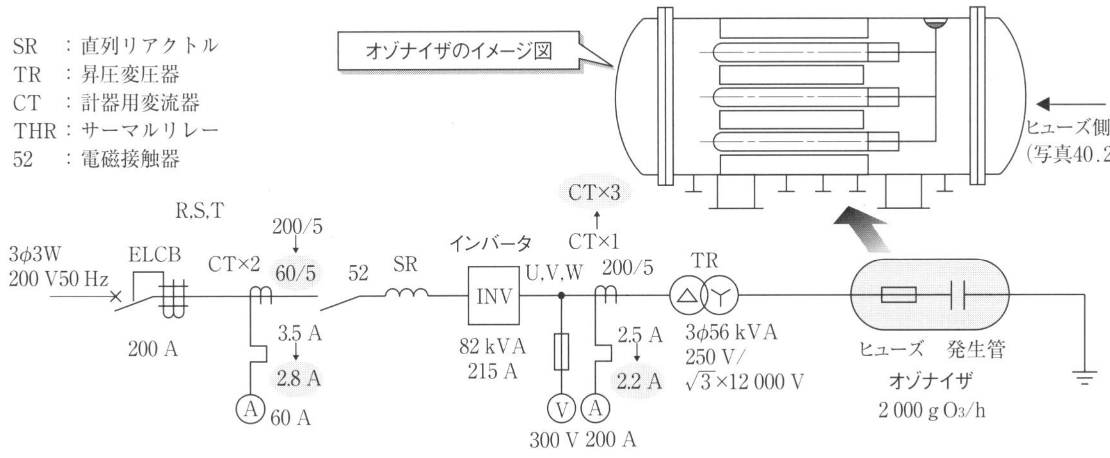

図 40.2 オゾナイザの電源・制御装置

クが入っていました．また，**発生管**は５本，**保護ヒューズ**は２本焼損していました．

なお，発生管には，安全のため一本一本に保護ヒューズが取り付けられています．

また，この焼損事故が発生するおよそ６年前にも**高圧碍子焼損事故**が発生しており，竣工の翌年から毎年のように**焼損を含めた発生管破損事故**が発生していたことがわかりました．この発生管破損事故時に保護ヒューズが切れない場合は，インバータの過電流トリップが動作していました．

❹オゾナイザ過電流保護設計の考え方

発生管の保護は発生管に１対１で設けられた**保護ヒューズ**で行い，発生管以外の過電流は**インバータの過電流トリップ**にて保護を行います．

❺昇圧変圧器焼損が発覚？！

焼損した高圧碍子，発生管ならびに保護ヒューズを交換して，試運転の通電時に昇圧変圧器油面計から火花が見えたため即，**オゾナイザ**を停止しました．

昇圧変圧器本体にも異常があると判断し，オゾナイザメーカーに連絡して，一連の不具合調査を依頼しました．なお，調査の結果，**昇圧変圧器**だけでなく**直列リアクトル**も巻線が絶縁劣化のうえ，前者の**絶縁油**も著しく変色し汚れが目立ち，焦げ臭気を有したという報告でした．

では，以上の調査１～調査５に基づき，どのように対応したらよいでしょうか？

写真 40.2 オゾナイザに使用する高圧碍子

A.40

原 因

1）保護ヒューズの不適正と新旧の混在

通常，発生管１本に流れる電流は，メーカーの設計値が 30 mA ですから，**適正な保護ヒューズ**は0.1 A です．しかし，メーカー見解では竣工当時に 0.1 A（以下「**新型**」という）がなかったため，１ A（以下「**旧型**」という）のものを使用していました．竣工２～３年後に新型ができたので，発生管破損の都度，この新型に交換しましたが**図 40.3** のとおり，今回の**焼損事故**の発生した部分はすべて**旧型**が残っていました．

なお，**オゾナイザ**内部の中央部と右側には，新型を使用していましたので，旧型，新型が混在していることが判明しました．また，この施設には

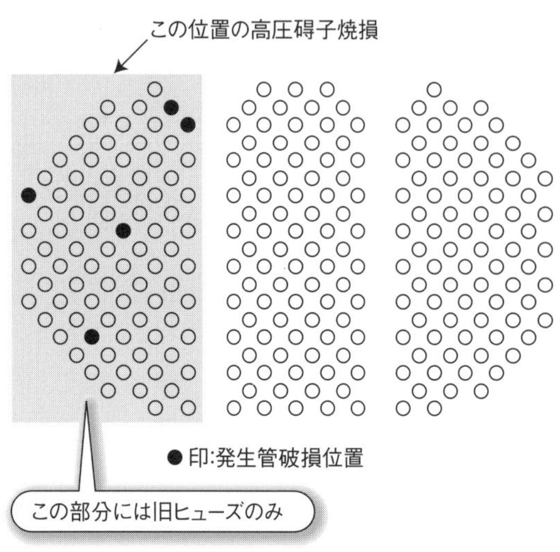

図 40.3　オゾナイザ内部の発生管の様子
（ヒューズ側から見たもの）

同じ**オゾナイザ**が2系列あって，焼損事故の発生しなかった**オゾナイザ**の保護ヒューズは，すべて新型に切り替えられていました．このことから，次項の理由による発生管焼損時あるいは，これに伴う保護ヒューズ焼損時にスス等が高圧碍子表面に付着して**せん絡**※3が発生するとともに，高圧碍子と**オゾナイザ**本体間にもアーク放電が発生し**過大な電流**が流れ，昇圧変圧器焼損に至ったと推察しました．

2）運転管理に問題は？

オゾン発生装置を構成する原料空気供給装置の運転管理の要否は，オゾン発生効率に大きな影響を与えます．すなわち，オゾン発生に必要な空気を十分な量・圧力・乾燥状態で，しかも大気中の塵埃を除去した状態で**オゾナイザ**に供給する必要があります．空気乾燥装置出口の空気露点温度が高い状態で運転を継続すると，オゾン発生効率低下を招くとともに，発生管が割れる原因となります．運転員からの情報によれば，発生管が汚れることがあったため，これを洗浄後に発生管破損があったということでした（洗浄後の乾燥が不十分？）．

3）保護回路設計の盲点は？

オゾン発生装置の過電流保護設計の考え方は，**調査4**で理解できたことと思います．ここで，一連の焼損事故時の電流値の大きさは不明ですが，**調査5**のように試運転を行って昇圧変圧器に異常があると判断したときのインバータ一次・二次側のデータが，下表のように残っていました．これをもとに**保護回路設計の盲点**を考えます．

①インバータの過電流トリップは動作しない？

	一次電流〔A〕	二次電流〔A〕	二次電圧〔V〕	周波数〔Hz〕
U	20〜30	160	150	100
V		68		
W		102		

インバータの二次定格電流は，215〔A〕です．このインバータの**電子サーマル**は，固定で105％に設定されているため，215×1.05 ≒ 225〔A〕で**過電流トリップ**します．しかし，インバータの大きめのものを選定しているので，インバータの**過電流トリップ**では保護できないことがわかりました．

②サーマルリレーが動作しなかったのは？

インバータ二次側には，CT200/5を通してV相のみに2.5A設定のものが取り付けられていました．これを一次側に換算すると，2.5×200/5 = 100Aなので上記表のとおり，V相のみが正常な電流だったので保護できなかったことになります．次に**一次側**には，CT60/5を通してR，T相に3.5A設定のものが取り付けられていました．これを一次側に換算すると，3.5×60/5 = 42Aなので，これも不具合時の20〜30Aを検出することができないことがわかりました．

なお，正常時のオゾナイザ用インバータ一次・二次の電流は，それぞれ10A，68Aくらいです．

対　策

1）保護ヒューズをすべて0.1〔A〕に交換

メーカーにほぼ毎年，定期整備契約を締結してメンテナンスを行ってきたにもかかわらず，保護ヒューズの不適正について指摘もありませんでした．

前回と今回のように**高圧碍子焼損事故**が発生したため，電気技術者の私に調査立会いの依頼がありました．その結果が **原　因** 1）のように新旧ヒューズの混在が判明し，旧型では発生管の保護ができないことを指摘して，ようやくメーカーが対応しました．

2）サーマルリレーを各相すべてに設置

V相のみに**サーマルリレー**を設置しても，今回のように保護の抜け穴になるため，各相すべてにサーマルリレーと電流計を取り付けるようメーカーに改修を指示して対応していただきました（**写真40.3**）．

また，**サーマルリレー設定**の見直しも行いました（1.7 A）．さらに，インバータ一次側についてもサーマルリレーの設定が適正になるようにCTを交換しました(2.8 A)．

3）昇圧トランスおよび直列リアクトル修理

昇圧トランスについては，すべてのコイルの巻替えを行い，絶縁油を交換しました．また，**直列リアクトル**は絶縁紙が焼けていたので，これもコイルの巻替えをしました．

4）インバータ二次電圧を下げた運転

200 V → 150 V に下げたのでオゾナイザの電圧は，

$$150\times\frac{12\,000}{250}=7\,200\text{ V}$$

まで下がった運転になったため，発生管破損の防止につながりました．

その後

保護回路設計の見直し後，**不具合はまったくなくなりました**．今回の不具合要因は，**保護ヒューズの不適正**と推察しています．

また，今回の不具合を通して感じたことは，設計のお粗末だけでなく，納入後のメンテナンス員の技術知識不足，**アフターケアの不十分さ**が目立ちました．メーカーは，設計製作に専念するだけでなく，納入後の自分の製品に関心を持ち，アフターケアする人たちの**レベルアップ**，すなわち**教育**をすべきと感じました．

（注）

※1　**誘電体**；絶縁物と同義語．オゾナイザではガラスの発生管のことをいう．絶縁物は『電気Q&A 電気の基礎知識』のQ11，20参照．

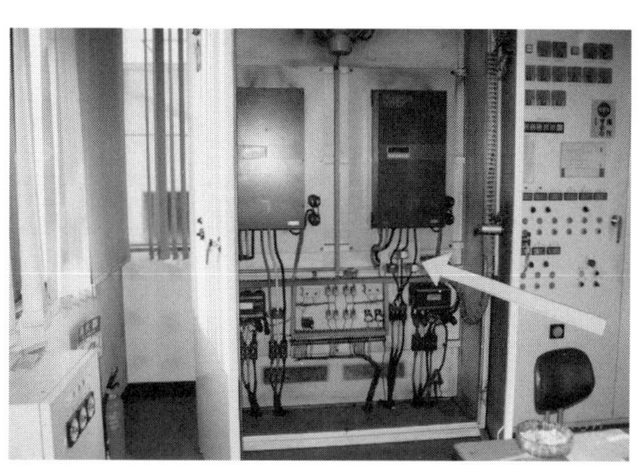

写真40.3　サーマルリレー各相に設置
（不具合の発生した2号は右側，矢印はインバータ下部にCTを3個取り付けた対策後を示す）

※2　**無声放電**；図40.1のように一対の電極間にガラスまたはセラミックスのような誘電体をはさみ，空気等の酸素含有気体を電極間に流しながら6～18 kVの交流高電圧を印加する方法．これでオゾンが生成できる．

※3　**せん絡**；フラッシオーバーのこと．通常気体あるいは沿面放電を指す．

高周波インバータ

発生管の長寿命化のためには，印加電圧のピーク値を下げる必要があります．竣工当初は，インバータ二次電圧は200 V近くで運転していましたから，

$$200\times\frac{12\,000}{250}=9\,600\text{ V}$$

の電圧が発生管に印加されていたため，これも発生管破損の要因の一つと考えられます．しかし，現在では二次電圧が150 V近くですから，

$$150\times\frac{12\,000}{250}=7\,200\text{ V}$$

まで電圧を下げて運転しているため発生管が破損しなくなったと考えられます．しかし，放電電力が減少してオゾン発生量が減少するので，周波数を上げる必要があります．したがって，最新のオゾン発生装置では1 000 Hz程度の高周波インバータが採用されています．

受変電⑤

Q41 変圧器が過熱！なぜ？

変圧器の過熱が発覚した！

A.41

事例 変圧器が過熱している！？

工場の公害監視用分析計電源として使用している変圧器各部の温度を，**放射温度計**（**写真 41.1**）で測定した結果は，**図 41.1** のとおりでした．電気設備の定期点検業者から**やや高めの温度につき，要注意**の報告を受けました．なお，変圧器は，単相 3 線式 30 kVA，400/200 − 100 V，75/150 A　50 Hz，B 種絶縁乾式でケースに収納されています(**写真 41.2**)．

調査 運転状況の調査

クランプメータにて各相の電流，テスタにて電圧を測定した結果は**図 41.2** のとおりです．負荷は，定格電流の半分程度で問題ないことがわかり

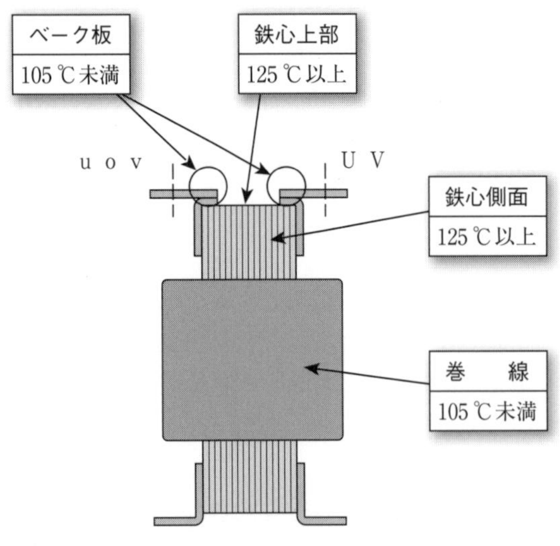

図 41.1　変圧器各部の温度測定

写真 41.1　放射温度計による過熱測定

ました．この測定結果と先の各部の温度データを変圧器メーカーに照会した結果は，以下のとおりでした(B 種絶縁物最高許容温度 130 ℃)．

> 鉄心表面の温度(125 ℃)は，鉄心表面の温度上昇限度が JEC の規定で，近接絶縁物を損傷しない温度とされている．しかし，コイルの最高温度の 115 ℃（周囲温度 40 ℃＋温度上昇限度 75 ℃（**表 41.1**））を超えており，鉄心表面の温度はコイルの方に熱が移動し，コイルの温度を結果的に上昇させるため好ましいものではない．

原因 変圧器は金属製ケースに収納

変圧器は，**密閉形金属製ケースに収納**されています．そのため，変圧器鉄心および巻線の発熱がケース内に滞留して冷却されないから，過熱が促進されたと考えました．

対策

① 金属製ケースに換気扇

金属製ケース内の変圧器が冷却できるようにケ

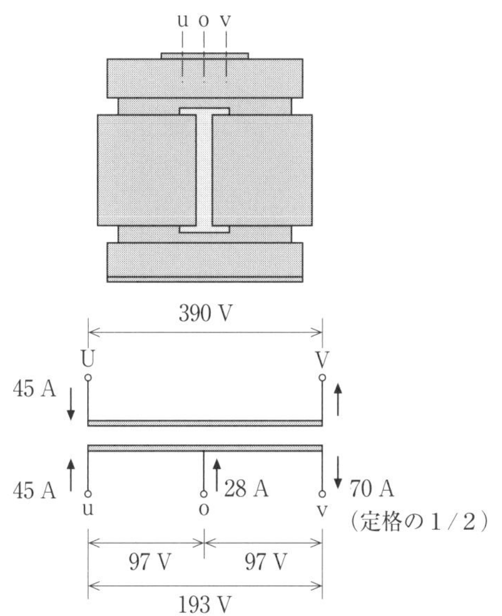

図 41.2　変圧器の運転状況

表 41.1　乾式変圧器の温度上昇限度

変圧器の部分	温度測定方法	絶縁の種　類	温度上昇の限度〔℃〕
巻　　線	抵 抗 法	A	55
		E	70
		B	75 ←
		F	95
		H	120
鉄心表面	温度計法		近接絶縁物を損傷しない温度

ースの扉とその背面に吸気口の**ガラリ**を取り付けるとともに扉には**換気扇**を設置しました（**写真 41.2**）.

なお，対策後の放射温度計による変圧器各部の温度測定結果は，**図 41.3** のとおりで効果はてきめんでした！ たとえば，鉄心上部では 125 ℃ → 95.6 ℃と大幅に下がりました．なお，測定時の周囲温度は，対策前が 23 ℃，対策後が 32 ℃でした．

② 示温テープによる監視

放射温度計による測定は，年 1 回のため，常時監視ができるように変圧器メーカーから**示温テープ**を取り寄せ，105 ℃と 125 ℃の 2 種類の不可逆性のサーモテープを数か所に貼りました（**図 41.4**）.

写真 41.2　変圧器の過熱対策（右側下部にガラリ）

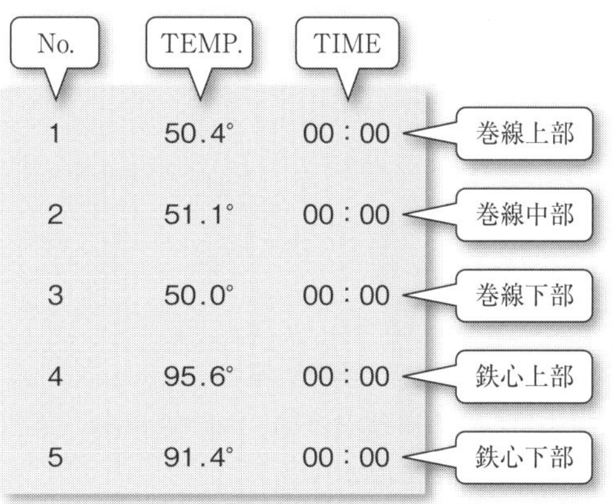

No.
TEMP.
TIME
1　50.4°　00：00　巻線上部
2　51.1°　00：00　巻線中部
3　50.0°　00：00　巻線下部
4　95.6°　00：00　鉄心上部
5　91.4°　00：00　鉄心下部

図 41.3　対策後の変圧器各部の温度測定結果

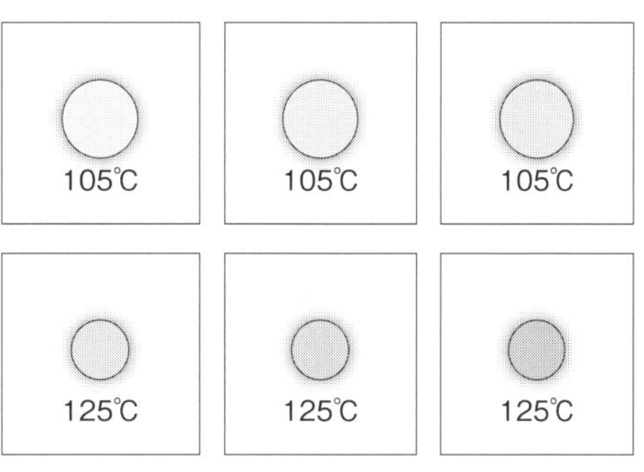

図 41.4　示温テープの例

対策前のベーク板は，A 種絶縁物の最高許容温度 105 ℃に近い発熱でしたが，対策後には示温テープが，105 ℃まで上昇することはなくなりました．

蓄電池①

Q42 蓄電池設備点検後にトラブル！なぜ？

電気設備のうち重要性の高い**蓄電池設備**，UPSの**定期点検**が専門業者（以下，業者）によって行われたあとに発生したトラブルです．

A.42

1．事例

事例1 蓄電池電解液が沸騰した！

〔状況説明〕

「**直流電源装置**の故障で中央監視室に非常用発電機重故障の警報が出ている．運転員だけでは対応できないため来て欲しい．」という連絡を受けました．

早速，職場に到着すると，**非常用発電機始動用蓄電池設備**（**表42.1**）の交流入力配線用遮断器がトリップしていて，**蓄電池電解液**からたくさんの泡が出ており，単電池のケースが触れないほど熱くなっているのがわかりました．

表42.1　非常用発電機始動用蓄電池設備

シリコン整流器		
形式	整流方式	単相全波
	冷却方式	自己通風
	定　格	連続
交流側	相　数	1ϕ
	周波数	50 Hz
	定格電圧	200 V
自動定格	浮動充電電圧	27.0 V
	均等充電電圧	30.0 V
	定格電流	30 A
	電流変動範囲	0～30 A
蓄　電　池		
種　類		シール形据置焼結式アルカリ蓄電池
容　量		300 AH
単電池電圧		1.2 V
セル数		20

おそらく，今日の昼間に非常用発電機の月1回の無負荷運転を実施したので**均等充電**※1となって電解液が沸騰し，何らかの原因で**過電流**となり配線用遮断器がトリップしたことが推察できました．しかし，電解液が沸騰すること自体，筆者の持ち合わせている理論と経験では考えることのできないトラブルでした．

均等充電で**電解液**が沸騰するかのように見えたのは？

事例2 電気設備の点検で停電にしたところ，働くべきUPS※2がダウンした！

〔状況説明〕

C工場の電気設備の定期点検を実施しようと停電にしたら，UPSはインバータ停止となり，プラントコンピュータはシステムダウンとなりました．

停電時にこそUPS機能を発揮しなければならないのにインバータが停止してしまいました．

なお，UPSは図42.1のとおり，通常は商用電源からの常時インバータ給電方式で，蓄電池は**浮動充電**※3しています．停電時には，蓄電池からインバータを通して負荷へ給電しています（コラム13参照）．

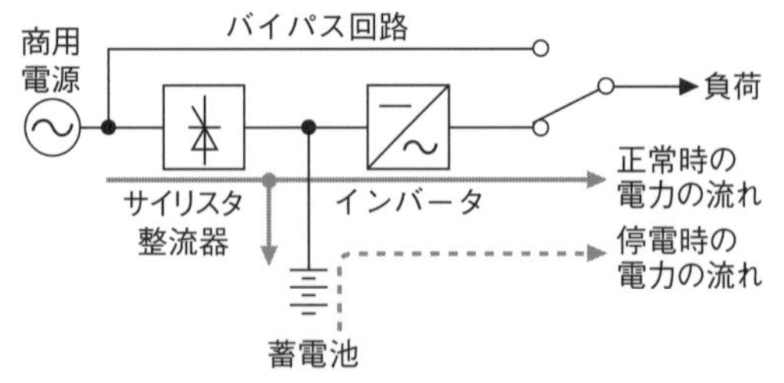

図42.1　無停電電源装置の回路構成

2．事例の解明

事例1 蓄電池電解液が沸騰した？！

あとでわかったことですが，**写真 42.1** のような**アルカリ蓄電池**が据置用で使用されるトラブルの代表的なものに**サーマルランナウェイ**(**熱暴走**)**現象**(以下「現象」という)があります．

今回は，非常用発電機の運転のあと，均等充電となったため，この現象を誘発したものと考えられます．なお，均等充電は定電圧充電です．

サーマルランナウェイ現象とは

正常な蓄電池では，**図 42.2** のカーブAで示すように定電圧充電では初期に大きな電流が流れますが，充電の進行とともに電流，温度も安定します．

ところが**劣化蓄電池**や**周囲温度**が異常に高いと内部で発熱し，温度が上昇して起電力が低下（**アルカリ蓄電池の起電力は負の温度係数をもつ**)するため，充電電流が増加します．

すなわち，周囲温度，充電電圧が高いほど，充電電流は大きくなります．

これが同図のカーブBで示すように完全充電状態に達したあと，充電電流，温度ともに増加しています．

このように，充電電流の増加はさらなる発熱を引き起こし，**起電力は負の温度係数**をもつことから，温度上昇，蓄電池電圧の低下，充電電流の増加の悪循環が起きて蓄電池を破壊する現象のことです．

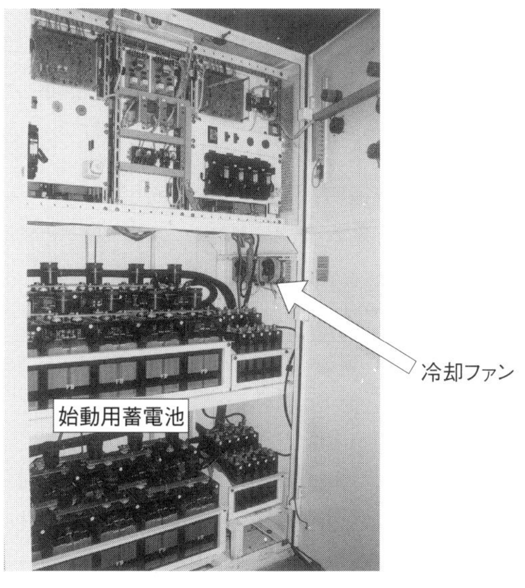

写真 42.1 蓄電池設備

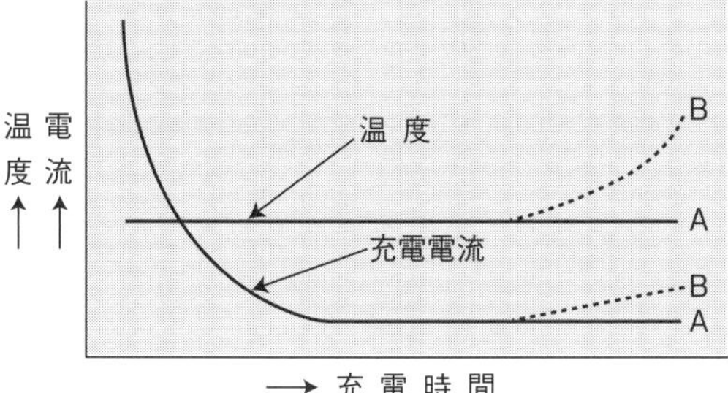

図 42.2 アルカリ蓄電池の充電特性

事例2 UPS がダウンした！？

本 UPS は，**制御電源**として商用電源の交流と蓄電池の直流との二重化をはかっています．

ところが停電にしたため交流がなくなり，図 42.1 のように UPS が蓄電池のみになった場合，制御電源は直流だけになります．

したがって，停電になると直流のみの UPS 運転，すなわち，直流でインバータ運転していることになります．

この蓄電池から供給される回路の直流の**栓型ヒューズ**が何らかの原因でゆるんでいて制御電源がなくなったことによりインバータが停止したことがわかりました(**栓型ヒューズ**は，**写真 42.2** 参照)．

なお，本 UPS のインバータは，およそ 20 年前に納入されたものなので，**トランジスタ**式です．

写真 42.2 UPS の制御回路

トランジスタは，ヒューズが外されて制御電源を失ったことは，ベース電流がなくなったことになり，ベース電流は流れないからインバータが停止したものです．

3．原因

事例1 **蓄電池電解液が沸騰した！**

アルカリ蓄電池の**サーマルランナウェイ現象**ですが，非常用発電機の無負荷運転をすると自動的に均等充電が入り，夏の気温の高いときなので室温の高いことも手伝って**蓄電池液温が上昇**し**温度センサ**が動作して配線用遮断器がトリップしたものです．

これは，充電を中止しないと**蓄電池**は，最悪の場合，破壊しますから正常な動作です．

なお，**蓄電池電解液**が沸騰したかのように見えたのは液温が上昇して充電が進行し，化学反応が活発になったからで，実際には温度センサが動作して充電を中止しました．

また，**蓄電池**はこの**液温上昇**または**液面低下**を検出して，配線用遮断器(15 A)をトリップさせます．

この**蓄電池**の液温上昇は，**過充電**が原因であることが判明しました．

さらに**均等充電**完了後，**浮動充電**に入りますが，この浮動充電電圧も高かったため，液温上昇で起電力が低下して浮動充電電圧と起電力との差が大きくなって，ますます充電電流が大きくなり液温が上昇したことも要因です．

C工場では，年1回の**定期点検**を業者にて実施していますが，単電池電圧がセル間でバラツキが見られるようになってきたので**浮動充電，均等充電**ともに**過充電**となっていたことが原因でした．

事例2 **UPS がダウンした！**

UPS 直流制御電源の**栓型ヒューズのゆるみ**は，全くの人為的ミスで，これも年1回の**業者の定期点検時**に点検上実施したものを元に戻すことを忘れていたことが判明しました．

4．対策

事例1 **蓄電池電解液が沸騰した！**

蓄電池の液温上昇の原因が**過充電**であることがわかりましたので，業者と打ち合わせた対策は次のとおりです．

1）**均等充電の時間**が長過ぎる傾向にあるので，**均等充電**のタイマの設定を9時間から3時間に減らした．

2）**浮動充電電圧**が高いので，従来の 27 V から 25 V に変更した．

3）SBA 規格（電池工業会規格）では，充電中の**電解液温度**が 45 ℃以上にならないよう注意を促している．したがって，**温度センサ**は，作動温度 45 ± 3 ℃，復帰温度 30 ± 3 ℃のものを採用していたが，当施設の設置環境を考慮して作動温度 50 ± 5 ℃，復帰温度 40 ± 5 ℃の**温度センサ**に交換した．

4）蓄電池は箱内に収められ，夏場の電解液温度が上昇する傾向にあって，**サーマルランナウェイ現象**を誘発していることから，蓄電池箱内に温度サーモで発停する**冷却ファン**を取り付けた(**写真 42.1**)．

事例2 **UPS がダウンした！**

UPS 定期点検時における**栓型ヒューズ**のゆるみのような点検ミスは，Q19 の非常用発電機同様，決してあってはならないことです．

したがって，**再発防止**のため点検前後のミーティングおよび点検完了後の施設側立会いによる試運転，停電試験を実施して正常な機能を発揮していることを確認しています．

要は，業者の点検でも業者任せではなく，業者と**コミュニケーション**を図りながら，メンテナンス側は常に設備に関心を払う姿勢が大切です．

(注)

※1　**均等充電**；自己放電等で生じる充電状態のばらつきをなくし，各セルの充電状態を均一にするために行う充電．

※2　**UPS**；Uninterrutibe Power System の略で無停電電源装置のこと．

※3　**浮動充電**；電池と負荷を並列に接続し，常時電池に一定電圧を加えて充電しながら，同時に整流器から負荷へ電力を供給する充電方式．

コラム9 電　池

電池の種類は？

電池は，化学エネルギーを電気エネルギーに変えて**直流電源**として使用する装置です．

交流の世の中になっても自動車電源，カメラ，パソコン，携帯電話をはじめ日常生活に欠かせない電気製品にも直流（電池）が使用されています．また，私たちの職場でもUPS電源や非常用発電機始動装置にも電池が使用されています．

●電池の種類は？

大きく区分すると**図A**のとおり，**化学電池**と**物理電池**があります．**化学電池**には，一次電池，二次電池，燃料電池の3種類があり，**物理電池**には太陽電池があります．太陽電池は，太陽の光エネルギーを電気エネルギーに変えるものです．

一次電池は，乾電池に代表されるように再使用できない使いきりの電池のことで，**二次電池**は，充電して繰り返して使える電池のことで，一般には**蓄電池**とか**バッテリ**とよばれるものです．

●燃料電池は二次電池ではない？

燃料電池は，**乾電池**や**バッテリ**のような電池とは違い，内部にエネルギー源を蓄えているものではなく，外部から水素と酸素を供給して，電気化学反応により電力を発生する一種の**発電装置**です．

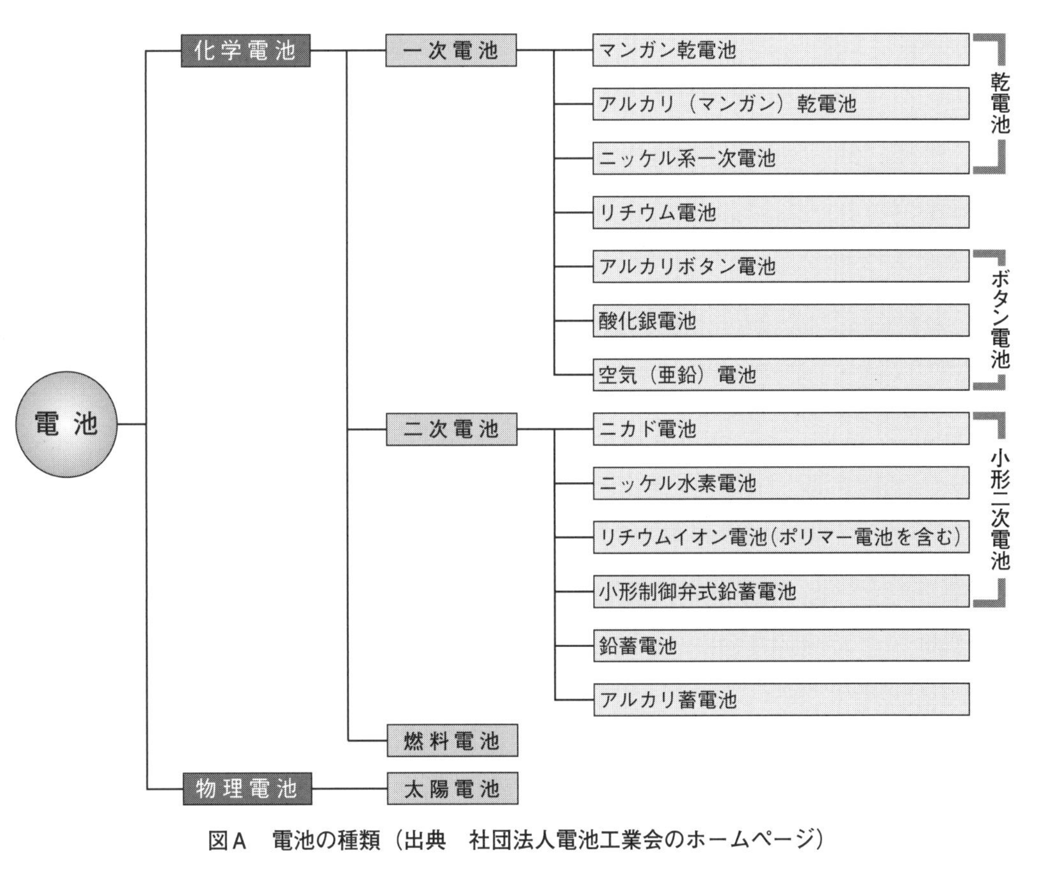

図A　電池の種類（出典　社団法人電池工業会のホームページ）

蓄電池②

Q43 液面正常なのに液面低下警報！なぜ？

受電設備機器操作用**アルカリ蓄電池**（**写真43.1**．以下「**蓄電池**」という）からの警報に驚かされた事例を紹介します．

蓄電池液面が正常なのに液面低下！

A.43

事 例 **液面センサーが動作！**

蓄電池85セルのうち，2つのセルに取り付けられた液面センサー（**写真43.2**）のどれかが液面低下を検出し，直流電流電源装置盤（以下「盤」という）内のフロートレスリレーBA_1またはBA_2が動作しました．

その結果，盤内の外部警報リレーX_3が働いて，中央制御室への警報によって蓄電池異常を知りました（**図43.1**）．

写真43.1　据置アルカリ蓄電池

写真43.2　アルカリ蓄電池の液面センサー

調 査 **本当に液面低下か？**

1．蓄電池の寿命は？

1979年（昭和54年）製造から15年経過したものを1994年（平成6年）に全面更新しました．

蓄電池は，**据置アルカリ蓄電池**のベント形※1**ポケット式AMH-Pタイプ**で，**耐用年数は，12～15年**です．したがって，1994年に更新はしたものの，すでに耐用年数を経過したものを使用していたことになります．

2．警報はどのくらい？

1999～2003年の4年間に5回ほど出ました．

3．本当に液面低下だったのか？

5回の警報のうち，2回は液面低下の発生によるものですが，3回は液面低下ではないのにフロートレスリレーが動作して警報が出ました．

原 因 **液面センサー**は，正確には**減液警報用電極**といい，動作原理は液面低下を検出するのではなく，**電解液の抵抗値**が上昇したことを検出してフロートレスリレーを動作させます．通常，**1 kΩ 以上**の抵抗値で動作しますが，アルカリ電解液の抵抗は，**10 Ω 以下**なので液面センサーは検出しません．しかし，本当に液面低下が発生して液面センサーの電解液浸透がなくなると抵抗値が増加して検出します．液面低下ではないのに検出したのは，この蓄電池の減液警報用電極と警報

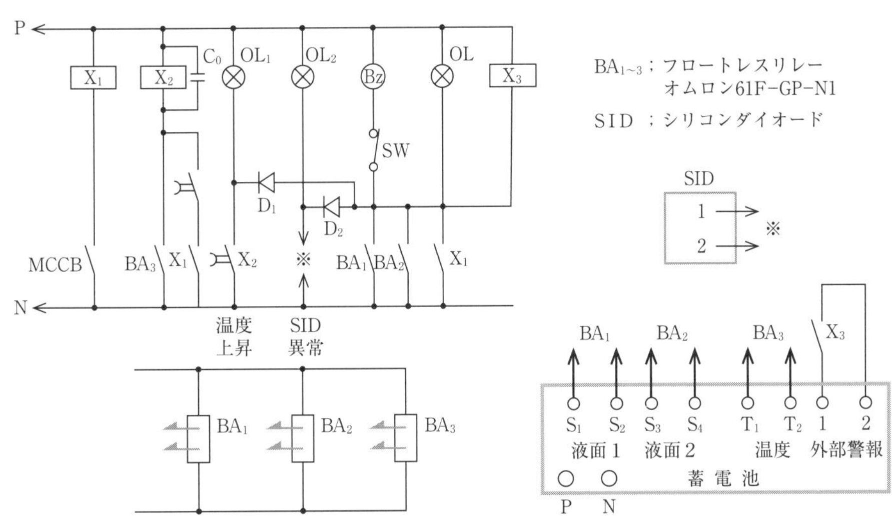

図 43.1 据置アルカリ蓄電池の警報回路

表 43.1 減液警報用電極定期点検項目

点検部位	項目	内 容	基 準	処 置
電 極 部	外観	目視にて確認	汚れ・損傷・腐食がないこと	著しい場合には新品と交換する
	性能	警報試験にて確認	正しく警報が発せられること	警報が発せられない場合は新品と交換する
信 号 用 接続線部	外観	目視にて確認	汚れ・損傷・腐食がないこと	著しい場合には新品と交換する
	ギボシ部	目視にて確認	損傷・腐食等がないこと	著しい場合には新品と交換する
	性能	警報試験にて確認	正しく警報が発せられること	警報が発せられない場合は新品と交換する

（古河電池 減液警報用電極取扱要項書より引用）

信号線の接続部に錆が発生して，接触抵抗の増加により，あたかも電解液抵抗値が上昇したような状態になったことが原因でした．

対 策

1．ベント形据置アルカリ蓄電池の**電解液**は，水の電気分解と蒸発によって減少するので，電解液面が基準内にあることを点検し，低下していれば**精製水を補水**します．

2．蓄電池の接続板や端子同様，減液警報用電極と警報信号線の接続部を**清掃**し，**防錆油**を薄く塗布します．

3．減液警報用電極部のゴムパッキン等は，経年劣化してパッキン部より電解液の滲み出しが発生します．滲み出した電解液により接続線部が腐食に至ります．したがって，メーカーは，減液警報用電極の構成部品について，**使用３年を目途に全面交換**を推奨しています．なお，メーカーでは，この減液警報用電極に関わる点検を**表 43.1** のとおり，蓄電池同様に**定期点検**することを最近になって取扱説明書の中に記載しています．

（注）

※1 **ベント形**；蓄電池の排気栓防まつ機能をもたせ，アルカリ霧の脱出を防ぐ構造としたもの．

（参考） **アルカリ蓄電池のメンテナンス**

1）充電時の**電解液温度**が 45 ℃を超える場合は，充電電圧を下げるか，充電を一時中断する．

2）**液面**が最低液面線近く，またはそれ以下に低下している場合は，補水を行う．

3）浮動充電中の蓄電池電圧は，

蓄電池総電圧 = 浮動充電電圧 × セル数

4）汚損していれば，湿らせた布で**清掃**する．

コラム 10 絶縁抵抗

読者のQ&A④

絶縁抵抗に関する質問を紹介します．

質問

Q1 Q10 で「モータのW相のレヤーショートから部分焼損に至ったものが図 10.3（ここでは図A）に示されています．この焼損したW-Z 間のコイルの抵抗値がほかの正常なコイル間の抵抗値の約２倍となっていますが逆に，この部分の抵抗値の減少によって過電流が流れたのではないでしょうか？

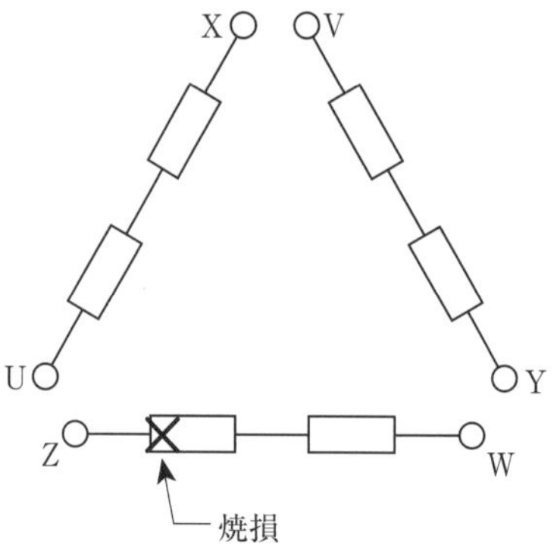

図A　モータの結線と故障内容

A1 質問のように**レヤーショート**が発生するとコイル抵抗値が減少すると考えた等価回路での**短絡**を，質問者は**図B**のように考えました．

レヤーショート，日本語名**層間短絡**は，質問者の考えた図Bのように抵抗値は減少する場合もあります．

しかし，今回のモータの例では，ステータコイルが全体的に過熱していること，コイル間の絶縁物が熱劣化していることが報告されたと記述しています．したがって，熱劣化した絶縁物やレヤーショートからコイルが局部的焼損した影響を受けて**抵抗値が等価的に増加した**と考えてください．（参考　**写真A**）

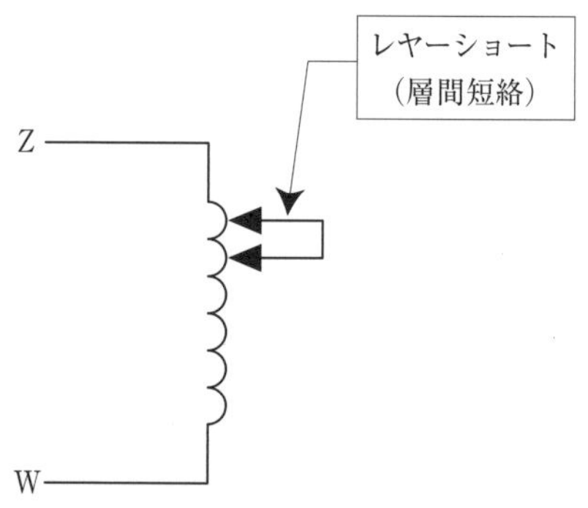

図B　質問者からの図

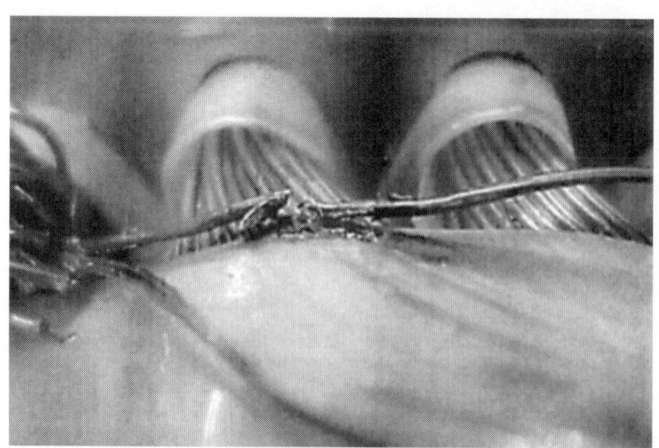

写真A　レヤーショート（焼損部分の状況）

第Ⅱ部

トラブル事例編

第5章
設計のトラブル

設 計①

Q44 幹線設計ミス！なぜ？

配線設計に関する知識を最低限知らないと，新設物件はもちろん，改修時の打合せに参加してもチンプンカンプンです．そのため，『電気Q&A 電気の基礎知識』のQ46，47でコンセントとモータの**配線設計の考え方**に触れました．ここでは，竣工後の**配線設計のミス**を発見した事例を取り上げて，最低限知っておくべき「**配線設計の知識**」を説明します．

図44.1のようにAビルから別棟の汚水処理施設への**幹線設計**で問題点を発見した！

❶配線設計の根拠は？

省令である電気設備技術基準（以下「技術基準」という）に基づくもの，それは電気設備技術基準の解釈（以下「解釈」という）を満たすように設計します．しかし，それは法令文で読みづらいため，実際には**内線規程**に準じた配線設計を行っています．つまり，**内線規程**に基づく配線設計を行えば，技術基準および解釈を満足するからです．

❷幹線設計の基本は？

（1）負荷電流が**電線の許容電流**を超えないこと．

（2）電線の**許容電流** I_W は，$I_W \geqq k\Sigma I_M + \Sigma I_L$，
k は定数で，$\Sigma I_M \leqq 50$ A の場合は1.25，
$\Sigma I_M > 50$ A の場合は1.1　（44・1）

（3）**過電流遮断器**[※1]**の定格電流** I_B は，
$I_B \leqq 3\Sigma I_M + \Sigma I_L$
ただし，$I_B \leqq 2.5 I_W$
I_B は上記２式のうちどちらか小さい方．　（44・2）

ここに，I_M；モータの定格電流，I_L；モータ以外の電気使用機械器具の定格電流．

❸幹線分岐は？

内線規程によれば，幹線を保護するために**過電流遮断器**を設置することが定められています．また，**太い幹線から細い幹線を分岐する場合**，細い幹線の分岐点に**過電流遮断器**を設置する必要があります．ただし，**図44.3**のような場合には**過電流遮断器を省略**できるとしています．たとえば同図の②に該当する場合とは，細い幹線の許容電流が太い幹線の過電流遮断器（以下「MCCB」という）の定格電流の**55％以上**ある場合，という意味です．③は，細い幹線が**8 m以下**で，細い幹線の

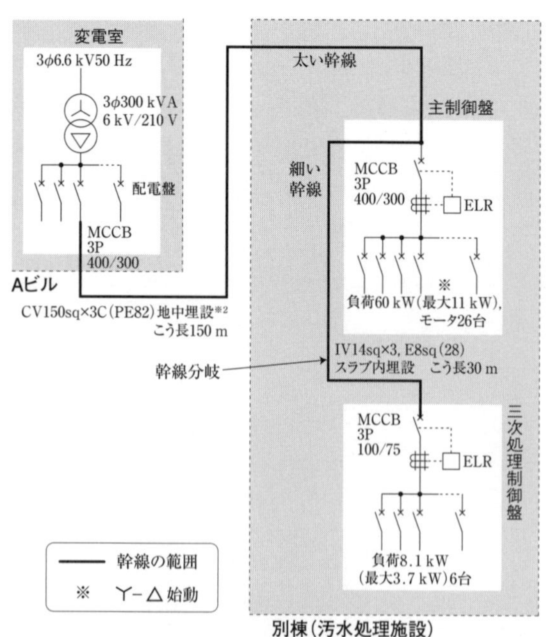

図44.1　改修前の幹線設計

許容電流が太い幹線のMCCBの定格電流の**35％以上**ある場合という意味になります．なお，幹線には，分岐回路が接続され，**分岐回路の配線設計**を知っていることが前提になります．（『電気Q&A 電気の基礎知識』のQ46，47参照）．

では，以上の調査1～調査3に基づき，どのように対応したらよいでしょうか？

A.44

問題点 **MCCBなしで幹線分岐は可能か？**

図44.1で，汚水処理施設内の主制御盤の一次側から三次処理制御盤への幹線分岐でMCCBが省略されています．これって「**正しい配線設計なんだろうか**」と疑問に思ったのが40年近く前でした．Aビル竣工後4年が経過していました．

さらに，主制御盤，三次処理制御盤のメインMCCBの定格電流，それに幹線の太さは適切なんだろうかと次々に疑問が湧いてきました．

解　明 **改修必要？**

表44.1から，

（1）**主制御盤の負荷**は，すべてモータで合計60 kW，そのうえY-△始動のモータ中最大なものは11 kWですから，表中のkW総数60 kWに一番近い63.7 kWの行をみると，CVケーブルは100sq以上，MCCBは300 Aを上廻っているから適切と判断しました．

（2）**三次処理制御盤の負荷**は，すべてモータで合計8.1 kW，そのうえ直入れ始動のモータ中最大なものは3.7 kWですから，表中のkW総数で一番近い8.2 kWの行をみると，IV線は14sq以上で同等，MCCBは60 Aを上廻っているから適切と判断しました．

（3）次に変電室内**配電盤の負荷**は，上記（1）と（2）の和で68.1 kWでY-△始動のモータ中最大は11 kWですから，表中のkW総数68.1 kWに一番近いのは，75 kWなので，CVケーブルは150sq以上，MCCBは350 Aになりますが，表44.1は変更されており，当時は300 Aであった．

なお，CV150sq×3Cの許容電流は，内線規程資料1-3-3（直接埋設）より350 Aであるから，MCCB300 Aの方が小さいので，このCV150sq×

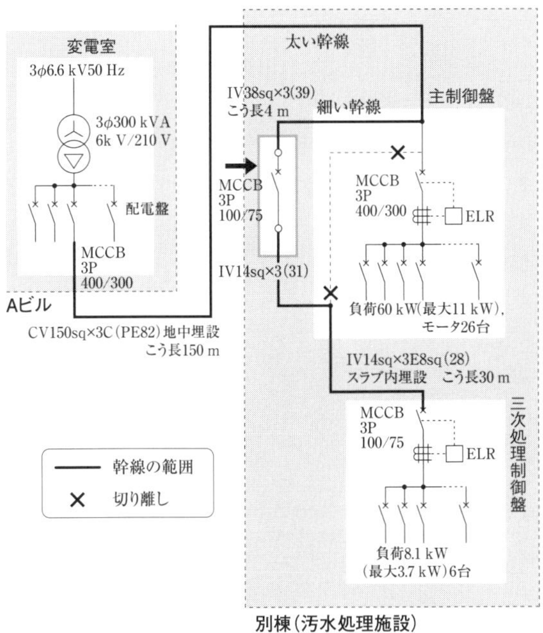

図44.2　改修後の幹線設計

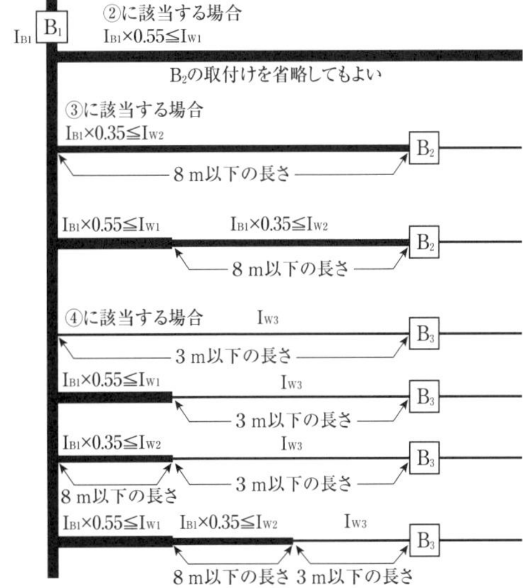

図44.3　幹線分岐の過電流遮断器省略規定

3C の太さは適切としました.

（4）では，最大の疑問である「**三次処理制御盤への幹線分岐で MCCB は省略してよいか**」を解明します！　ズバリ言います！「**間違いです！**」…信じられますか？　実際のビルの配線設計でこんなことがあるのです．昔あった建築の耐震強度偽装設計は他人事と思わないでください．何と電気の配線設計で，このような**設計ミス**がありました．

では，**調査３**の図 44.3 に基づき検討すれば細い幹線のこう長が 30 m なので，配電盤 MCCB の定格電流 300 A の **55 %以上の許容電流の電線**を使用しなければなりません．

300 A×0.55 ＝ 165 A

したがって，165 A 以上の許容電流というと，**60sq 以上の IV 線と引き替える工事**が必要となり，相当な費用がかかることになります．

対　策　**MCCB を設置する！**

幹線分岐の途中に，図 44.2 のように三次処理制御盤のメイン MCCB と同じ定格電流 75 A の **MCCB** を設けました．したがって，細い幹線は分岐点が８ m以下で，その許容電流が太い幹線の MCCB の定格電流の 35 %以上になるから，

300 A×0.35 ＝ 105 A

以上より，内線規程 1340-2 表から IV 線を３本，管に収めた場合 113 A，38sq の電線にしました．

注　意　**需要率と電圧降下**

実際の配線設計に当たっては，**調査１～調査３**

表 44.1　200 V 三相誘導電動機の幹線の太さ及び器具の容量（配線用遮断器の場合）（銅線）（内線規程 3705-3 表引用）

電動機kW数の総和①(kW)以下	最大使用電流①(A)以下	配線の種類による電線太さ② がいし引き配線 最小電線	がいし引き配線 最大こう長	電線管,線ぴに3本以下の電線を収める場合及びVVケーブル配線など 最小電線	同 最大こう長	CVケーブル配線 最小電線	CVケーブル配線 最大こう長	0.75以下	1.5	2.2	3.7	5.5	7.5	11	15	18.5	22	30	37	45	55
								—	—	—	—	5.5	7.5	11	15	18.5	22	30	37	45	55
		mm	m	mm	m	mm²	m														
3	15	1.6	17	1.6	17	2	17	20 —	30 —	40 —	—	—	—	—	—	—	—	—	—	—	—
4.5	20	1.6	13	5.5mm²	35	2	13	30 —	30 —	40 —	60 —	—	—	—	—	—	—	—	—	—	—
6.3	30	5.5mm²	19	8mm²	34	5.5	24	40 —	40 —	40 —	60 —	100 60	—	—	—	—	—	—	—	—	—
8.2	40	8mm²	26	14	45	8	26	50 —	50 —	50 —	60 —	100 60	125 75	—	—	—	—	—	—	—	—
12	50	14	36	22	57	14	36	60 —	60 —	60 —	75 —	100 60	125 75	125 125	—	—	—	—	—	—	—
15.7	75	14	24	38	66	14	24	100 —	100 —	100 —	100 —	100 100	125 100	125 125	125 150	—	—	—	—	—	—
19.5	90	22	31	38	55	22	31	100 —	100 —	100 —	100 —	100 100	125 100	125 125	125 150	150 175	—	—	—	—	—
23.2	100	22	28	38	49	22	28	125 —	125 —	125 —	125 —	125 125	125 125	125 125	125 150	150 175	175 200	—	—	—	—
30	125	38	39	60	62	38	39	150 —	150 —	150 —	150 —	150 150	150 150	150 150	150 150	175 175	175 225	—	—	—	—
37.5	150	60	52	100	86	60	52	175 —	175 —	175 —	175 —	175 175	175 175	175 175	175 175	175 200	200 225	250 300	—	—	—
45	175	60	44	100	74	60	44	200 —	200 —	200 —	200 —	200 200	200 200	200 200	200 200	200 200	200 225	250 300	300 350	—	—
52.5	200	100	65	150	97	100	65	225 —	225 —	225 —	225 —	225 225	225 225	225 225	225 225	225 225	225 225	250 300	300 350	350 500	—
63.7	250	100	52	200	104	100	52	300 —	300 —	300 —	300 —	300 300	300 300	300 300	300 300	300 300	300 300	300 300	300 350	400 500	500 500
75	300	150	66	250	108	150	65	350 —	350 —	350 —	350 —	350 350	350 350	350 350	350 350	350 350	350 350	350 350	350 350	400 500	500 500
86.2	350	200	55	325	120	200	74	400 —	400 —	400 —	400 —	400 400	400 400	400 400	400 400	400 400	400 400	400 400	400 400	400 500	500 600

（右側の列見出し：じか入れ始動の電動機中最大のもの（1行目）／スターデルタ始動器使用の電動機中最大のもの（2行目）／過電流遮断器（配線用遮断器）容量（A）じか入れ始動…（上欄の数字）スターデルタ始動…（下欄の数字））

備考１：最大こう長は，末端までの電圧降下を２ %とした．

備考２：「電線管，線ぴには３本以下の電線を収める場合及び VV ケーブル配線など」とは，金属管（線ぴ）配線及び合成樹脂管（線ぴ）配線において同一管内に３本以下の電線を収める場合・金属ダクト，フロアダクト又はセルラダクト配線の場合及び VV ケーブル配線において心線数が３本以下のものを１条施設する場合（VV ケーブルを屈曲がはなはだしくなく，２ m 以下の電線管などに収める場合を含む．）を示した．

備考３：「電動機中最大のもの」には，同時に始動する場合を含む．

備考４：配線用遮断器の容量（A）は，3705 節と資料 3-7-5 とを条件として選定した実用上の最小の値を示す．

備考５：電動機中最大のもの以外の負荷機器の全てが，運転されており，電動機中最大のものが始動されるとした．

備考６：盤内温度が 40 ℃を超え，配線用遮断器の特性に影響する場合には，特性の補正を行うなどの考慮をすること．

備考７：CV ケーブル配線は，資料 1-3-3　2．600V 架橋ポリエチレン絶縁ビニル外装ケーブルの許容電流（３心）の許容電流を基底温度 30 ℃として換算した値を示した．

で解説したほかに**需要率**とこう長が長い場合には**電圧降下**を考慮する必要があります．図44.1で配電盤～主制御盤のこう長が150 mありますので，**電圧降下**を4％に許容した場合のCVケーブルは**150sq以上**になります．モータの総容量68.1 kWから定格電流は，出力〔kW〕×4（Q 52参照）から，272 Aとなります．

しかし，すべてのモータが同時に全負荷で使用することはまれですから**需要率**を0.8に仮定して，

272 A×0.8 = 218 A

ここで**三相3線式の電圧降下 *e*〔V〕**は次式を使用します．

$$e = \frac{30.8 \times L \times I}{1\,000 \times A} \qquad (44・3)$$

ただし，L；電線の長さ（こう長〔m〕），I；電流〔A〕，A；電線の断面積〔mm^2〕

したがって，式(44・3)からCVケーブルの太さA〔mm^2〕は，$e = 8$〔V〕（4％）として，

$$A = \frac{30.8 \times L \times I}{1\,000 \times e} = \frac{30.8 \times 150 \times 218}{1\,000 \times 8}$$

$$\fallingdotseq 125\text{〔mm}^2\text{〕}$$

CVケーブルに125sqはないので150sqを選定したことに問題がないことがわかりました．

（注）

※1　過電流遮断器；『電気Q&A 電気の基礎知識』のQ15，Q47 コラム 9-A3参照．

※2　PE；ポリエチレン被覆鋼管のこと．

※3　1360-10；内線規程「低圧幹線を分岐する場合の過電流遮断器の施設」のこと．

例題44.1

図に示す電動機を含む低圧屋内幹線において，幹線に使われる電線の許容電流I〔A〕の最小値として，「電気設備技術基準とその解釈」上，**正しいものはどれか．**

ただし，各負荷の電流値は定格電流とする．

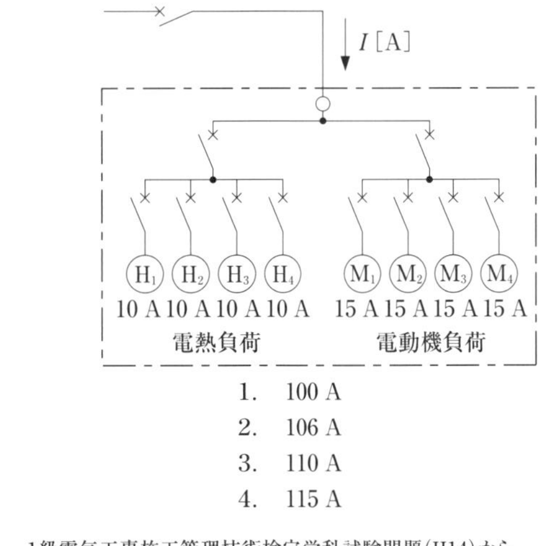

1.　100 A
2.　106 A
3.　110 A
4.　115 A

1級電気工事施工管理技術検定学科試験問題（H14）から

〔解　説〕　モータの定格電流の合計ΣI_Mは，

$$\Sigma I_M = 60 > 50$$

式(44・1)より $K = 1.1$

$$\therefore I_W \geqq 1.1 \times 60 + 10 \times 4 = 106\text{〔A〕}$$

〔正　解〕　2

例題44.2

次の図に示す電動機を接続しない分岐幹線において，分岐幹線保護用過電流遮断器を省略できる分岐幹線の長さと分岐幹線の許容電流の組合せとして，「電気設備技術基準とその解釈」上，**正しいものはどれか．**

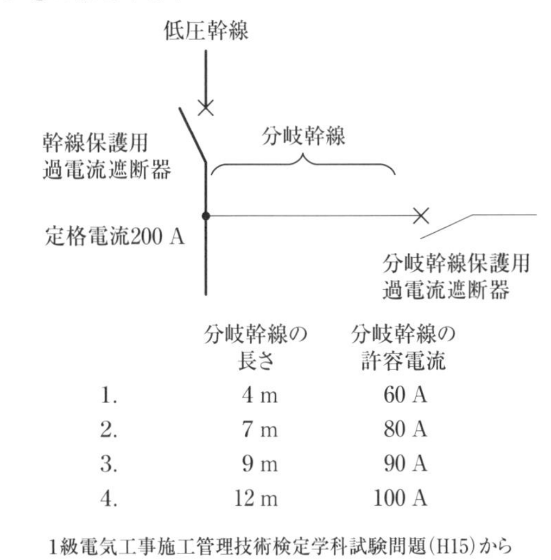

	分岐幹線の長さ	分岐幹線の許容電流
1.	4 m	60 A
2.	7 m	80 A
3.	9 m	90 A
4.	12 m	100 A

1級電気工事施工管理技術検定学科試験問題（H15）から

〔解　説〕　MCCBの定格電流200 Aの

55％なら，200 A×0.55 = 110 A

35％なら，200 A×0.35 = 70 A

110 A以上は該当なしで，70 A以上かつ8 m以下は，2だけが該当します．

〔正　解〕　2

設 計②

Q 45 末端の地絡事故で幹線がトリップ！なぜ？

設計者が部品選定を誤ったため**低圧地絡リレーの保護協調**がとれずに，主幹である**上位の配線用遮断器**（以下「MCCB」という）が**トリップ**した事例を扱います．

低圧側末端の地絡事故によって幹線のMCCBがトリップした．

❶地絡事故の原因は？

図 45.1 のように，三相 400 V のコンベヤ用電動機端子箱内で **CV ケーブルの被覆**がはがれて端子箱フタと接触し，**地絡事故**となりました（**写真 45.1**）．

このコンベヤ用モータの設置されている架台そのものが常時振動しているため，長い時間の経過によって **CV ケーブルの被覆**が端子箱内の揺れによる摩擦で損傷したと考えられます．

❷漏電リレーの仕様は？

コントロールセンタ（**写真 45.2** の矢印）内の**漏電リレー**は，感度電流 30 mA，動作時間 0.1 秒内で，その上位には，**図 45.1** のようにパワーセンタ（**写真 45.3**）に**低圧地絡リレー** 51G が取り付けられています．この**低圧地絡リレー**の仕様は，**表 45.1** のとおり動作電流整定値が 0.2 A（= 200 mA），動作時間は約 0.3 秒です．そのうえ，**外付タイマ**が設置され，0.7 秒に設定されていますので，0.3 + 0.7 = 1.0 秒が動作時間となり，**漏電リレー**と電流，時間とも保護協調が取れています．

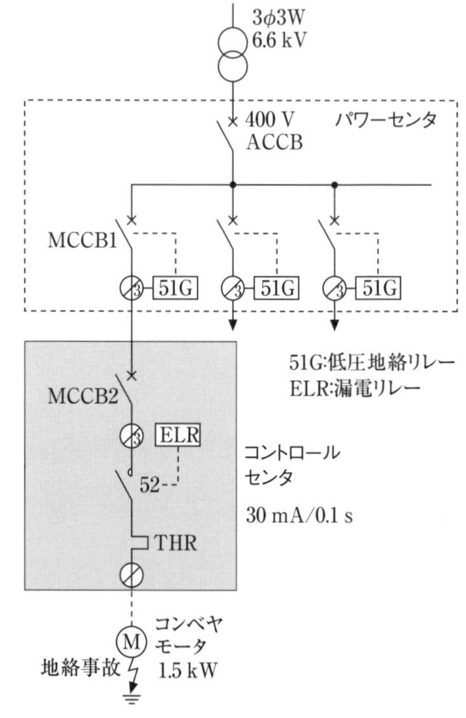

図 45.1　低圧地絡リレーの保護協調

表 45.1　低圧地絡リレー（LEG − 140L）仕様

<table>
<tr><td>動作電流整定値</td><td>0.1　0.2　0.4　0.6　0.8 A</td></tr>
<tr><td>不動作電流値</td><td>上記整定値の50 %</td></tr>
<tr><td>制御電源電圧</td><td>AC 100 V</td></tr>
<tr><td>動作時間</td><td>約0.3秒</td></tr>
<tr><td>周波数</td><td>50 Hz,60 Hz共用</td></tr>
<tr><td>不動作時消費電力</td><td>AC 100 V,0.03 A</td></tr>
<tr><td>動作時消費電力</td><td>AC 100 V,0.1 A</td></tr>
<tr><td>復帰方式</td><td>手動復帰</td></tr>
<tr><td>補助接点　構成</td><td>2c</td></tr>
<tr><td>補助接点　容量</td><td><table><tr><td></td><td>cosφ=1</td><td>cosφ=0.4</td></tr><tr><td>AC 100 V</td><td>10 A</td><td>5 A</td></tr><tr><td>DC 100 V</td><td>0.4 A</td><td>0.3 A</td></tr></table></td></tr>
<tr><td>絶縁耐力</td><td>AC 1 500 V（1分間）</td></tr>
</table>

❸シリーストリップ！

末端のモータに地絡事故が発生しても電流，時間とも保護協調が取れているはずです．

しかし，実際に地絡事故が発生したら，図45.1 の MCCB1 が**シリーストリップ***1しました．ところが MCCB1 は，動力幹線の MCCB であったため，停電範囲が大きくなり，工場の操業に支障が発生しました．

では，以上の調査１～調査３に基づき，どのように対応したらよいでしょうか？

写真 45.1　コンベヤ用モータ端子箱

A.45

原　因　保護協調が取れないのはなぜ？

漏電リレー，**低圧地絡リレー**ともに制御電源は，MCCB1 の一次側から取っているから，動作した**漏電リレー**をリセットしたとしても，**低圧地絡リレー**は整定値の約 70 % の 140 mA で動作開始します．動作時間約 0.3 秒ですが，0.1 秒以上継続すると出力接点は自己保持し手動復帰型のため動作することになります．なお，外付タイマが 0.7 秒に設定されているので，0.7 秒後にトリップ信号が出ます．

なお，漏電リレーの動作時間は 0.1 秒以内です

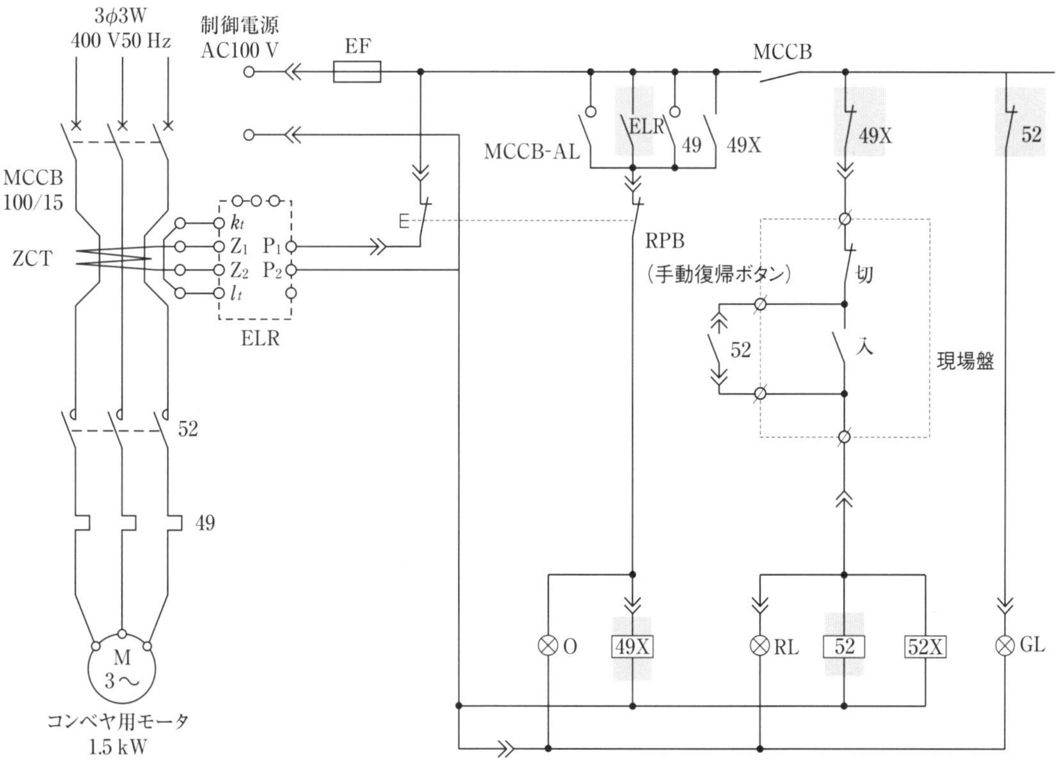

図 45.2　コントロールセンタのシーケンス

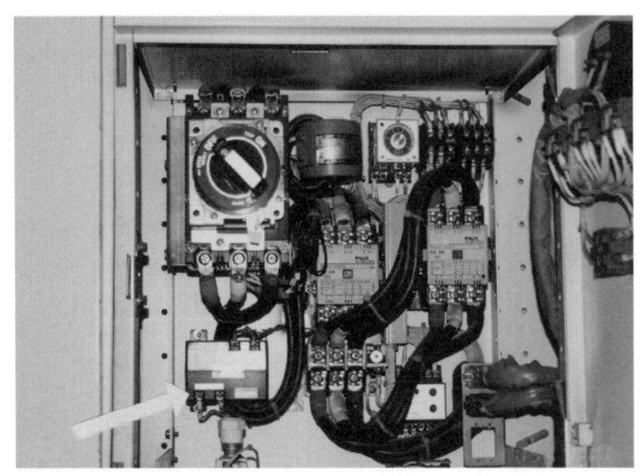
写真 45.2　コントロールセンタ（矢印が漏電リレー）

写真 45.3　パワーセンタ（矢印が低圧地絡リレー）

が**漏電リレー**の信号は，**図 45.2** のように補助リレー 49X，52 のコイルへと送られるため，投入時間の関係で漏電遮断時間は遅れ，0.1 秒以上となります．あるいは，工場竣工後 20 年近く経過しているため，漏電リレーが寿命に到達していることから動作時間特性に誤差を生じ，動作時間が長くなったことも考えられます．すなわち，漏電リレーの寿命のため動作時間特性に誤差を生じていることと，自動復帰型の低圧地絡リレーを採用しなかったことが保護協調の取れなかった原因であると推定しています．

対　策　自動復帰型に交換

今までに低圧側末端の地絡事故がなかったわけではなく，また幹線の MCCB もトリップしても疑問に感じませんでした．今回，初めて事故分析を行い，地絡リレーメーカーの技術担当の協力を得て**原因が判明**しました．しかし，工場竣工後 20 年近く経過していましたので，設計施工を行った工事業者(以下「業者」という)に対応を依頼しましたが，業者負担の改修には進展しませんでした．したがって，対策としては低圧地絡リレーを手動復帰型から，**自動復帰型に交換**するとともに，漏電リレーを更新する必要があります(**図 45.3**)．

(注)

※1　シリーストリップ；選択遮断ができないで上位と下位が連続して遮断することをいう．

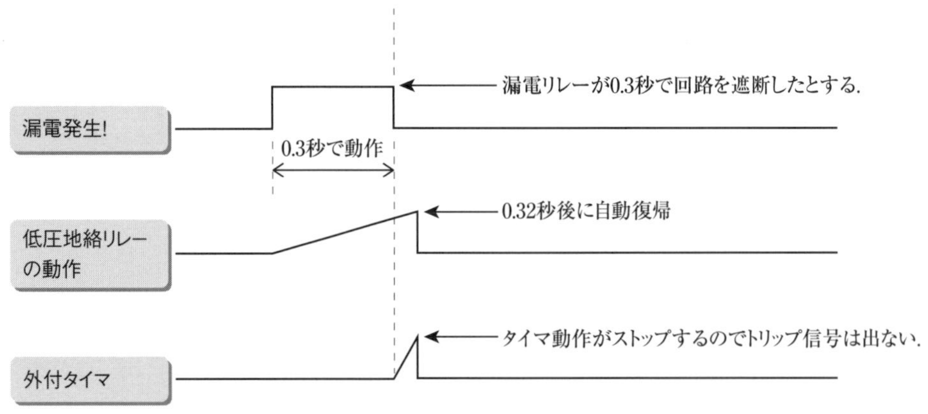

図 45.3　自動復帰型の低圧地絡リレーを採用した場合

コラム11 スターデルタ始動

読者のQ&A⑤

『電気Q&A 電気の基礎知識』のQ38～40でモータの**スターデルタ始動**を取り上げました．モータの口出線，結線と端子の接続方法，さらにはシーケンスについて解説しました．これだけ詳細なモータの**スターデルタ**についての解説は，実務に役立ちますから活用下さい．

最近になり，実務に携わっている方からモータの**スターデルタ**に関連した質問が来ましたので紹介します．

質問

Q1 図A中の5.5 kW～37 kWのモータ口出線のU_1，V_2，V_1，W_2，W_1，U_2の位置がわかりづらいので解説してください．

Q2 図Bのモータの結線と端子の接続方法の図の見方がわかりません．教えてください．

Q3 上記に関連して実際のモータ内部とはどのような接続になりますか？

A1 図Aのスターデルタ始動の欄をみてください．左からU_1，V_2，V_1，W_2，W_1，U_2です．

なお，図Bと見比べてみるとよく理解できます．すなわち，直入と△結線のとき，端子の接続方法※1がまったく同じです．ここで注意しなければならないのは，JISの改訂でメーカーにより多少前後しますが，この端子記号は2003年以降製造の**新しいモータ**を示しました．古いモータですと，U，Z，V，X，W，Yの端子記号です．

A2 モータの結線は，三相誘導電動機なので**三相のコイル**があります．図BのようにU_1-U_2, V_1-V_2, W_1-W_2のコイルが3つあります．なお，端子の接続方法は，Y，△とも電源R，S，Tは，それぞれU_1，V_1，W_1に接続し，U_2，V_2，W_2は制御盤まで配線します．Yのとき，V_2-W_2-U_2と配線し，△のときU_1-V_2，V_1-W_2，W_1-U_2と接続されるのは，制御盤内の**コンタクタ**（MC）で切り換えます．

モータ出力	3.7 kW以下	5.5 kW～37 kW	
口出線本数	3本	6本	
		直入始動	スターデルタ始動
端子の接続方法	端子板方式（枠番号63M～132M） V U W R S T 電源	U_1 V_2 W_1 U_2 V_1 W_2 R S T 電源	V_1 V_2 U_1 W_1 W_2 U_2 U_1 V_2 V_1 W_2 W_1 U_2 電源 （スターデルタ始動器）

図A　モータの口出線（参考）富士電機システムズカタログ

	最近のモータ		古いモータ	
モータの結線	V_1 W_2 V_2 W_1 U_1 U_2		X V U Y Z W	
端子の接続方法	Y	△	Y	△
	R S T / U_1 V_1 W_1	R S T / U_1 V_1 W_1	R S T / U V W	R S T / U V W
	V_2−W_2−U_2	V_2 W_2 U_2	Z—X—Y	Z X Y

図B　モータの結線と端子の接続方法

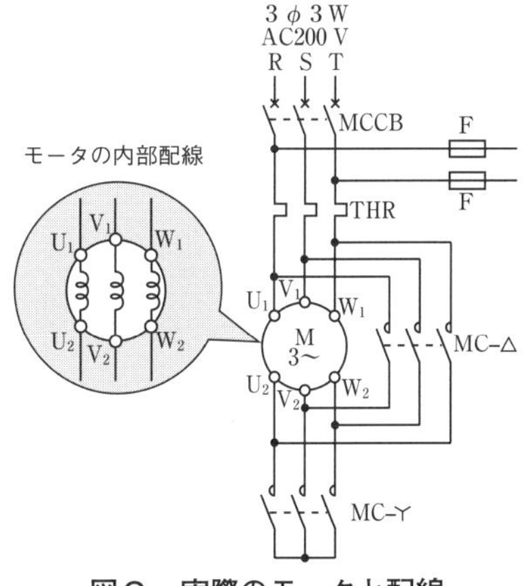

図C　実際のモータと配線

A3 実際のモータ内部は，**図C**のようにU_1-U_2, V_1-V_2, W_1-W_2の**コイルが3つ**あります．

（注）
※1　△のときは，コンタクタで切り換える．

設　計③

46 配管腐食！なぜ？

ビルの**ポンプサクション配管**で発生した**腐食の事例**を取り上げて，その対策を紹介します．なお，土壌または水中等の自然環境で起こる金属の腐食を**自然腐食**[※1]（以下「**腐食**」という）といい，**電食**[※2]とは区別しています．

配管の肉厚が薄くなっていく！

A.46

事例1　屋内消火栓ポンプのサクション配管

ビル竣工後，４年しか経過していないのに，**図46.1**のような**消火水槽中のサクション配管**のうち，フート弁との**接合部付近の腐食**が進行し，穴のあく寸前でした．なお，材質は配管が**SGP**（**炭素鋼鋼管**），フート弁が**BC**（**青銅**）でした．

原　因　腐食か?!

電解溶液中では，**表46.1**のとおり金属は，それぞれ固有の電位（以下「**自然電位**」という）をもっているので，水中という電解液中で異なる金属の接触によって**局部電池**の形成による電気化学作用が発生して，**自然電位の低い方**（**卑**）の金属に腐食が起こります．**自然電位**の高い方を**貴**と呼び，**自然電位**の低い方の**卑**な金属が**アノード**（**陽極**）となって電解液中に金属イオンとして溶け出すので腐食します．

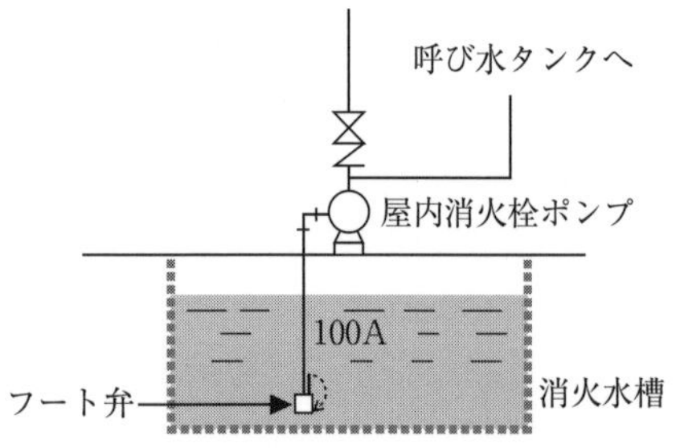

図46.1　屋内消火栓ポンプと消火水槽

原因の裏付け

表46.1のとおり，自然電位は配管の炭素鋼が−0.61〔V〕，フート弁のBCが−0.31〔V〕で，炭素鋼の方が−0.31 −（−0.61）＝0.3〔V〕低くなるため，卑な炭素鋼が腐食することになって，現場と理論が一致します．

表46.1　海水中における金属および合金の自然電位例

資料提供：日本防蝕工業(株)

流速　13ft/s，25℃

金　　属	電位（VvsSCE）
（アノード側，腐食側）	
マグネシウム	−1.50
亜鉛	−1.03
アルミニウム（Alclad）	−0.94
アルミニウム　3S-H	−0.79
アルミニウム　61S-T	−0.76
アルミニウム　52S-H	−0.74
カドミウム	−0.70
鋳鉄	−0.61
炭素鋼	−0.61
430　ステンレス鋼（17%Cr）（活性）	−0.57
ニレジスト鋳鉄（20%Ni）	−0.54
304　ステンレス鋼（18%Cr，８%Ni）（活性）	−0.53
410　ステンレス鋼（13%Cr）（活性）	−0.52
鉛	−0.50
ニレジスト鋳鉄（30%Ni）	−0.49
ニレジスト鋳鉄（20%Ni＋Cu）	−0.46
半田（50/50）	−0.45
スズ	−0.42
ネーバル黄銅	−0.40
黄銅	−0.36
銅	−0.36
丹銅	−0.33
青銅（compositionG）	−0.31
アドミラリティ黄銅	−0.29
90-10　キュプロニッケル（0.8%Fe）	−0.28
70-30　キュプロニッケル（0.06%Fe）	−0.27
70-30　キュプロニッケル（0.47%Fe）	−0.25
430　ステンレス鋼（17%Cr）（不動態）	−0.22
ニッケル	−0.20
316　ステンレス鋼（18%Cr，12%Ni，３%Mo）（活性）	−0.18
インコネル	−0.17
410　ステンレス鋼（13%Cr）（不動態）	−0.15
チタン（工業用）	−0.15
銀	−0.13
チタン（高純度）	−0.10
304　ステンレス鋼（18%Cr，８%Ni）（不動態）	−0.08
ハステロイC	−0.08
モネル	−0.08
316　ステンレス鋼（18%Cr，12%Ni，３%Mo）（不動態）	−0.05
黒鉛	＋0.25
白金	＋0.26
（カソード側，防食側）	

F.L.LaQue：“Corrosion Testing”, ASTM 44th Annual Meeting, P44（1951）

対　策 **電気防食法**

サクション配管とフート弁とは，異種金属接触ですから，どちらも同じ金属とするか，絶縁すれば**腐食**を防止できます．しかし，今からおよそ40年前の1980年代前半製で，既存の内径100Aのフート弁と配管を同じ材質のものにするのは，コスト等から検討して無理との結論に達しました．また，**絶縁フランジ**を使うのもねじ接合のため無理でした．

そこで採用したのが**電気防食法**です．これには**外部電源法**と**流電陽極法**とがあり，今回のケースでは防食対象が小さいので，**流電陽極法**を採用しました．**流電陽極法**とは，防食すべき金属よりも低電位の金属，今回では炭素鋼に対して**マグネシウム**を陽極として用い，**マグネシウム**を**犠牲陽極**として**腐食**させることにより防食対象の炭素鋼配管を**腐食**から守ることができます(**図46.2**)．

ただし，この方法は犠牲陽極の**マグネシウム**が身代わりとなって腐食するので，**マグネシウム**は消耗品となります．耐用年数は10年以上ですが電気防食効果の確認が必要で，毎年1回は**防食電位の測定**を実施しました(電気防食採用時に配管，フート弁とも新品に交換しました)．

事例2

非常用発電機用冷却水ポンプサクション配管

ビル竣工4年経過後に，**図46.3**のような非常用発電機のディーゼル発電機の冷却水ポンプサクション配管のうち，フート弁との接合部付近の**腐食**が進行し，やはり穴のあく寸前だったのを冷却水槽清掃後の確認点検のために構内に入った際に発見しました．

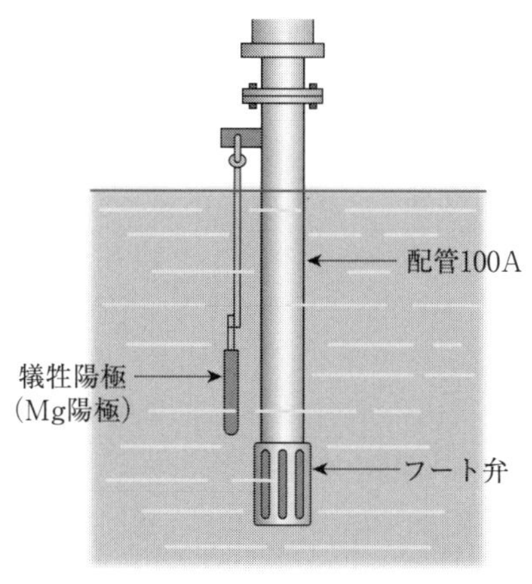

図46.2　電気防食法（流電陽極法）

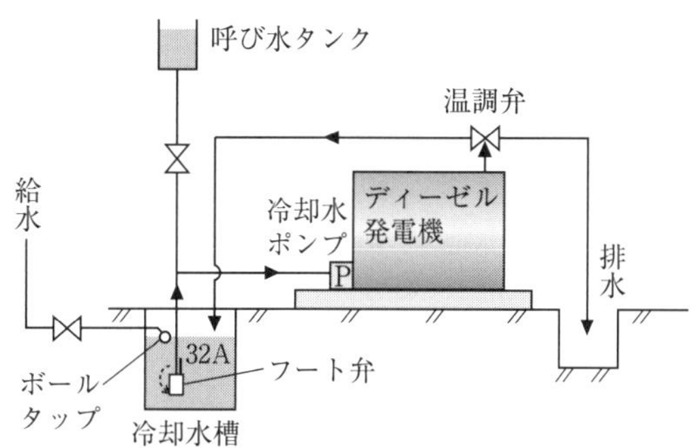

図46.3　ディーゼル発電機と冷却水槽

なお，配管の材質は**SGP（炭素鋼）**，フート弁の材質はSUS（ステンレス）でした．

原　因 **腐食**

表46.1のとおり，自然電位は配管の炭素鋼が−0.61〔V〕，フート弁のSUSが−0.22〔V〕です．炭素鋼の方が−0.22 −（−0.61）＝ 0.39〔V〕低くなり，**事例1** よりも電位差が大きいので，腐食の程度も大きかったように記憶しています．

対　策 **同じ材質にする**

事例1 と比べると径がはるかに小さいので，コスト面から配管，フート弁ともSUSの同じ材質にし，対策後にまったく腐食はなくなりました．

(注)

※1　**自然腐食**；局部電池形成による電気化学反応で生じる腐食で，**異種金属接触腐食**とか**ガルバニック腐食**とも呼ばれる．

※2　**電食**；**電気鉄道**のように人為的な電流による管外面の電解作用によるもので，鉄道レールからの**漏れ電流**が埋設管から土壌に流出した箇所に**腐食**が発生する．

設　計④

Q47 EPS 内に蒸気配管！なぜ？

設計に起因するトラブル事例をいくつか紹介しますので，参考にしてください．

EPS 内に蒸気配管にビックリ！

A.47

事例1 EPS 内に蒸気配管があって熱い！

解　説 通常，EPS 内は電気配線のみで縦シャフトになっていて，周囲が空気ですから自然冷却されています．ところが，今回紹介する現場は，**写真 47.1** のように **EPS 内に蒸気配管が設置**され，蒸気配管は保温施工されていますが，周囲に熱が漏れて EPS 内の温度が上昇します．

したがって，EPS 内の CV ケーブルの許容電流は，周囲温度による電流減少係数を乗じた値となります．また，万が一のとき，蒸気配管や空調給排水の配管が EPS 内に施工されていることは**危険と背中合わせ**といっても過言ではありません．配管は**パイプスペース（PS），ダクトはダクトスペース（DS）**に設置するのが常識です．この例のような常識はずれな工事でも，竣工後に改修するには膨大な費用がかかるだけでなく，施設を相当な期間停止した工事が必要になる等ネックが多く，事実上不可能です．この例は，典型的な設計上の問題です．

事例2 ビル内食堂の厨房がよく漏電した！

解　説 厨房には，電灯と動力が別々に供給されています．また，厨房は衛生上，常に整理整頓

写真 47.1　EPS 内に配管

され清潔でなければなりません．したがって，毎日の業務終了後に床のみならず厨房機器も水洗いすることになります．

原　因 **図 47.1** のように食器洗浄機に三相 200 V が**床配線**で供給され，制御盤も**屋内仕様**で機械の下部に設置されていました．業務終了後は，水洗いしますから床配線，制御盤ともに水をかけられ，よく**漏電**しました．その度に復旧するとともに，制御盤には水をかけないよう指導しましたが，厨房は人の入れ替わりも多く，指導は徹底されず，その後もよく**漏電**が発生しました（当時の厨房機器のメーカーの中には，電気的知識に乏しく水のかかる箇所でも屋内仕様の制御盤を使用しているところがありました）．

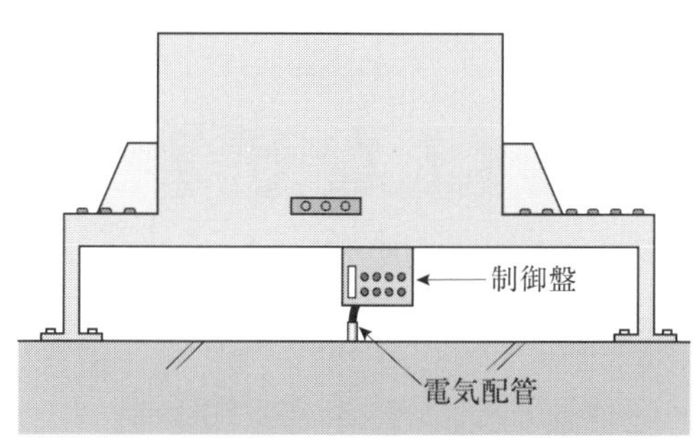

図 47.1　食器洗浄機

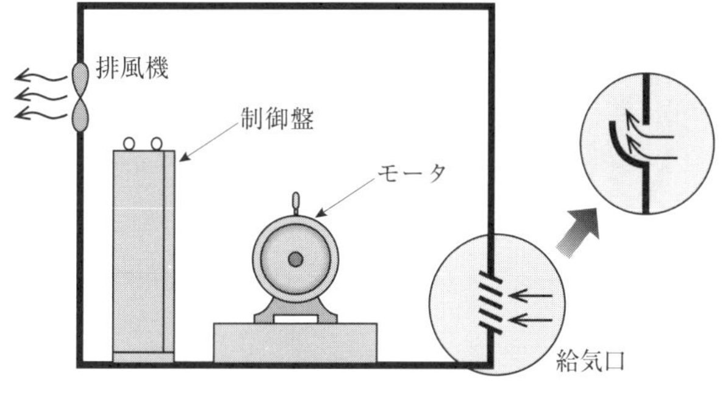

図 47.2　エレベータ機械室の換気

対　策　制御盤は，屋内仕様で既製品の標準ケースを使用していましたから腐食して穴があき，押ボタンスイッチの入・切の頻度も多かったので5～6年で**寿命**を迎えました．この時点で制御盤は屋外仕様にし，**設置場所**も水のかからない床から約1.2 m程度の位置に変更するとともに，電源供給も床配線をやめて，**天井より引き下げて制御盤に供給**しました．対策後に漏電はなくなりました．この例も，設計図書で電源供給が床配線でしたから設計に起因するものです．また，制御盤も水気のある場所なのに屋内仕様でした．

このように**機械に附帯する電気品には要注意です！**（Q34の事例2参照）

事例3　エレベーター機械室の温度が異常上昇する！？

解　説　エレベーター機械室の換気は，**図47.2**のように「**第3種機械換気**」といって適当な給気口を有し，室内空気は排風機によって屋外に排出しています．ところが夏はもちろん，ほかの季節でも**機械室内の温度が40℃以上**になりました．明らかに**換気量計算の設計ミス**によるものでした．

対　策　給気口を**ガラリ**から**フード式**に改修したら，真夏でも機械室内の温度が40℃近くに達することはなくなりました．一般に，モータ等，電気機器の設置場所の**周囲温度が40℃を超えないように通風，換気に十分注意を払う**必要があります．温度上昇は，電気品の**寿命**に大きく影響するからです．

事例4　モールド変圧器の温度上昇が大きい！

解　説　動力用として使用している300 kVAの変圧器の温度上昇が大きいため，変圧器ケース上部の**天井に後から換気扇を取り付け**て解決しました．これも**換気量計算の設計ミス**です（**写真47.2**）．

写真 47.2　変圧器上部に換気扇取付け

設 計⑤

Q 48 監視盤内の温度が高い！なぜ？

監視盤内の温度が高く，メンテナンスに支障が発生した！

A.48

事例1 監視盤内の温度が高くなって点検できない！

解 説 排水処理監視盤（以下「監視盤」という）の外観は，**写真 48.1** のようですが，監視盤内部には，**写真 48.2** のように**シーケンサー**（PLC，矢印②）のほか，リレーやタイマがたくさん収納されていることがわかります．また，液面制御も多いので，竣工後，数年経過すると，メンテナンスが必要になりました．

したがって，故障のときにはメンテナンス要員が監視盤内に入って，図面と照合しながら長時間におよぶ調査が必要になることもありました．しかし，監視盤内部は，写真 48.2 のように機器点数も多くて密閉されているので**発熱が大きく**（**発熱設計を考慮**しなかったのか），**内部温度上昇**により相当な暑さになりました．

原 因 設計④の事例３・４（Q47 参照）と同様に換気量計算のミスによるものでした．このような**換気量計算の設計ミス**は多く体験しました．

対 策 写真 48.1 のように監視盤側面に**給気口**，監視盤内天井に**換気扇**（写真 48.2 の矢印①）を取付け後は内部の温度が下がり，メンテナンスが可能になりました．

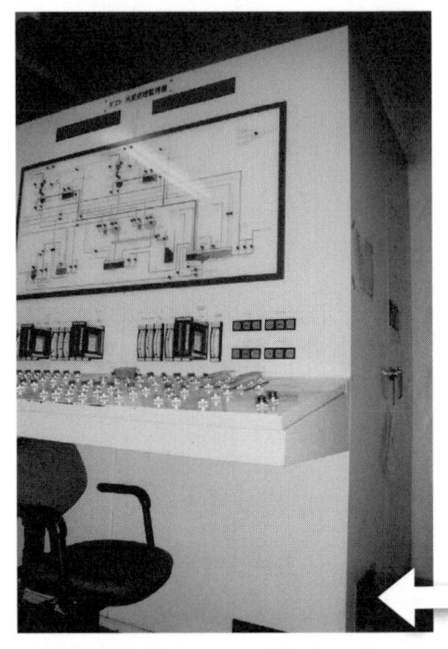

写真 48.1 排水処理監視盤
（矢印は，後から取り付けた給気口）

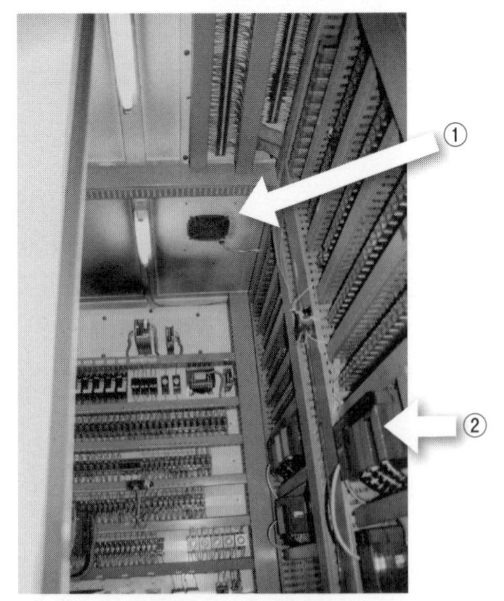

写真 48.2 監視盤内天井に換気扇
（矢印①は換気扇，②はシーケンサー）

事例2 非常用進行口の赤色灯がすぐ消える！？

解 説 建築基準法施行令第 126 条の 7 により，

高さ31 m以下のビル等の3階以上の階に義務づけられている非常用進入口の**赤色灯が，ひんぱんに消えました**．今からおよそ40年以上前のLEDも普及していない時代で，白熱ランプを使用していました．そのうえ，**写真48.3**のように球交換のメンテナンスも考慮されていないビルでしたから，球交換に難がありました．

原　因 ランプがすぐ消えるので定格電圧を**110 V，次に120 Vのもの**に交換しました．120 Vのランプに交換してからは，すぐには消えなくなりました．

この対策後に赤色灯に供給している電灯分電盤で電圧を測定したら117 Vありました．なぜ高い電圧かを調査をしたら，**シリコンドロッパ**を経由しない直流電源から供給される回路に接続されていました(**図48.1**)．

対　策 **シリコンドロッパ**を経由した回路の予備に配線替えして正常になりました．

写真48.3　非常用進入口の赤色灯

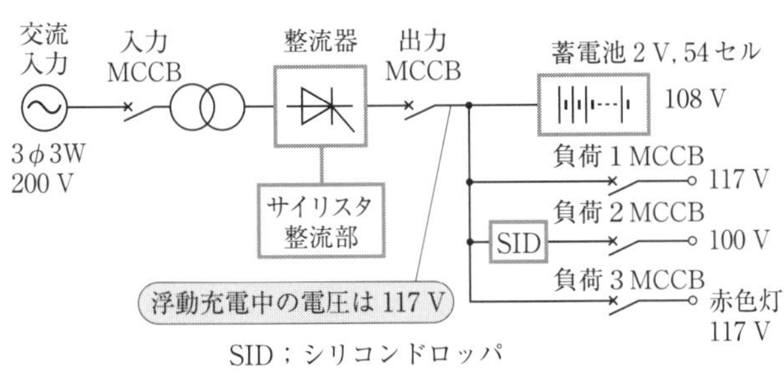

図48.1　直流電源装置回路構成

事例3 同一敷地内に**24時間有人監視の建物Aと夜間無監視の建物Bがあって自動火災報知設備はそれぞれにある**．
ちょっと変？

解　説 **図48.2**のように工場棟Bが先に建設され，そのあとに工場棟Aが建設されました．

工場棟Bには，P型2級受信機，同AにはP型1級受信機が設置されています．ところが工場棟Bは夜間無監視になりますが，同Aは24時間有人監視体制です．

原　因 工場棟Bに火災が発生しても同Aへの火災警報の信号配線が漏れていました．

工場棟A建設計画時・施工時の設計者，工場担当者も気づかなかったのか，設計ミスです．

対　策 工場棟Bからの信号が同Aの受信機，副受信機にある予備の**地区表示灯**を利用し，工場棟B発報時に同Aの**主音響**が鳴動するように改修しました．**以後，工場棟Bは，工場Aからの24時間有人監視となり，夜間も無監視ではなくなりました**．

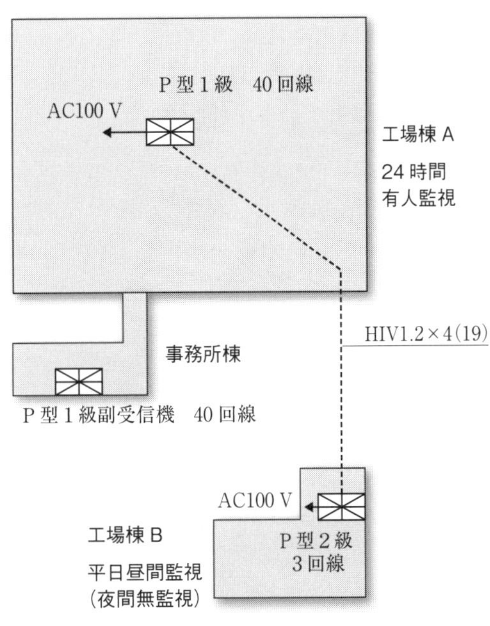

図48.2　夜間無監視の建物と24時間有人監視の建物の現在

メンテナンス①

Q 49 ビニルコードが熱い！なぜ？

たこ足配線されたビニルコードが熱くなって危険！

A.49

事 例 自家用工場構内にある，当初倉庫であった部分が急遽，作業場1に**用途変更**されました(**図49.1**)．作業スペースもなかったので，隣接の空きスペースに屋根だけを付けた作業場2が増設されました．その作業場で働く人の中に器用な人がいて，作業に必要な電灯やコンセントをにわか工事で取り付けた結果，**写真49.3**のようなたこ足配線となりました．

また，当初は電灯分電盤もなく，3P30Aの配線用遮断器(以下「MCCB」という) 2個だけの**電灯用開閉器盤**でした(**写真49.1**)．

なお，この開閉器盤の一次側は，電灯コンセント用のため**単相3線式**(以下「単3」という．Q6参照)で供給されています(**図49.2**)．

どこが問題か？

写真49.1でもわかるように2個のMCCBの二次側は，いずれも単3の100V配線の**片側だけ**のため過負荷になりやすく，作業場の用途変更後に**MCCBの過負荷トリップ**が発生したり，たこ足配線の電源に近い**ビニルコード**が過負荷となって**発熱**していました．このように危険極まりない電気の使用が，主任技術者の選任されていた工場で，しばらくの間，見逃されていました(手作業場のうえ，派遣労働だったので，**電気保安の盲点**になっていました)．

対 策 コンセントは当初休憩室に1個だけで，あとは必要に応じ作業員がテーブルタップやプラスチック製露出コンセントを使用してたこ足配線となっていましたが，それらをすべて撤去しました(**写真49.4**)．

次に，電灯用開閉器盤を撤去して**写真49.2**のような**電灯分電盤**を取り付けました．また，配線

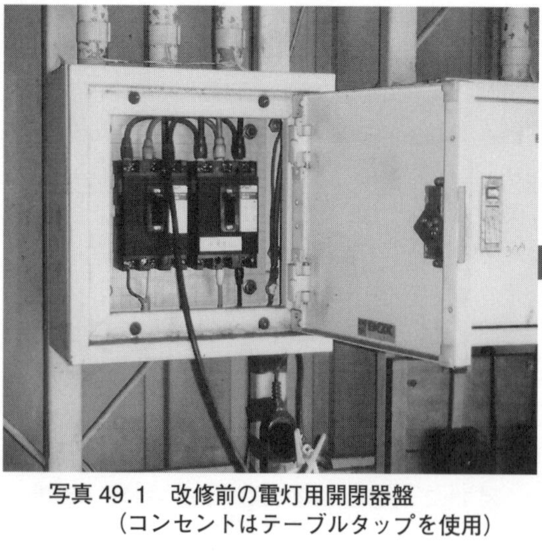

写真49.1 改修前の電灯用開閉器盤
(コンセントはテーブルタップを使用)

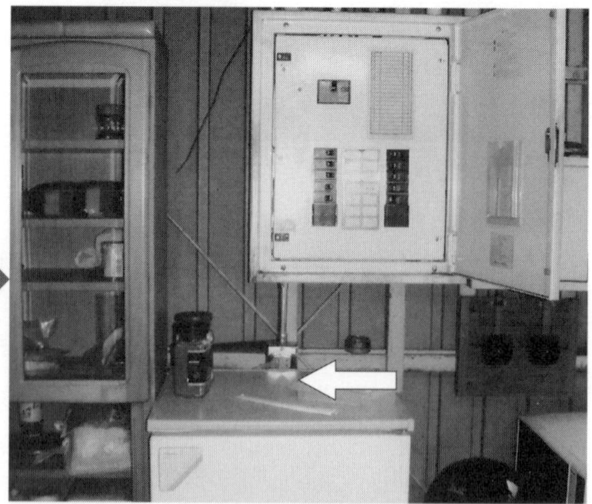

写真49.2 改修後の電灯分電盤
(正規に露出ボックスコンセント取付け，矢印)

を整理して，電灯分電盤から負荷容量を考慮して電灯コンセントに分けて供給するようにしました（図 49.1・49.2）.

さらに作業場２の電灯は，作業終了時に作業場１内の MCCB で入切していたものを作業員の要望を取り入れて新たにスイッチを設け，同作業場で入切できるように改修しました．なお，屋外作業場のコンセントも改修しました（写真 49.5・49.6）.

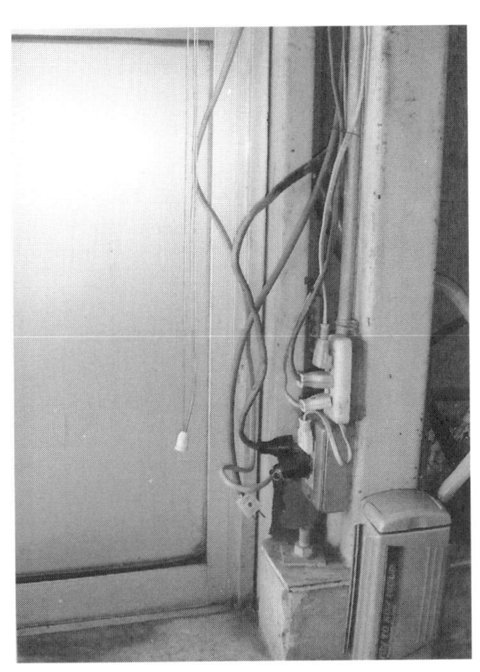

写真 49.3　改修前の室内コンセント

写真 49.4　改修後の室内コンセント・スイッチ

写真 49.5　改修前の屋外コンセント

写真 49.6　改修後の屋外コンセント

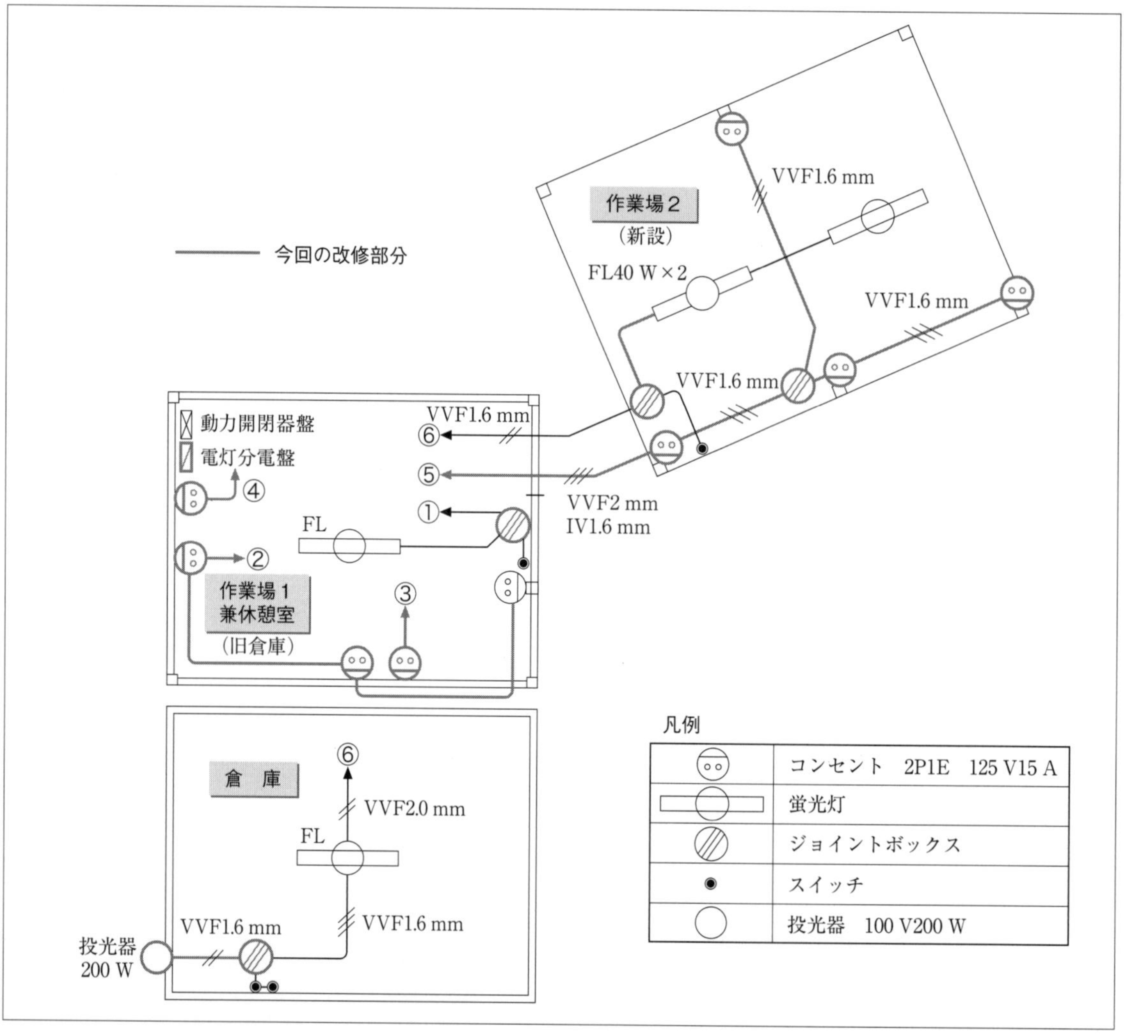

凡例

(コンセント記号)	コンセント　2P1E　125 V15 A
(蛍光灯記号)	蛍光灯
(ジョイントボックス記号)	ジョイントボックス
(スイッチ記号)	スイッチ
(投光器記号)	投光器　100 V200 W

図 49.1　電気配線図

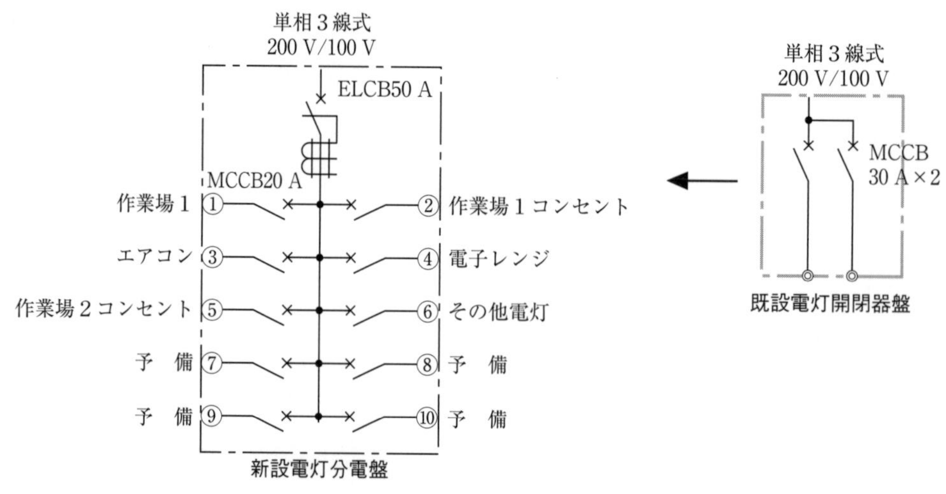

図 49.2　開閉器盤から分電盤へ

コラム 12 電線

読者のQ&A⑥

電線のうち，ビニルコード，EMケーブルおよびOW電線について，多くの方が日常，疑問に思っていることを取り上げます．

Q1 ビニルコードは，電熱器電球線等，高温で使用するものには使用できない．なぜ？

A1 白熱電球からの発熱が電球受口を通じて，この熱が電球線を伝わってビニルコードのビニルを軟化させる恐れがあるからです．したがって，ビニルコードのほか，ビニルキャブタイヤコード，ビニルキャブタイヤケーブル等は，電熱器と電線との接続部の温度が80℃以下で，かつ，電熱器外面の温度が100℃を超えるおそれのない比較的温度の低い保温用電熱器，電気温水槽等および**電気を熱として利用しない電気機械器具**である放電灯，扇風機，電気スタンド等に使用することとしています．

Q2 EMケーブル（写真A）の電線記号EM EEF/Fの意味するところは？

A2 まずEMとはエコマテリアル(Ecomaterial)で，廃棄処理されたときに環境に与える影響を少なくしたもので，鉛やハロゲンを含まない，**リサイクル**しやすい材料で作られています．

EEF/Fの意味は，

すなわち，**ポリエチレン絶縁耐燃性ポリエチレンシースケーブル平形**を意味し，従来のVVFに相当するものですが，耐熱温度がVVFは60℃ですが，EM EEF/Fは75℃です．

写真A　エコ電線EM EEF/F

なお，写真に「**タイシガイセン**」とあるのは，ポリエチレンは紫外線に弱く，直射日光のほか，けい光灯から出る紫外線により劣化し，ヒビ割れを生じることがあります．このため，「**タイシガイセン**」と表面に表示されたEM EEF/Fケーブルのポリエチレン絶縁体には，紫外線に強い材料が使用されています．

Q3 OW電線が屋内配線に使用できないのは？

A3 **屋外用ビニル絶縁電線**のことで，OutdoorとWeather Proofの頭文字をとってOW電線と称しています．OW電線は，主に架空電線に使用されるためのものです．**絶縁体の厚さ**が600Vビニル絶縁電線（IV電線）の50～75％となっていて，絶縁効力を期待できないことから，電気設備技術基準の解釈より，合成樹脂管工事，金属樹脂管工事，金属線ぴ工事，金属可とう電線管工事および金属ダクト工事に使用することが禁止されています．

メンテナンス②

Q 50 屋外機器内部に水！なぜ？

屋外にある機器や器具には水が入る？

A.50

解　説 屋外仕様の**モータ**や**スイッチ**でも使用期間が長くなるにつれ，端子箱やスイッチボックスのパッキンは劣化が進行し，**雨水が内部にたまってきます**．それがある時，突然に**漏電**になり，漏電遮断器（以下「ELCB」という．）を動作させます．しかし，経験がないとなかなか原因がつかめず，いたずらに時間が経過していきます．

事例1 重油貯蔵タンク～サービスタンクへのレベル制御で運転する重油移送ポンプ用モータが，電気設備の定期点検（絶縁抵抗測定）で**絶縁不良**と判定されました．（重油貯蔵タンク～サービスタンクは，Q26の図26.1参照）

原　因 モータ端子箱内に**水があふれる**ばかりにたまっていたのが原因でした．なお，このモータは，使用後20年を経過していましたから，端子箱のフタの**パッキン**も劣化して長期間にわたり雨水がたまったものと推察されます（**写真50.1**）．

対　策 モータ端子箱のフタを緩めたら，水が出ていきました．この後，端子箱内を清掃し，モータの端子接続部の**絶縁テープ**を巻き直しました．また，端子箱のフタとの間は，雨水が入らないように**コーキング**しました（**写真50.2**）．

事例2 共用部，すなわち廊下の**照明が漏電**して不点になりました．

原　因 廊下のつきあたりに屋外へ出る扉があり，扉を開けると **事例1** のサービスタンクや空調熱源機（Q34 **事例2** 参照）が設置されています．また，工場は24時間稼動のため，これらの機器の点検用に扉を開けた**屋外**に照明スイッチやコンセントがありました．このスイッチボックスとコンセントボックスに**水がたまった**のが原因でした（**写真50.3・50.4**）．なお，スイッチやコンセントは，使用後20年を経過していましたか

写真50.1　漏電した屋外モータ

写真50.2　清掃し，絶縁再処理した端子箱

写真 50.3　漏電した屋外スイッチボックス内部 1

写真 50.4　漏電した屋外スイッチボックス内部 2

らパッキンの劣化が進行して雨水が侵入したと考えられます．

対　策　スイッチボックスやコンセントボックスの水を出し，**スイッチ**や**コンセント**を清掃し乾燥させた後の**絶縁抵抗**は，0.3〔MΩ〕でした．**技術基準**第 58 条[※1]の基準値 0.1〔MΩ〕以上は満足しているものの，20 年経過したスイッチとコンセント器具の絶縁は，これ以上回復する見込みがないと判断し，**新品に交換**しました(**写真 50.5**)．

器具交換後の絶縁抵抗は 100〔MΩ〕以上になりました．

写真 50.5　スイッチ交換後

教　訓　二つの事例は，いずれも 20 年も経過した屋外に設置された機器や器具ですから，たとえ防雨仕様でもパッキンの劣化により，雨水が浸入し絶縁抵抗の低下が進行しました．このように**屋外**に設置されたもの，厨房のように**湿潤な環境の場所**に設置されたもの，**水中にあるもの**，**塵の多い場所**に設置されたものは，一般のものより電気設備にとっては劣悪環境下にあるため，**よりひんぱんに点検し**，**メンテナンスを重視する**必要があります．

電気設備ではありませんが，**写真 50.6** は 10 年も経過していない**給水管の断面**です．水が流れる有効断面が半分以下になった例で，有効断面積が確保できていないので管の洗浄が必要です．このように電気設備だけでなく，給排水設備等設備はすべてメンテナンスが必要です．読者諸氏のメンテナンスに参考になればと紹介しました．

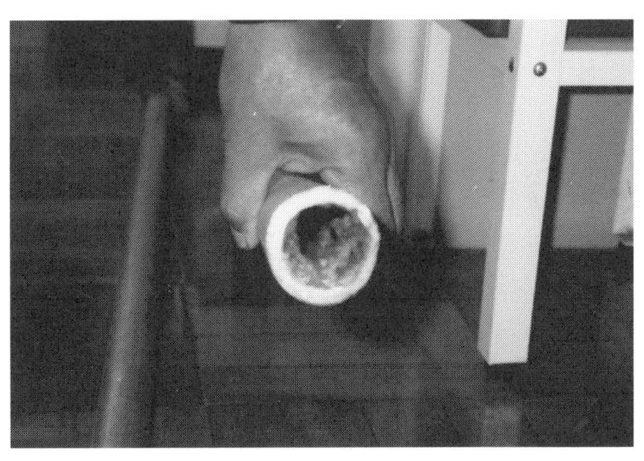

写真 50.6　詰まった給水管断面の様子

(注)

※1　**技術基準**；電気設備に関する技術基準を定める省令のこと．

メンテナンス③

Q51 点検中に機器を破損した！なぜ？

定期点検中に点検業者が機器を破損！？

A.51

解 説 筆者が自家用電気設備の電気主任技術者（以下「主任技術者」という）として30年以上の実務を体験してきた中で，点検業者が誤って施設の**機器を破損**させてしまった事例二つと，点検業者の**コンプライアンス**※1に反した事例一つを紹介します．

事例1

地絡方向リレー（以下「DGR」という）試験中に，点検業者が誤って**DGRを焼損**させてしまいました！

解 説 このトラブルが発生したのは40年近く前で，記録として残っているのは，DGRの型番がLDG-13D，メーカーは光商工ということだけです．点検業者としては，名の通った試験専門業者で，トラブルのあった前年までは，スムーズに点検業務を実施してきました．しかし，この年は，前年までの点検の補助者がリーダーとなり，業務中の作業指揮もあいまいだったので，筆者の脳裏に**不安**がよぎったことを今でも覚えています．

原 因 焼損の原因を聞くと**DGRに200 Vを印加した**ということですから，次の二つのことが考えられます．

① UVWの電圧は，零相電圧（191 V）だから，これをDGRの**P_1, P_2に印加**した．（P_1, P_2はAC100 V）

② UVWの電圧は**図51.1**のZPCの一次側に加えるのに，これをDGRの**Y_1,Y_2に印加**した．

なお，Y_1, Y_2に1 V以上の電圧を印加するとDGRは破損します．

要するに**試験方法にミス**がありました．

対 策 点検業者のリーダーは，試験開始直後から試験器メーカーの取扱説明書とにらめっこでしたから，**DGRの試験方法**を把握していなかったようです．また，現在では考えられませんが，この点検業者には**試験マニュアル**が存在しませんでした．

したがって，対策としては，

①試験方法を含め**試験器のマニュアルの作成**

②**社員教育の徹底**

を求めました．（**写真51.1**は試験中のイメージ）

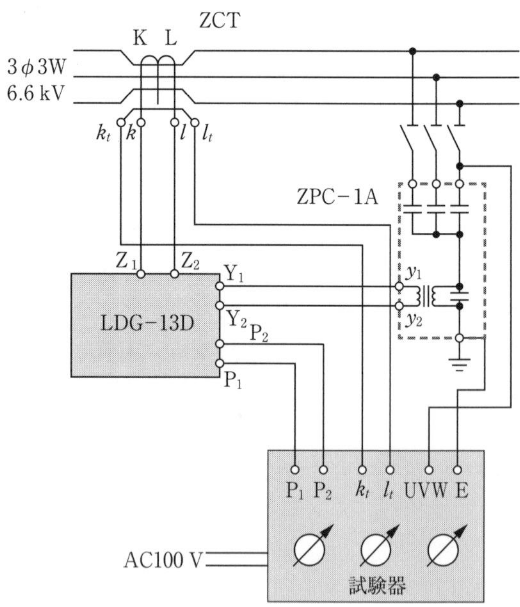

LDC−13D；地絡継電器　k_t, l_t；零相電源
ZPC−1A；零相蓄電器　UVW，E；零相電圧
P_1, P_2；操作電源

図51.1 現場のDGR試験

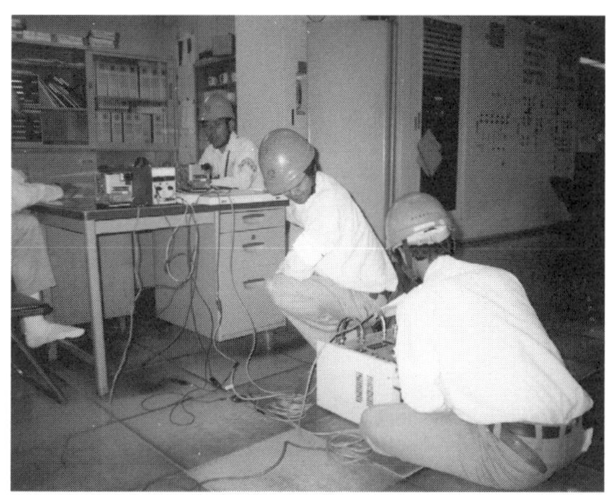

写真 51.1　保護継電器試験中

写真 51.2　漏電遮断器動作試験中

事例2

電気設備定期点検後に低圧配電盤の**電源表示灯が点灯しない**.

原　因　操作回路の**ヒューズ切れ**でした.

これは，制御回路に開閉器がなかったにもかかわらず，ヒューズを外さないで漏電遮断器の動作試験を行ったため，電源を印加したら低圧配電盤制御回路の**ヒューズ**が切れてしまいました.

対　策　ヒューズ３Ａを挿入して復帰しましたが，翌年から同じトラブルを起こさないようにするため点検業者に，この配電盤の漏電遮断器動作試験時における**マニュアルの作成**を指示して試験を行うことにしました．すなわち，「漏電遮断器動作試験時には，各回路ごとにヒューズを抜いてから電源を印加する」ことにしました（**写真 51.2・51.3**）.

事例3

30年以上前のことです．電気主任技術者だった筆者は，点検業者が工場内の目立たないスペースにほぼ全員集まって，今年の報告用紙に昨年の低圧絶縁抵抗測定結果の数値を丸写ししている現場を目撃してしまいました！

解　説　この点検業者は，施設規模の割合に投入している点検者数が極端に少なかったので，筆者は転勤してきた翌年から発注仕様書どおりにまともな点検をしているのだろうかと，疑問に感じていました．それが図星だったのです！

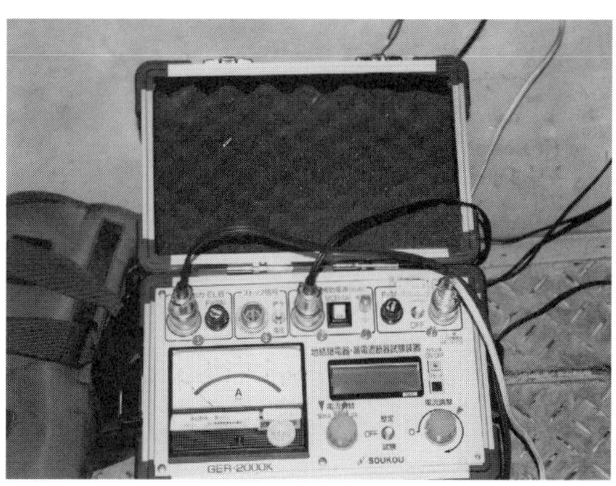

写真 51.3　漏電遮断器試験装置

それから２年も経過しないうちに，当施設からその業者は姿を消し，大手の試験点検業者がこの点検業務を受注しました．点検者数も以前の３～４倍になりました.

これ以降，低圧絶縁抵抗測定は現場を回るので，当現場に不慣れな試験点検業者の作業効率向上のため，施設側から運転員が立ち会うように改善しました.

（注）

※1　**コンプライアンス**；法令遵守のこと，法律や社会的常識，通念を厳密に守ること.

㊟　写真 51.1 ～ 51.3 はイメージ写真であり，**事例3** に関係した点検業者とはまったく関係ありません.

コラム 13 UPS

CVCF と UPS の違いは？

今日のIT社会は，高い信頼性の電力供給が前提として成り立っています．しかし，送電線は落雷等により**瞬時電圧低下**（以下「**瞬低**」という）が発生するものの，IT社会の電力供給は**瞬低**でも，情報通信システムが正常に稼動することが要求されます．そのための負荷側に設置するものとして，無停電電源装置である **UPS** があります．ここでは，**UPS** をテーマに説明します．

● CVCF との違いは？

現場では無停電電源装置を **UPS** とも **CVCF** とも呼んでいます．**UPS** は，Uninterruptible Power System の略で，**CVCF** は Constant Voltage Constant Frequency を略した和製語で，定電圧定周波電源装置のことです．したがって，正確には **CVCF** というと，無停電電源装置から蓄電池を除いたもの，**UPS** は **CVCF** と蓄電池を組み合わせた装置のことです（**図A**）．

すなわち，蓄電池を含むか，含まないかで **UPS** か **CVCF** の呼び名が変わりますが，**無停電電源装置**といえば **UPS** のことを指します．

● UPS の方式には？

UPSの基本方式，すなわち主回路方式は大きく2つに分類することができます．まず，小容量UPSとして現在主流である**常時商用給電方式**とよばれるもので，**図B**のように通常時は商用電源から負荷に給電し，かつ蓄電池の充電を行います．

停電時には切換スイッチにて商用側を切り離した後，蓄電池より給電しインバータから電力供給します．

この方式の長所は，通常時に電力変換部のインバータを使用しないため損失が少なく効率が高いことです．

また，主変換器が1つなので低コストです．

もう1つの方式は，現在の中大容量UPSの主流である**図C**のような**常時インバータ給電方式**です．この方式は，交流入力を整流器とインバータで変換した電力を常時供給するもので，負荷には常に安定した電力を供給するため信頼度が高くなります．

図A　無停電電源装置の構成

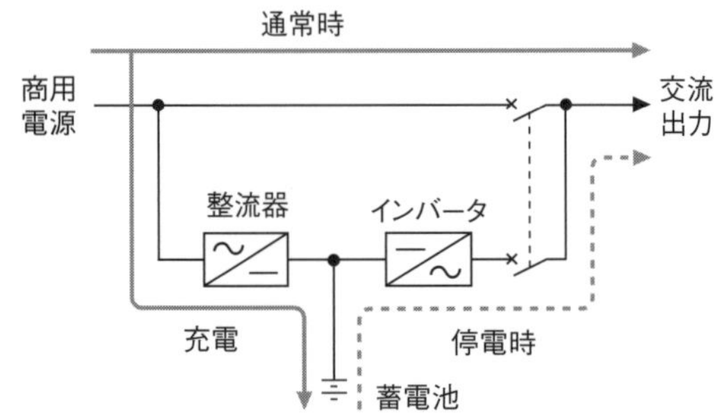

図B　常時商用給電方式

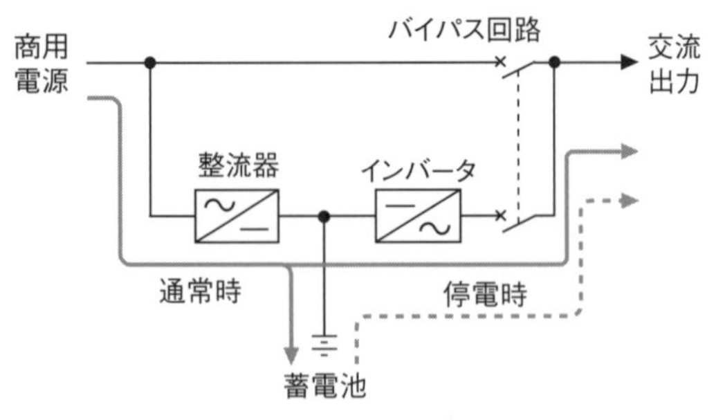

図C　常時インバータ給電方式

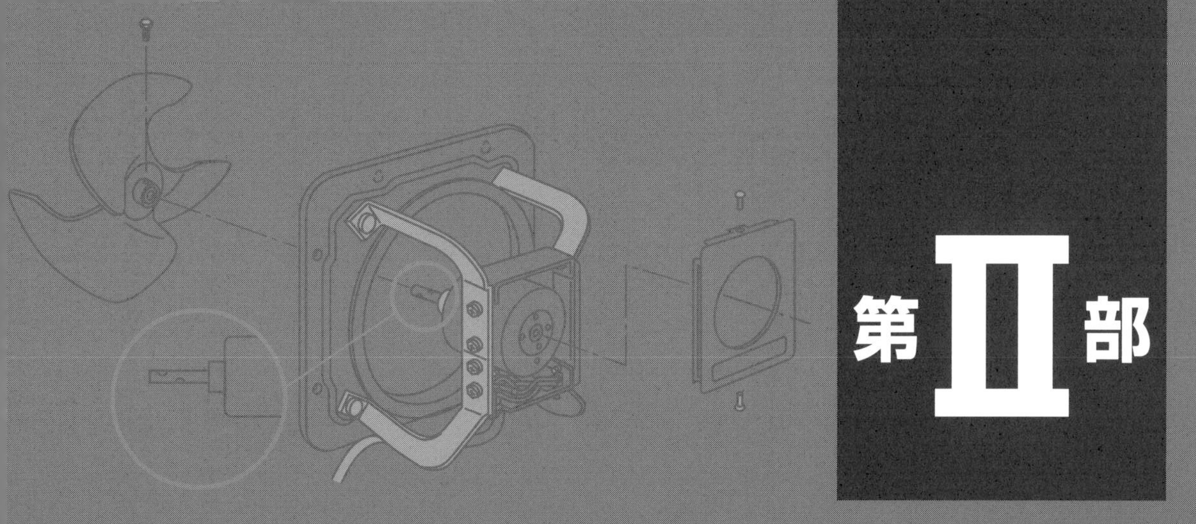

第Ⅱ部

トラブル事例編

第6章

工事・配線のトラブル

工 事①

Q52 水中ポンプのモータ容量間違い！なぜ？

設計図書等の紛失により水中ポンプモータ容量の選定の判断を誤り，追加費用が発生した事例を取り上げます．

水中モータ容量を間違えた！

A.52

1．更新工事の内容は？

20年以上使用している**図52.1**のような**深井戸用水中ポンプ**の性能が落ちてきたので，下記のとおり更新工事を実施しました．

- 水中ポンプ交換
- 揚水管は井戸の部分および工場棟までの部分を交換
- その他付属品一式

なお，ここでいう**水中ポンプ**とは，図52.1のように細い井戸にも設置できるように全体の形を細長く，小形化した多段タービン方式の水中ポンプです．

また，深井戸からの工業用水は，工場の冷却水として使用しています．

2．水中ポンプの制御は？

コントロールセンタから**図52.2**のように三相3線式AC400Vにて電源を供給し，地中配管にて約100m離れた屋外の水中ポンプへCVケーブル5.5sq×3Cで配線しています．

なお，水中ポンプは制御室の切換スイッチにて**手動・自動運転**どちらの運転も可能です．

自動運転は，井水受水槽内のレベルスイッチによるON-OFF運転です．

なお，井戸径および揚水管径は，図面がなくても外観から判断できました．

3．判断の誤りと追加費用は？

今回の事例では，設計図書を紛失してしまい，**水中ポンプの容量**がわからなくなりました．

水中ポンプの設計図書を紛失したといっても**コントロールセンタ**（**写真52.1**）は実在するので配線用遮断器①，サーマルリレー②，負荷の電線の太さ③および電磁接触器の容量（A）でモータ容量

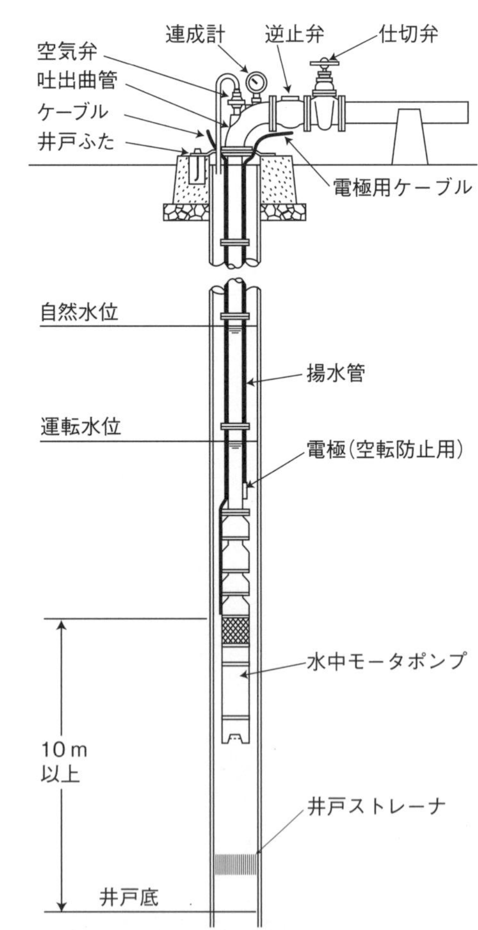

図52.1　深井戸用水中モータポンプ
（新明和工業のポンプ，ブロワハンドブックから引用）

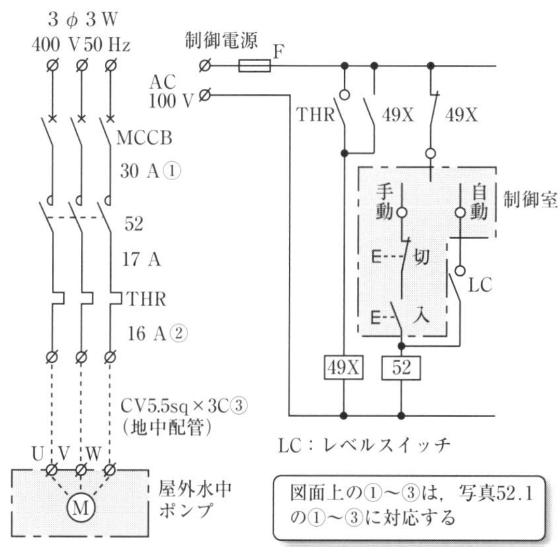

図 52.2　コントロールセンタ制御回路
(更新前の数値)

は，ほぼ正確に類推できました．

しかし，今回の事例は，水中ポンプ容量は7.5〔kW〕でよいのに **11〔kW〕**と，**誤った判断**をしてしまいました．

その結果，水中ポンプ容量が11 kWにアップしたため，この水中ポンプ容量アップ分の費用に加えて，次のような**追加費用**も発生しました．

1）400 V 7.5 kWなら図52.1のように**直入れ始動**なのに，その上の400 V 11 kWだと**スターデルタ始動**（『電気Q&A 電気の基礎知識』のQ23参照）となるため，別途スターデルタ始動盤が必要となりました．

2）地中配管内の100 m近くにおよぶ**電線の太さ**が細く，14sqの電線に入れ替える費用および現状の地中配管では，14sqの太さの電線が入らないため**配管工事**も新たに追加費用として発生しました．

3）コントロールセンタ内の機器が7.5 kWで設計されているため，11 kW用に対応できるように**コントロールセンタの改造費用**が発生しました．

4．現場実務に必要な知識とは？

コントロールセンタ（写真52.1）内部の機器の容量を見ると，

写真 52.1　コントロールセンタ内部

①**配線用遮断器の容量**は，30 A
②**サーマルリレーの設定**は，16 A
③**電線の太さ**は，5.5sq（スクエア）

電磁接触器容量は，型番からメーカーのカタログを参照すると，17 Aです．

以上から，モータの概算電流値はおよそ16 Aと類推できます．

さて，『電気Q&A 電気の基礎知識』のQ21で「**三相電力から電流を求める**」説明をしましたが現場で使える概数として，モータの電圧が **200 V** の**場合**，

概算電流値〔A〕＝出力〔kW〕× 4

という式を紹介しました．**400 V の場合**は，電流が200 Vの半分になりますから，

概算電流値〔A〕＝出力〔kW〕× 2

になります．

したがって，この式に16〔A〕を代入して，

$$\text{出力} = \frac{〔\mathrm{A}〕}{2} = \frac{16}{2} = 8〔\mathrm{kW}〕 \fallingdotseq 7.5〔\mathrm{kW}〕$$

また，今回のように図面がない場合や水中モータのような定格銘板が地上の見られるところにない場合は，運転時に**クランプメータ**（『電気Q&A 電気の基礎知識』のQ44参照）で電流を測定すると15 Aですから，この電流値からもモータ容量は7.5〔kW〕とわかります．

なお，内線規程（『電気Q&A 電気の基礎知識』のQ10参照）3705-3表の「400 V三相誘導電動機1台の場合の分岐回路」からも15～17 Aは，定格出力7.5 kWとなります．

工　事②

Q53 ケーブルのずり落ち！なぜ？

EPS内ケーブルラックのケーブルあるいはクレーンのバケット用ケーブルがずり落ちた！

A.53

解　説 ビルのEPS※1内のケーブルラックに固定されているCVケーブルに，竣工後何年か経過してから，点検時に**ずり落ち**が発見されました．また，工場の**天井クレーンのバケット用給電ケーブルがずり落ち**によって断線や地絡事故が発生しました．

事例1 CVケーブルを使用した低圧幹線は，ビルの廊下東端に配置された**EPS**という区画内を，ケーブルラックによりB1F電気室から最上階まで立ち上がっています．この固定されているはずのCVケーブルに，点検時，**ずり落ち**が発見されました(**図53.1**)．

調　査 点検の結果，図53.1のA図のようにCVケーブルをケーブルラックに固定するのに**電線管支持金具**(以下「支持金具」という)を使用しており，ケーブル径より支持金具径のほうが大きいため，**布製粘着テープ**(以下「粘着テープ」という)をCVケーブル表面に何層か巻き付けて施工しているのが見つかりました．

原　因 ビルの高さに比例してCVケーブルの重量は大きくなります．この重量に耐えられなくなると粘着テープの粘着力は弱いため，CVケーブルは粘着テープを支持金具に残して下方へずり落ちました．

対　策 この施工者は，交渉しても責任施工という意識すらなかったので，筆者は，自らCVケーブルに合った図53.1のB図のようなケーブル支持金具(以下「専用支持金具」という)を見つけました．ほかの改修工事があるときに施工者に**専用支持金具**を支給して対策をしました．対策時に最上階EPS内ケーブルラック上のプルBOXを開け，CVケーブルに異常ないことを確認しました．対策後35年以上の歳月が経過しても異常はありませんでした．

事例2 工場の天井クレーン（イメージは**図53.2**参照）のバケット用給電ケーブルが**ずり落ち**，断線や地絡事故が発生して電気屋さん泣かせでした．

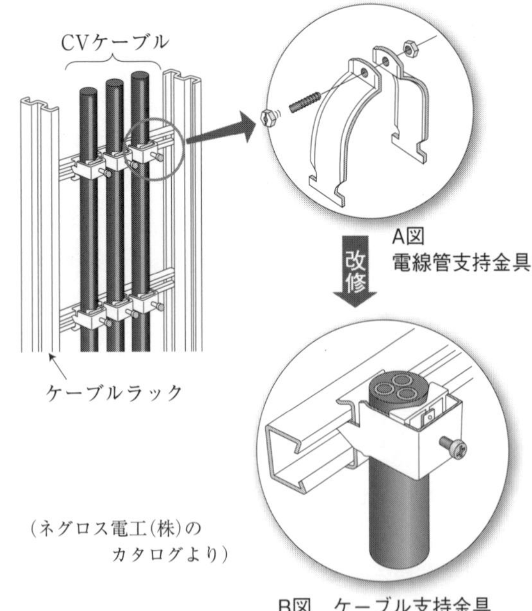

図53.1　EPS内のケーブルラック

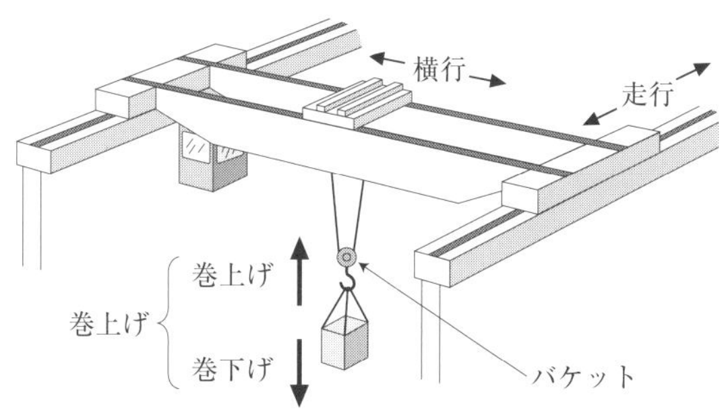

図 53.2　天井クレーンのイメージ

調　査　筆者がこの工場に赴任した当初，天井クレーンが動かなくなって現場によく呼ばれました．これは，**事例 1** と同様に**バケット用給電ケーブルのずり落ち**によるケーブルの断線あるいは端子 BOX 付近での**地絡事故**によるものでした．

原　因　給電ケーブルは，バケット内油圧ポンプユニット※2（電磁弁，モータ）へ端子 BOX（**写真 53.1**）を経由して配線されています．この端子 BOX のすぐ上部に**ケーブル押さえ**がありますが，ケーブル押さえは金属製でボルト・ナットで締め付けるので，ケーブル保護のためケーブル押さえより長い範囲でケーブルの上から**硬質ゴム製ホース**（以下「ホース」という）が取り付けられています．しかし，このホースがケーブル径に合ったものではなく，かなり大きい（太い）ものが取り付けられていたため，**ケーブルが引っ張られて端子 BOX 内のシースのない部分が断線または地絡を起こす**ことがわかりました．

対　策

1）ホースは，従来より長目のものでケーブル径に合ったものを選定しました．

2）ケーブル自体が機械的に弱いことがわかったので，耐油性 3 種 EP ゴム絶縁クロロプレンキャブタイヤケーブルから，鋼線入り 3 種ゴム絶縁クロロキャブタイヤケーブルに交換しました．これは，線心の 1 本 1 本が**すずめっき軟銅線にステンレス鋼線をより合わせて製造されたもの**で，機械的強度が相当アップされました．以上 2 つの対策を実施した後は，ケーブルのずり落ちトラブルは，まったくなくなりました（**写真 53.2**）．しかし，この対策が見つかるまで数年の歳月が必要でした．

写真 53.1　バケット端子ボックス内での絶縁抵抗測定

写真 53.2　バケット給電ケーブルの固定作業

（注）

※1　**EPS**；Electric Pipe Space の略で電気配線シャフトのこと．

※2　**油圧ポンプユニット**；Q10 の図 10.1 参照．

工　事③

Q54 避雷針突針が折れている！なぜ？

安全のために設置された**避雷針**や**外灯**が**リスク**となった事例を紹介します．

避雷針の突針が折れている ?!

A.54

事例1 あるときに工場に出入りする中小電気工事業者の社長(以下「業者」という)が，**煙突の避雷針が折れている**と言い出しました．

調　査 業者とともに高さ59 mの煙突内のらせん階段を昇り，**避雷針の突針**が**写真54.1・54.2**のように折れているのを確認しました．

一般に避雷方式は，**突針方式**(**避雷針**)，**水平導体方式**（**むね上導体方式**）および**ケージ方式**※1の3種類に分けられます．しかし，このほかに**組合せ方式**といって，このように煙突がある場合には，その突出した部分を突針方式で保護し，広い屋上部分は水平導体方式(むね上導体)で保護する方式があります．

原　因 この避雷針の突針がいつ，何が原因で折れたのかはわかりませんが，おそらく落雷により損傷を受けたものと推察されます．しかし，今思えば，その突針の先端部が走っている車両や歩行者に落ちたらどうなっていたのかと背筋が寒くなる出来事でした．なお，文献※2によれば，突針の先端が溶けるのは，数千℃以上となる**アークの足**※3となる落雷時であって，これを完全に防止することは困難ということですから，**高層建築物**は**リスク**となりうることは否定できません．

対　策 業者が発見しなければ，相当長い間放置されていたものと想像できます．よって，この業者に**突針部と避雷導線一式の更新**を依頼して修復しました．修復後25年以上経過しましたが，この避雷針の突針は被害も受けず正常に役割を果たしています(**写真54.3**は工場の煙突)．

写真54.1　避雷針の突針が折れる（その1）

写真54.2　避雷針の突針が折れる（その2）

写真 54.3　煙突ある工場全景

事例2 工場内の外灯ポールの地表上 20 ～ 50 cm の部分が**腐食して穴が空き，危険？**（写真 54.4）

調　査 筆者は，時の経過とともに外灯ポールのような金属は，適切な間隔で再塗装の必要性があると感じていました．ちょうど組織改革があり，工場の保全グループが誕生して構内の整備をしていたので，外灯ポールの地面のつけ根から上部の 1 ～ 1.5 m ほどの再塗装を依頼しました．保全グループ長は，筆者の依頼に即対応しましたが，うち 1 本は，腐食が進み穴が空いてポールとして強度が心配なので，**安全策**を考えてほしいと相談にきました．

原　因 この 1 本については，再塗装の時期が遅過ぎたのか，再塗装したものの**金属の腐食が進行**していて，写真からもかなりの大きさの穴空きが確認できます．

対　策 工場内駐車場の外灯のため，この外灯ポール倒壊による車両や人への倒壊・転倒のリスクを考え，相談を受けてから 3 か月後に**外灯ポールを更新**しました（**写真 54.5**）．

（注）
※1　**ケージ方式**；被保護物の周囲を適当間隔の網目導体で包む方式で，完全な避雷方式．鉄骨造または鉄筋コンクリート造ビルでは，鉄骨または鉄筋が建物全体を取り囲んでいるので，ケージを形成していて，内部は雷撃に対して安全．
※2　（社）電気設備学会『建築物等の避雷設備ガイドブック』参照．
※3　**アークの足**；電極点，アークスポットのこと．アーク放電が電極と接触している点で電流が集中している箇所．

写真 54.4　外灯ポール下部の腐食

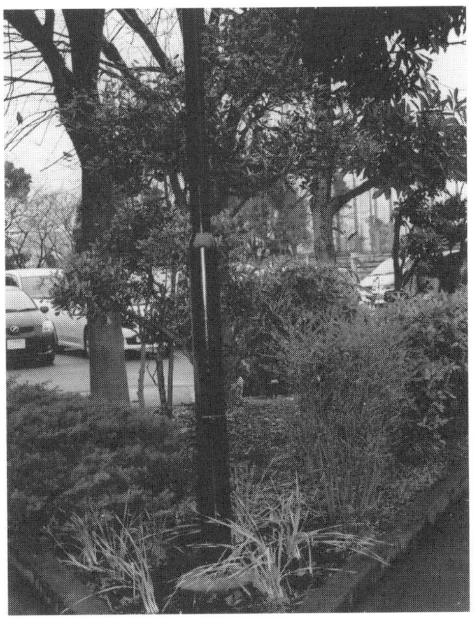

写真 54.5　外灯ポール更新

工 事④

Q55 変圧器二次側に接地線がない！なぜ？

変圧器二次側に接地線がない！

A.55

事例1 変圧器二次中性点に接地線がない！？（図 55.1，写真 55.1）

解 説 増設工事のあった三相変圧器の二次側（低圧側）の**中性点**には，**B 種接地工事**を施すことが義務づけられています．しかし，写真 55.1 でわかるように，増設された三相変圧器二次側の**接地線が未施工**でした．それも工事完了後の検査，毎年実施される電気設備の定期点検でも見逃され，工事完了３年後の定期点検時に試験点検業者の応援メンバーの指摘によって判明しました（**写真 55.2** は補修完了後）．

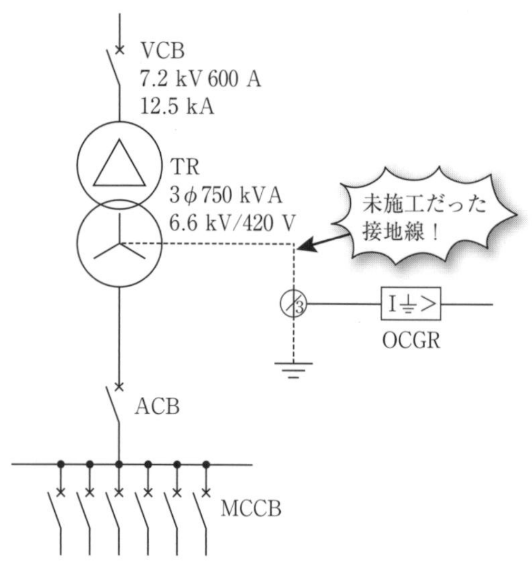

図 55.1 変圧器二次中性点に接地工事なし

写真 55.1 接地線がない
（矢印が接地線の接続すべき箇所，その上に零相変流器）

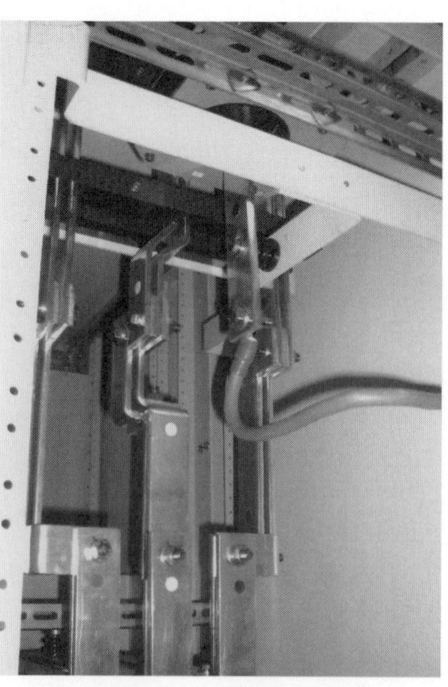

写真 55.2 補修完了後
（零相変流器直下に接地線が見える）

写真 55.3　ダクトから高圧 CV ケーブルが露出している

写真 55.5　補修完了後（矢印が補修箇所）

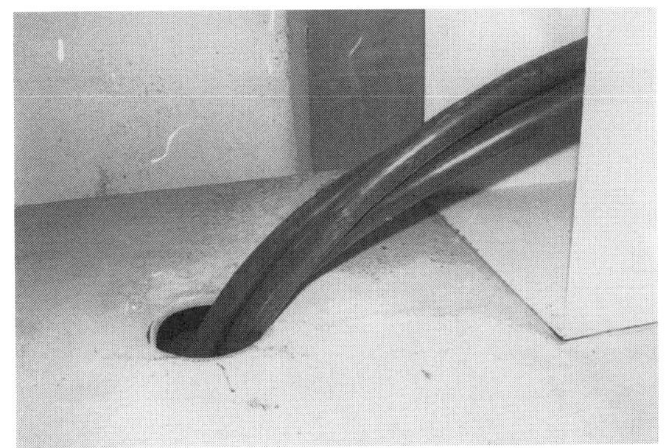
写真 55.4　写真 55.3 の○で囲んだ部分の拡大図

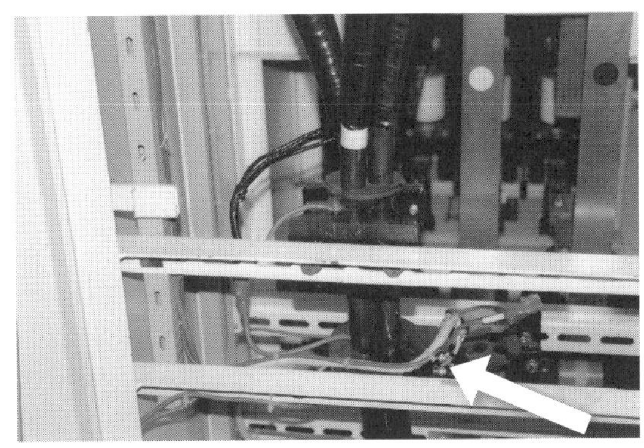
写真 55.6　ZCT 二次側端子の接地を外したところ（矢印が ZCT 二次側端子）

高圧と低圧電路とを結合する変圧路の低圧側の中性点には，技術基準の解釈第 24 条 1 項により B 種接地工事を施すことが定められています．

400 V 巻線は必ず**星形結線**として，その中性点に B 種接地工事を施せば**対地電圧**を $1/\sqrt{3}$ にすることができて保安上からも好ましいわけです．

事例2　金属ダクトのコーナー部から高圧 CV ケーブルが露出している？（写真 55.3・55.4）

解　説　電気室内とはいえ，見映えからも保安上からも好ましくないので，補修の指示をしました（**写真 55.5**）．

事例3　高圧地絡方向継電器の信号線に多点接地があった？

解　説　筆者は，低圧電路の地絡事故で高圧地絡継電器が**不要動作**したため，工場の全停電という苦い経験を味わいました．

このトラブルの詳細は，Q38 を参照いただくことにして，この原因が多点接地であることが判明しました．

零相蓄電器 ZPD の二次端子 y_2 と**零相変流器** ZCT の二次側端子 Z_2 の両方で接地が取られていました（Q38 の図 38.3 参照）．

名の通った大手の電気工事業者による施工でしたが，地絡継電器信号線の接地の取り方の難しさを思い知らしてくれたトラブル事例になりました．

対　策　ZCT の二次側端子 Z_2 の接地線を外して，ZPD の二次端子 y_2 のみ **1 点接地**として解決しました（**写真 55.6**）．なお，このトラブルの原因調査には，かなりの時間がかかりました．

工　事⑤

Q 56 機械室床に電気配管の露出工事！なぜ？

機械室床に電気配管の露出工事！　なぜ？

A.56

事例1 **送排風機室等の機械室の床に電気配管が！**

解　説 送排風機室の床を横切って電気配管工事が施工されたのが**写真 56.1** です．**点検に支障**があり，**つまずくと転倒するおそれ**があります．**写真 56.2・56.3** は，機械室内の**通路を横切って施工された電気配管**，**写真 56.4** は煙道に設置された測定器の**点検スペースに電気配線が施工され**，**いずれもメンテナンスに支障があります**．

事例2 電灯やモータの**ジョイント部の処理がいいかげん？！**

解　説 **写真 56.5** は，電灯工事が完了後なのに**ジョイントボックスから接続部分が垂れ下がっているの**がわかります．また，**写真 56.6** は，運転中のモータが起こした地絡事故発生直後の端子ボックス内部です．さすがに 30 kW という容量のモータですから，接続部はビス・ナット締めで固定されていましたが，**絶縁未処理**（**ビニルテープなし**）のまま運転されていました．なお，この

写真 56.1　送排風機室の床に電気配管

写真 56.2　機械室点検スペースに電気配管

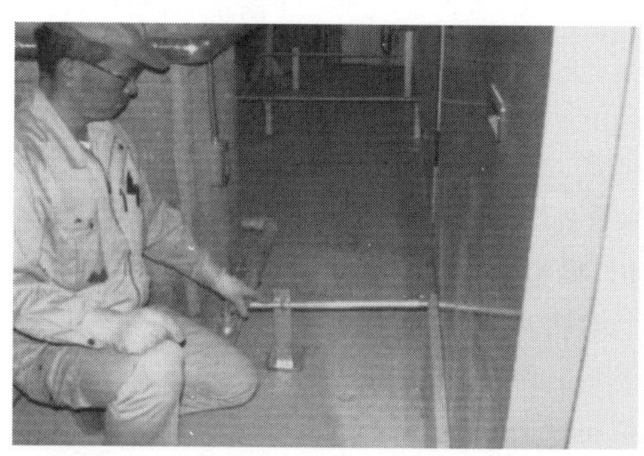

写真 56.3　機械室内通路を横切る電気配管

写真 56.4　測定器点検スペースに電気配管

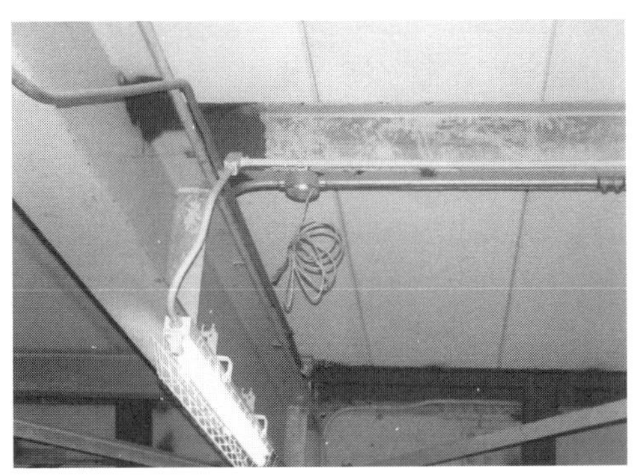

写真 56.5　ジョイントボックスから電線が垂れ下がっている

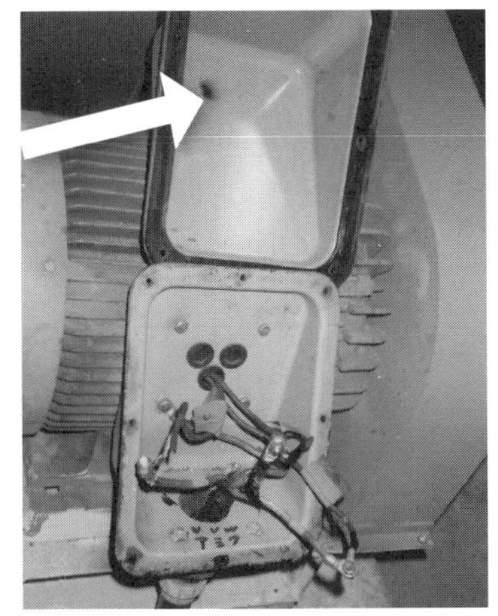

写真 56.6　モータ端子ボックス内の絶縁未処理（矢印は地絡事故の跡）

モータは，**写真 56.7** のようにファン用のものでベルト連結されています（ファンが左側，手前がモータですが写真ではモータは見えません）．

事例3　排水ポンプ交換後，間もなく絶縁不良で漏電遮断器トリップ！

解　説　図 56.1 のようにピットの釜場に設置された排水ポンプ（1.5 kW）が交換後，間もなく制御盤内の**漏電遮断器**がトリップしました．制御盤内端子で絶縁抵抗を測定したところ 0 MΩ 近くまで下がっていました．

原因は，排水ポンプのケーブルは 15 m 程度必要なのに，メーカー標準の 1 ～ 2 m しか付属されていないため，なんと排水ポンプの設置されたピットの釜場内で**接続**されていました．

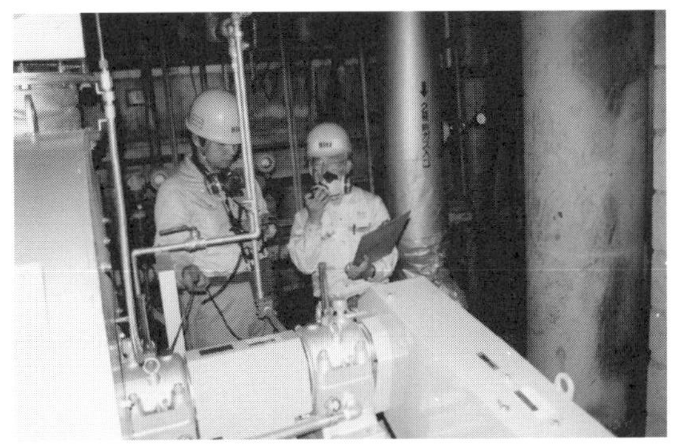

写真 56.7　モータとベルト連結のファン（左側）

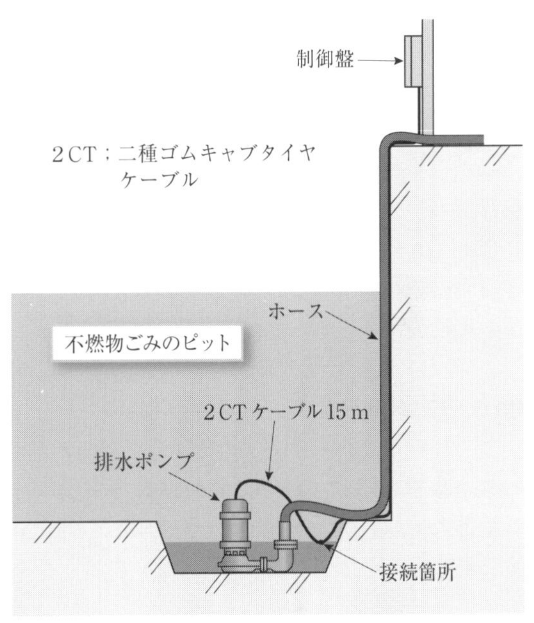

図 56.1　水中に接続部があった排水ポンプ

原　因　排水ポンプ交換後しばらくは，接続部が水につかっても絶縁ビニールテープで絶縁を維持したものの，すぐに**絶縁不良**となったものです．**内線規程 3305-7** では，水中モータについて，キャブタイヤケーブルは**水中において接続しない**ことが定められています．**なんと施工不良です！**　こんなことってありですか？

対　策　水中ポンプ発注時に付属ケーブルの長さを指定するか，**有効に保証された接続方法**[※1]に従った施工をしなければなりません．

（注）※1　内線規程　資料 3-3-2 参照．

配　線①

Q 57 中性線断線！なぜ？

ビル２階に設置されたけい光ランプが半分程度暗くなったり，コンセントも使えないときがあった．

❶どのようなときに？

ビル２階の用途は,「自転車リサイクル工場」で,特に 100 V のエアコンプレッサーを使うときにこの現象が発生していました．

❷けい光灯の電圧は？

このビルのけい光ランプの電圧は，**図 57.1** のとおり**単相３線式 100/200 V** の電灯分電盤から供給され，**AC100 V** です．このビルは，30 年近く経過していることもあって，100 V の電圧側を１極(1P)の **MCCB**※1 に接続し，**接地側** ※2 を**ニュートラルスイッチ**(NS)に接続しています．

なお，最近の電灯分電盤は，**図 57.2** のように 100 V の分岐 MCCB も２極(2P)のものが主流です．

❸ MCCB が異常過熱！

この現象を聞いてから数日が経ち，たまたま年１回の活線状態で行う低圧関係の端子部の過熱状態を把握する定期点検がありました．これは，非接触の赤外線放射を利用した「**放射温度計**」によるもので，デジタル表示の温度測定を行います．

２階電灯分電盤の電源側になる配電盤内の電灯主幹 **MCCB** 負荷側端子台で放射温度計による温度測定の結果，中性線端子がほかの二相に比べて異常に**過熱**していることがわかって，今回の現象の解明ができました(**写真 57.1**)．

1φ3W　200/100 V
MCCB　3P
50 AF/50 AT
MCCB　1P
50 AF/20 AT
MCCB　1P
50 AF/20 AT
100 V
① ③ ⑤ ⑦ ⑨ ⑪
② ④ ⑥ ⑧ ⑩ ⑫
けい光灯
100 V　100 V
200 V
NS　1P×20 A×12

図 57.1　２階電灯分電盤

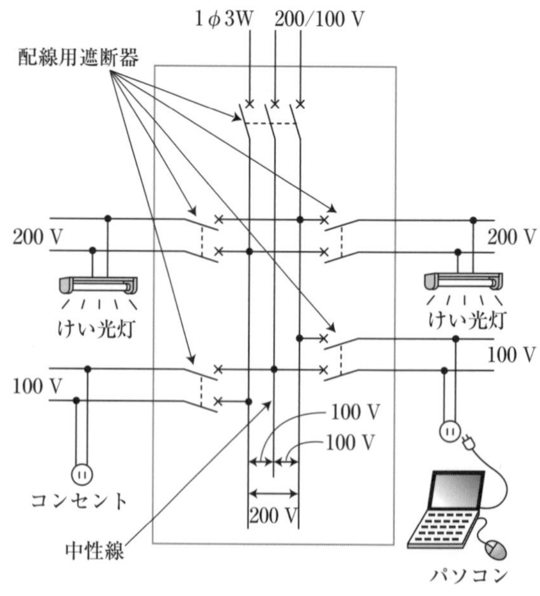

図 57.2　最近の電灯分電盤

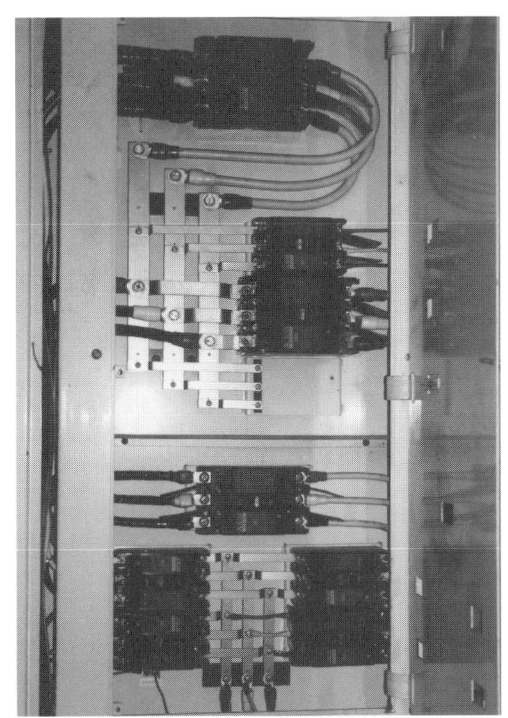

写真 57.1　配電盤内電灯主幹 MCCB（下半分の上部）

では，以上の調査１～調査３に基づき，どのように対応したらよいでしょうか？

A.57

現象の解明　結論から申し上げると，**単相３線式電路特有の現象**で中性線の**断線**や**接触不良**が生じると**中性線欠相**となって，100 V 負荷の電圧が負荷分担に応じた電圧となったためです．

すなわち，**図 57.3** のように**中性線欠相**となると単相２線式 200 V 回路と同じになります．

この回路の電流 I〔A〕は，**オームの法則**より，

$$I=\frac{V}{R_{ab}+R_{bc}}=\frac{200}{15+25}=5\text{〔A〕}$$

次に ab 間，bc 間の電圧をそれぞれ V_{ab}，V_{bc} とすると，

$$V_{ab}=IR_{ab}=5\times15=75\text{〔V〕}$$
$$V_{bc}=IR_{bc}=5\times25=125\text{〔V〕}$$

となって，負荷は**直接接続**となるから，その両端に 200 V の電圧が加わります．すなわち，200 V の電圧は，15 Ω の負荷と 25 Ω の負荷に**分圧**されます．

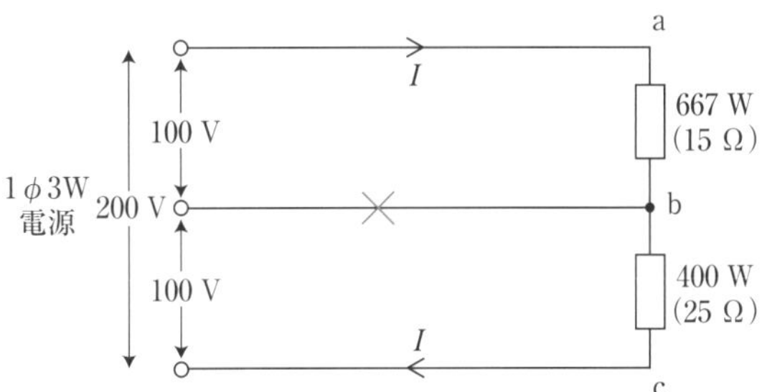

図 57.3　単相３線式の中性線欠相

したがって，定格負荷の小さい側も定格負荷の大きい側も同一電流が流れるため，定格負荷の小さい側の電圧が高くなって，こちらのけい光ランプは明るく点灯し，定格負荷の大きい側の電圧が低くなって，こちらのけい光ランプは暗く点灯するか全く点灯しないわけです．

コンセントも同様で，電圧が低くなった側のコンセントは使えなかったわけです．

後からわかったことですがコンセントを通して使用していたレジスターは故障して使用できなくなりました．これは，電圧が高過ぎたためと考えられます．また，コンプレッサーを使用すると始動電流（11 A）が大きいため，この現象が顕著に現れたものと分析しています．

原　因　新たに電灯分電盤を増設した際，配電盤内の電灯主幹 MCCB 負荷側端子にその電源線を接続するとき，従来の端子と増設端子とが**接触不良**となって発熱焼損し，**中性線欠相**となったものです（工事施工ミス）．

対　策　焼損した **MCCB および負荷側端子を交換**し，２本の電線端子が接触不良とならないように背中合わせに配線しました．

（注）
※1　**MCCB**；配線用遮断器のこと．
※2　**接地側**；『電気 Q&A 電気の基礎知識』の Q10 の図 10.1 参照．

配　線②

Q58 換気扇交換後，部屋が汚くなった！なぜ？

換気扇が故障し，**図 58.1** のような直径 30 cm より少し大きめの**換気扇**を購入して交換しました．交換後しばらくして，**機械室**の汚れがひどいので対応してほしいという要請を受けました．

換気扇交換後，異常に機械室が汚くなった！

❶機械室の空気の流れは？

この**機械室**の換気設備は，**図 58.2** のように「**第 1 種機械換気**」といって，給気と排気を併用しています．**空気の流れ**としては，屋外→給気→機械室→排気→廃棄物処理室となっています．なお，廃棄物処理室の空気は，塵も多く汚れています．

❷換気扇の仕様は？

30 cm 有圧換気扇で，電源は 1φ2W AC100〔V〕を使用しています．また，同一型番で給気，排気兼用タイプで，メーカー出荷時には羽根，結線ともに**排気仕様**になっています(**図 58.3** 参照)．

❸コンデンサ誘導電動機とは？

単相誘導電動機の 1 つで，始動時も運転時も，同じコンデンサを接続したまま使用します．

これとよく似たものにコンデンサ始動誘導電動機がありますが，こちらは始動時のみにコンデンサを接続し，加速後は切り離されます．なお，**コンデンサ誘導電動機**は始動トルクが小さいため，**換気扇**のほか，扇風機，洗濯機等に用いられます．

では，以上の調査 1～調査 3 に基づき，どのように対応したらよいでしょうか？

A.58

原　因　**排気仕様(誤結線)**

機械室の空気の流れが逆になっていることが原因でした．これは，交換した換気扇を出荷時のまま取り付けたことから，図 58.2 のように給気の役目を果たす換気扇が**排気仕様**となっていたためでした．

したがって，**図 58.4** のように換気扇の羽根が回転していたので，廃棄物処理室の汚れた塵の多い

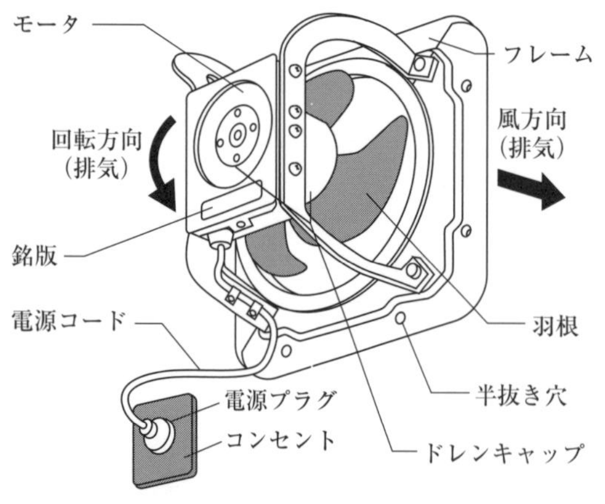

図 58.1　換気扇の姿図

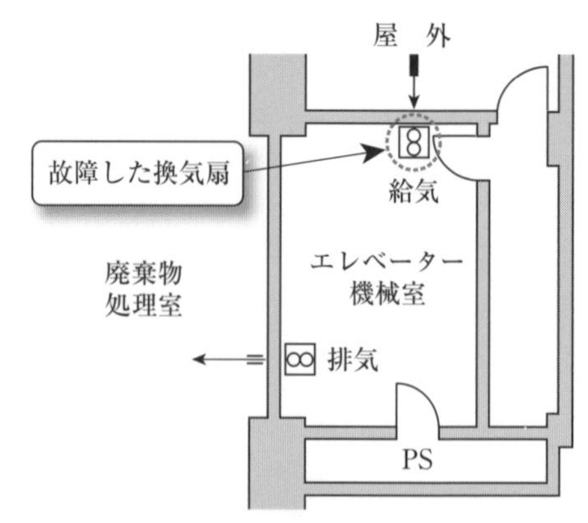

図 58.2　換気扇設備図

空気を機械室に吸い込んで，機械室のモータ，制御盤および床がひどく汚れました．しかし，このことがわからなかったのでメーカーに問い合わせたところ，「調査２」のような事実がわかりました．

正直なところ，有圧換気扇が給気にも排気にも使えて出荷時には排気仕様となっていること等，寝耳に水でした．

対 策 **給気仕様にする！**

出荷時に排気仕様になっている換気扇を，本来の機能である**給気仕様**にすればよいわけです．

そのためには，まず**図 58.5** のように羽根のつけ換えを行い，羽根を排気のときと逆に取り付けます．

その次に，図 58.4 のように回転を逆方向にするためには，**図 58.6** のように**結線替え**を行います．

今まで，誘導電動機というと「三相誘導電動機」のことを指すと思ってきましたが，今回の**コンデンサ誘導電動機**という**単相誘導電動機**を使った換気扇のトラブルを通して，改めて電気の深さを知りました．

単相誘導電動機であっても，２本の線を入れ替えると逆回転することに疑問を持ちましたが，コンデンサ形は**主巻線**と**補助巻線**を持ち，この**補助巻線**に**コンデンサ**が接続されています．したがって，**補助巻線の結線替え**を行うことによって，回転磁界の方向が逆転し，モータも逆転します．

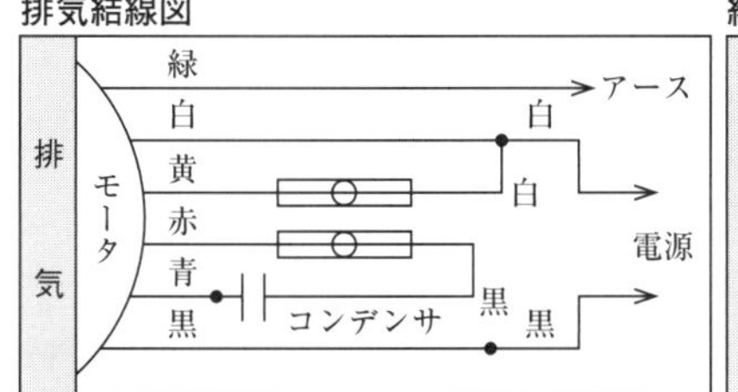

仕 様

機 能	排 気		品 名	
周波数〔Hz〕	50	60	定 格	単相 100 V
消費電力〔W〕	55	66	公称出力〔W〕	50
電 流〔A〕	0.63	0.69	電動機形式	4極開放形コンデンサ誘導電動機
起動電流〔A〕	1.9	1.8	時間定格	連 続
風 量〔m^3/h〕	1740	1980	絶縁階級	E 種
機 能	給 気		巻線温度上昇	65 K以下
周波数〔Hz〕	50	60	基準周囲温度	−30 ℃～＋50 ℃
消費電力〔W〕	59	73.5	基準周囲湿度	相対湿度 90 %以下
電 流〔A〕	0.66	0.74	絶縁抵抗	1 MΩ以上（DC500 V）
起動電流〔A〕	1.90	1.80	耐電圧	AC1000 V 1分間
風 量〔m^3/h〕	1500	1680	質 量〔kg〕	6.1

図 58.3 換気扇の仕様と結線図
（図 58.1，図 58.3～58.6 は，松下エコシステムズ（株）のホームページから引用）

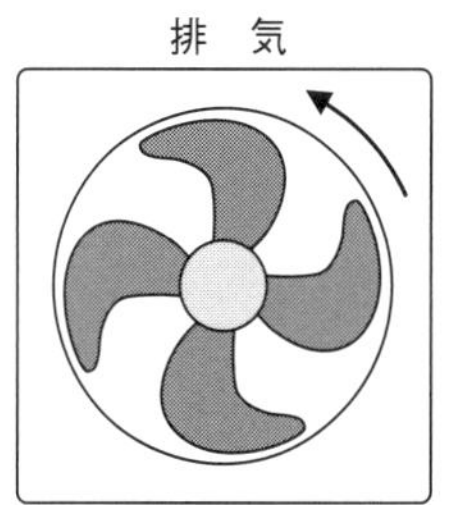

図 58.4 羽根の回転方向
（モータ側からみて）

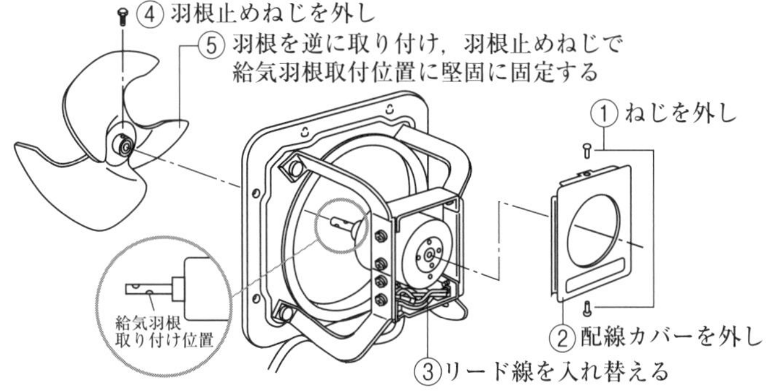

図 58.5 羽根の付け替え方

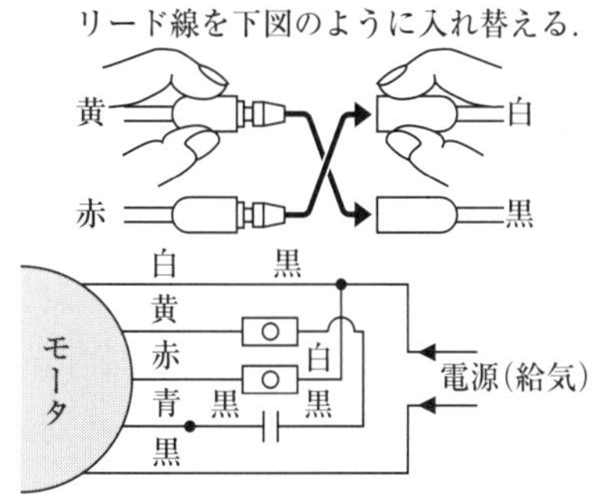

図 58.6 結線替えの方法

配　線③

Q59 同時に満水・渇水警報！なぜ？

配線に関する工事の施工ミスが原因で，**液面制御の不具合**が発生した事例を紹介します．

高置水槽から「満水」「渇水」の警報が同時に発生した！

❶給水設備は？

一般に給水設備は，**図 59.1** のように水道本管より給水をいったん受水槽に貯め，その水を高置水槽に揚水する揚水ポンプから構成されます．つまり，受水槽，高置水槽および揚水ポンプの３つが給水設備の主要な設備になります．

ほとんどの建物が屋上またはそのほかの高所に設置した高置水槽に揚水し，高置水槽からの立下り管によって建物内の必要箇所に給水します．

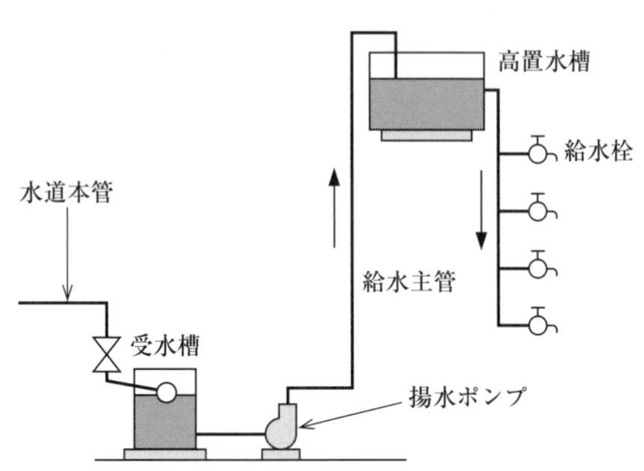

図 59.1　給水設備

❷給水の制御は？

図 59.2 のように「**受水槽の水位表示**と渇水によるポンプの空転防止および**高置水槽の水位表示**を兼ねた**自動運転**」をオムロン製フロート液面リレー（以下「液面リレー」という）61F-G4 で行っています．なお，制御動作の概要説明を図 59.2 の左側に記載しています．（『電気 Q&A 電気の基礎知識』の Q41 参照）

❸満水，渇水同時警報!?

今回のように高置水槽，すなわち同一水槽から「満水」「渇水」の**同時警報**はあり得るのかについて，以下のように調査しました．

1）図 59.2 の液面リレー端子台 E_7-E_8 をジャンパしても「**高置水槽渇水**」**表示**は消えませんでした．本来なら E_7-E_8 をジャンパすれば U_1 リレーが動作し，「**高置水槽渇水**」**表示**はリセットされるはずです．誤結線を疑いました！

2）液面リレー端子台 E_7 の外部配線を外すと何と「**受水槽渇水**」**表示**が新たに出ました．本来なら E_7 は**高置水槽渇水**の機能の電極棒に結線されているはずです．**誤結線**にまちがいないようです！

では，以上の調査１～調査３に基づき，どのように対応したらよいでしょうか？

A.59

原　因　工事施工ミスか？

まず，**調査３-１）**から液面リレー端子台の E_7-E_8 をジャンパすれば，図 59.2 より U_1 リレーが動作します．それでも「**高置水槽渇水**」**表示**が消えないのは，表示の**結線ミス**が考えられます．

次に，**調査３-２）**から液面リレー端子台 E_7 の外部配線を外して「**受水槽渇水**」**表示**が点灯したのは，明らかに受水槽内電極棒 E_3 に結線されていることを疑いました．

以上から，今回の液面制御の不具合の原因は，高置水槽と受水槽の電極棒および表示の配線が互

動 作

- 受水槽に4本，高置水槽に5本の電極棒を入れます．
- 受水槽の水面が E_3 以下にあるとき，受水槽の下限表示ランプがつきます（U_2 動作“OFF”）．
- 水面が E_2 に達すると（U_2 動作“ON”）下限表示ランプが消え，ポンプの運転準備が整います．
- 水面が E_1 に達したとき（U_3 動作“ON”）受水槽の上限表示ランプがつきます．
- 高置水槽の水面が E_7 以下にあるとき，高置水槽の渇水ランプがつき，E_7 に達すると（U_1 動作“ON”）消えます．
- 水面が E_5 に達すると（U_5 動作“ON”）ポンプは停止し，水面が E_6 を離れると（U_5 動作“OFF”）始動します．
- 水面が何らかの事故で E_4 に達すると（U_4 動作“ON”）満水ランプがつきます．

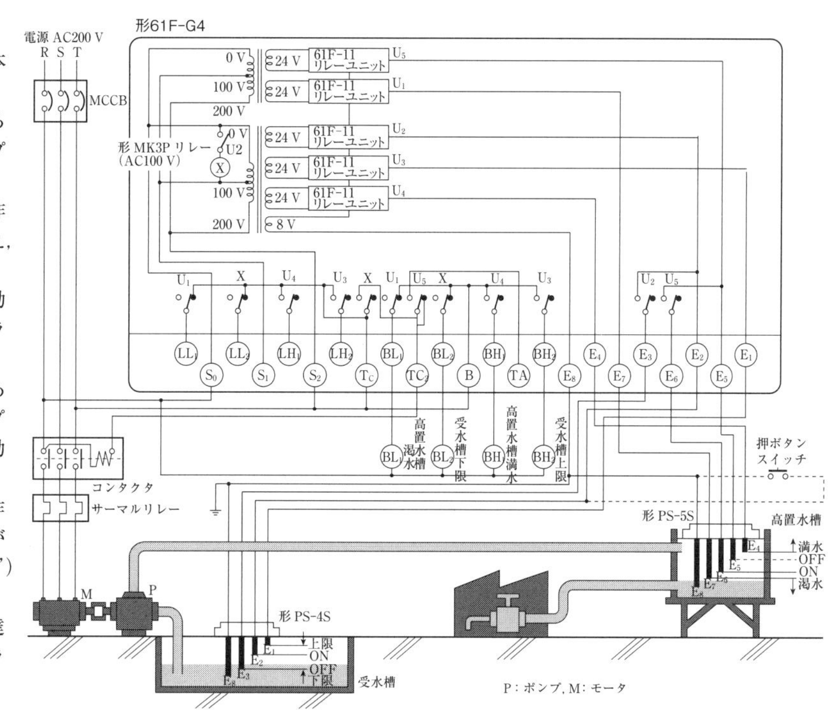

図 59.2 給水液面制御と動作説明図

いに相手方の水槽のそれぞれに接続されていることがわかりました．これは明らかに当初からの**工事施工ミス**と断定しました．なぜなら同一水槽で表示が違うなら，電極棒の清掃や交換等で電極保持器への配線を外したためのメンテナンスによる**誤結線**も考えられます．しかし，今回のように高置水槽への配線が受水槽へ誤配線されているのは，メンテナンスで行ったことは考えにくいからです．

対 策 **配線替え**

図 59.2 上の液面リレーの端子台で E_7 と E_3，BL_1 と BL_2 の外部配線を入れ替えて正常になりました．

しかし，このような**工事施工ミス**は，**液面リレーの警報試験**を実施していれば防止できるのに，工事施工後に試験も実施しないで引き揚げる業者がいることを知りました．

例題 59.1 図に示す高置水槽の満減水警報付き給水液面制御用電極棒のうち，イ，ロ，の機能の組合せとして，適当なものはどれか．

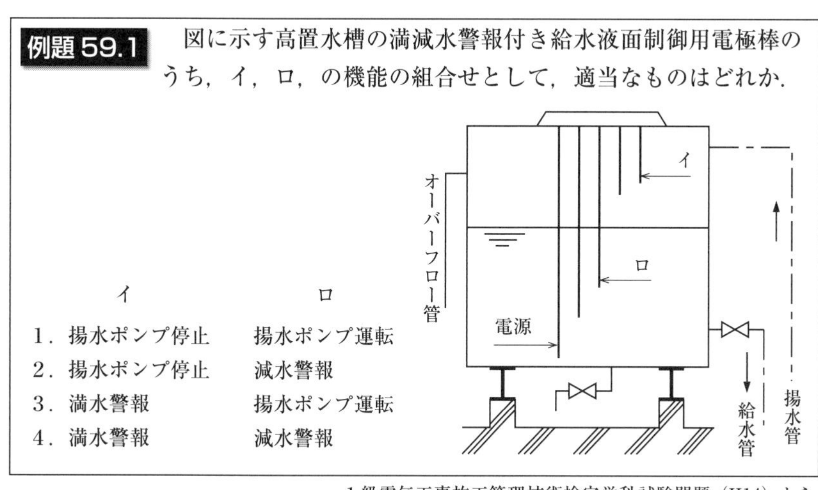

	イ	ロ
1．	揚水ポンプ停止	揚水ポンプ運転
2．	揚水ポンプ停止	減水警報
3．	満水警報	揚水ポンプ運転
4．	満水警報	減水警報

1級電気工事施工管理技術検定学科試験問題（H14）から

解 説 高置水槽の満減水警報付き給水液面制御電極棒の機能は，図 59.2 を理解すれば容易にわかります．この**例題 59.1** が理解できなければ『電気 Q&A 電気の基礎知識』の Q41 を参照してください．

〔正 解〕 3

Ⅱ部 事例編 6章 工事・配線

配　線④

Q60 制御盤の電線過熱で出火！なぜ？

制御盤の電線過熱で出火した事例を取り上げて，その対策を紹介します．

制御盤の電線過熱で出火！

❶被害状況は？

制御盤内動力用外部端子台に接続されたIV線・CVケーブルおよび盤内配線が焼損しました．また，出火で外部端子台も焼損しました（**図60.1**）．

❷電線被覆の最高許容温度は？

IV線の被覆であるビニルの最高許容温度は60℃，CVケーブルの被覆である架橋ポリエチレンの最高許容温度は90℃です．

❸電気出火の原因は？

電気出火の原因として一番考えられるのは，電線か端子台の異常な温度上昇による過熱です．

この温度上昇の原因としては，許容電流以上の電流か端子台の緩みによる接触抵抗増大です（接触抵抗は『電気Q&A電気の基礎知識』のQ16参照）．

では，以上の調査１～調査３の結果に基づき，どのように対応したらよいでしょうか？

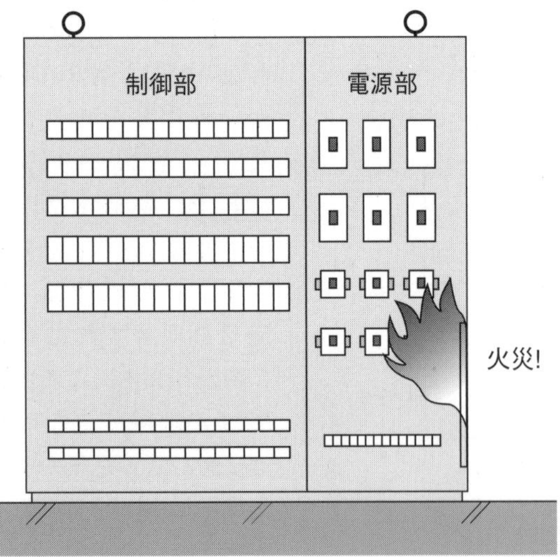

図60.1　制御盤内の電気火災

A.60

原　因　**端子台の緩み**

制御盤納入業者である機械メーカーの調査の結果，焼損の著しい**端子台の外線側に緩み**があり，この緩みによって**接触抵抗が増大**し過熱に至り，CVケーブルの被覆が発熱して火災になったという報告書が提出されました．

この火災によりIV線のビニル被覆に燃え移りましたが，被害が部分的で済んだのは，日常点検の巡視で発見し，消火器を使った初期消火によるものでした．この端子台の緩みは，制御盤の据付場所からの振動による影響はなく，当初の**工事施工ミス**によるものと断定しました．

対　策

１）焼損した端子台および電線を交換

焼損および延焼した端子台を交換し，盤内配線の一部を取り換えるとともに焼損したCVケーブルは，焼損部分を切断して切り詰めて使用しました．

２）過熱診断の導入

電気設備の温度管理を行うに当たって温度測定方法には，大きく分けて３つの方法があります．

まず比較的手軽で費用の安い示温テープによる

もの，それと測定箇所にセンサーを接触させて測定を行う方法と，非接触で測定を行う３つです．

① **示温テープによるもの**

示温テープは，温度管理を行う機器等の表面に接着して使用します．また，示温テープには不可逆性のものと，可逆性のものに大別されます．

示温テープは，熱が加わると変色する顔料を使用し，１点表示と多点表示タイプがあります．**図 60.2** には，実際使用されている示温テープの例を示しました．

② **接触センサーによる温度測定**

表面温度計とよばれるもので，検出部を対象物に接触させて，指示部で読み取るようにした簡易なものです．

③ **非接触で温度測定**

あらゆる物体は，絶対温度０度以上の温度では，その表面から**赤外線**を放射しています．この**赤外線**をキャッチして，被測定物と接触せずに温度測定を行うことができます．この赤外線放射の温度測定には，被測定物の一部をスポット的に測定する**放射温度計**（**写真 60.1**）と表面温度分布を捉えられる**赤外線映像装置**とがあります．前者は，**写真 60.2，60.3** のように小型，軽量で持ち運びも容易なうえ，安価です．したがって，当工場でも出火事故以降の再発防止対策として，低圧電気設備を停電させることなく**活線状態**で測定可能な放射温度計による過熱点検を導入しました．

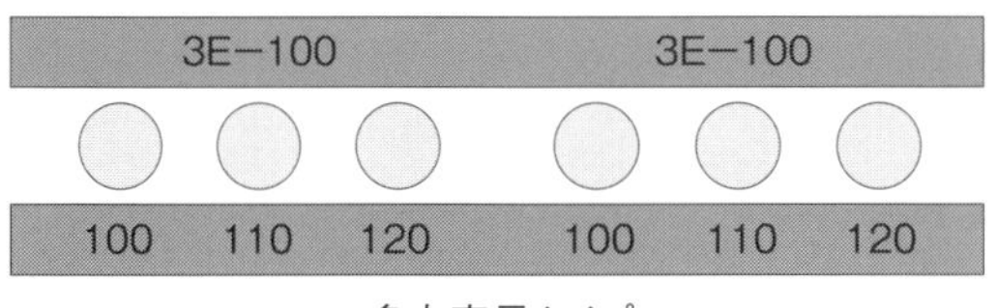

多点表示タイプ

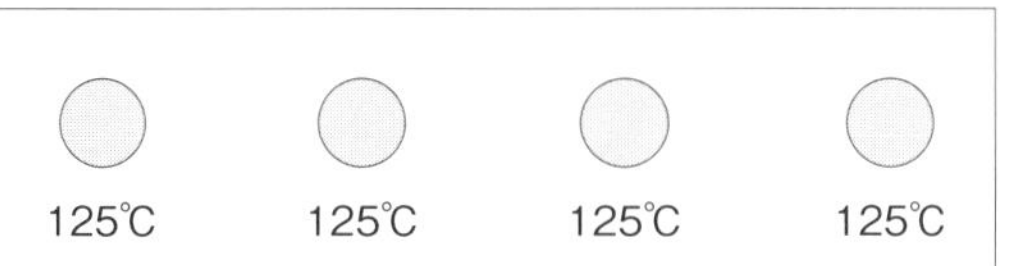

1点表示タイプ

図 60.2　示温テープの例

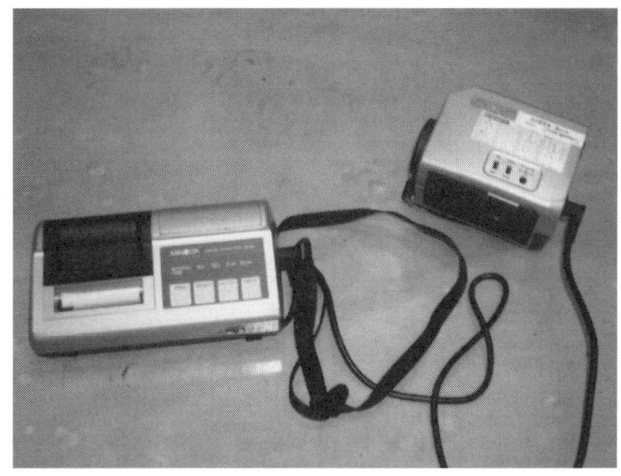

写真 60.1　放射温度計（右側）とレコーダー

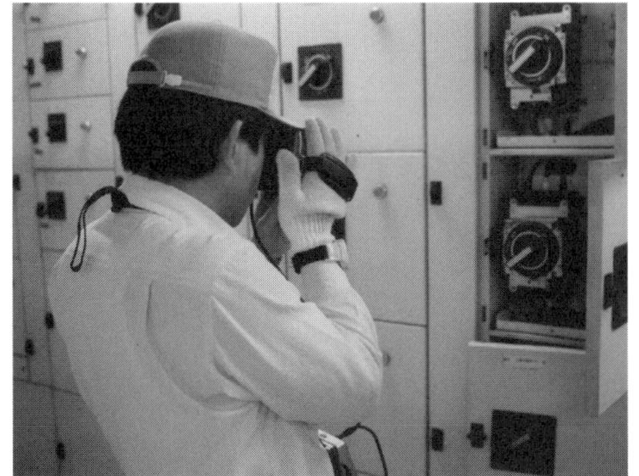

写真 60.2　放射温度計による
コントロールセンター内過熱測定

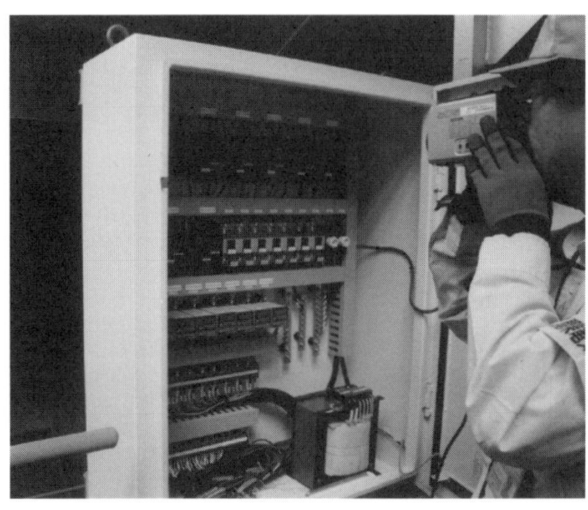

写真 60.3　放射温度計による制御盤内過熱測定

トラブル事例まとめ

Q61 トラブル事例 理解できました？

今までに実際に発生した現場の「60件のトラブル事例（Q1 ～ Q60）」を扱いました．トラブル事例のまとめとして，理解度を確認するため，トラブル事例に関連した以下の例題に挑戦してみてください（１級電気工事施工管理技術検定試験学科試験問題から引用）．

トラブル事例理解の確認です．

例題61.1 次の各問いには，４通りの答え（イ，ロ，ハ，ニ）が書いてある．それぞれの問いに対して，答えを１つ選びなさい．

	問　い	答　え
1	図に示す単相３線式配電線路において，中性線のＮ点で断線事故が発生したとき，負荷両端の電圧V_1，V_2の値の組合せとして，**適当なもの**はどれか． ただし，負荷の力率は100〔%〕とし，線路のインピーダンスは無視するものとする． 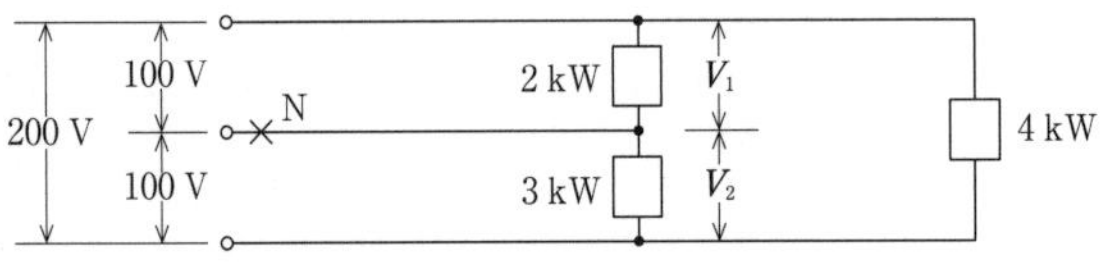	V_1　V_2 イ．80 V　120 V ロ．100 V　100 V ハ．111 V　89 V ニ．120 V　80 V
2	図に示す誘導電動機のΥ−△始動回路において，Ａ，Ｂに用いる接点の組合せとして，**適当なもの**はどれか． 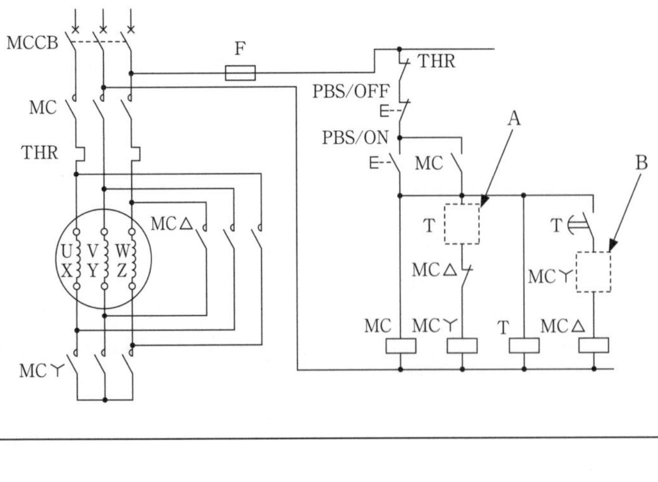	A　B イ．　 ロ．　 ハ．　 ニ．　

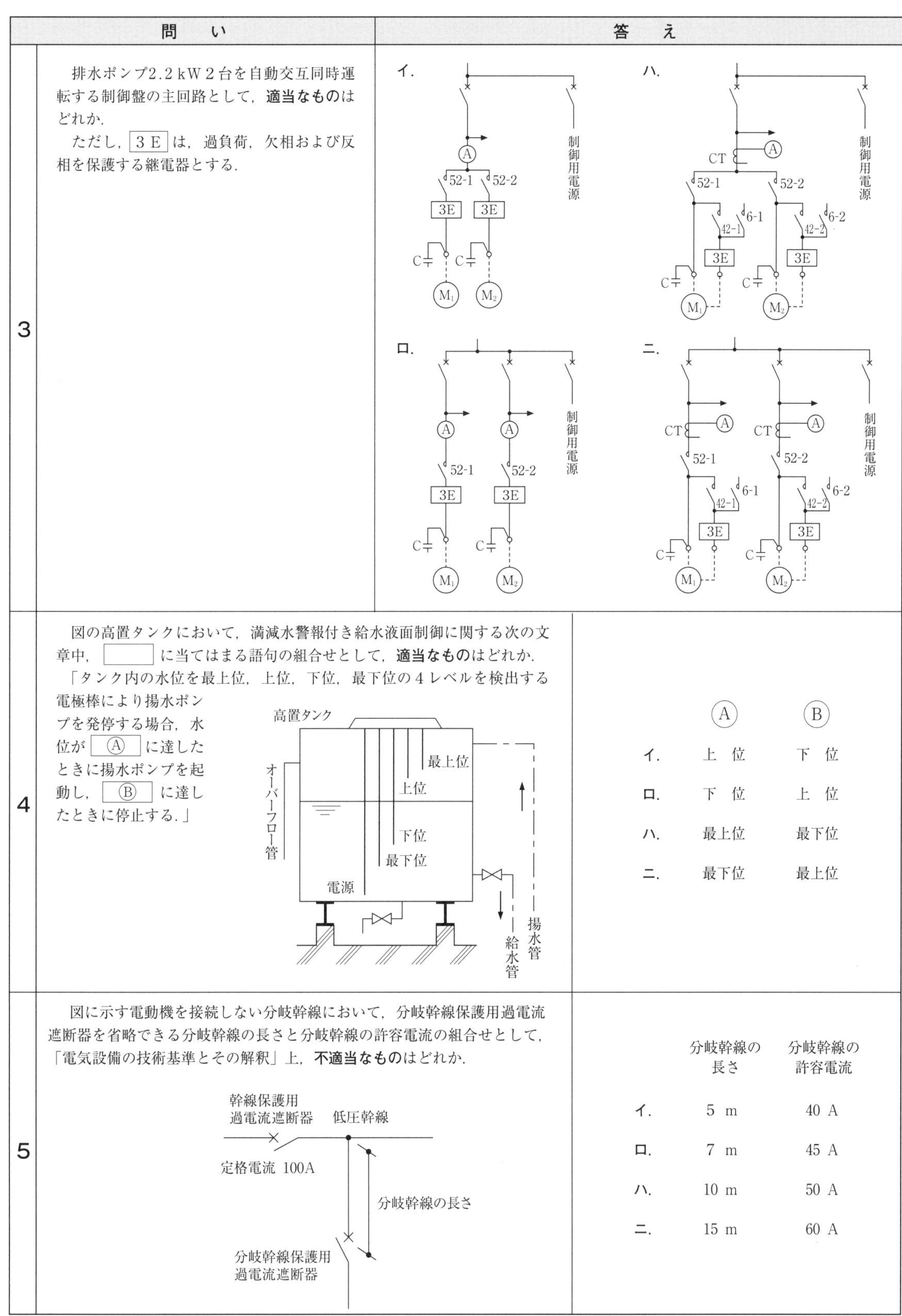

	問　い	答　え
3	排水ポンプ2.2 kW 2台を自動交互同時運転する制御盤の主回路として，**適当なもの**は どれか． ただし，3 E は，過負荷，欠相および反相を保護する継電器とする．	イ．　ロ．　ハ．　ニ．（図）
4	図の高置タンクにおいて，満減水警報付き給水液面制御に関する次の文章中，［　　］に当てはまる語句の組合せとして，**適当なもの**はどれか． 「タンク内の水位を最上位，上位，下位，最下位の4レベルを検出する電極棒により揚水ポンプを発停する場合，水位が［Ⓐ］に達したときに揚水ポンプを起動し，［Ⓑ］に達したときに停止する．」	
5	図に示す電動機を接続しない分岐幹線において，分岐幹線保護用過電流遮断器を省略できる分岐幹線の長さと分岐幹線の許容電流の組合せとして，「電気設備の技術基準とその解釈」上，**不適当なもの**はどれか．	

4の答え

	Ⓐ	Ⓑ
イ．	上　位	下　位
ロ．	下　位	上　位
ハ．	最上位	最下位
ニ．	最下位	最上位

5の答え

	分岐幹線の長さ	分岐幹線の許容電流
イ．	5 m	40 A
ロ．	7 m	45 A
ハ．	10 m	50 A
ニ．	15 m	60 A

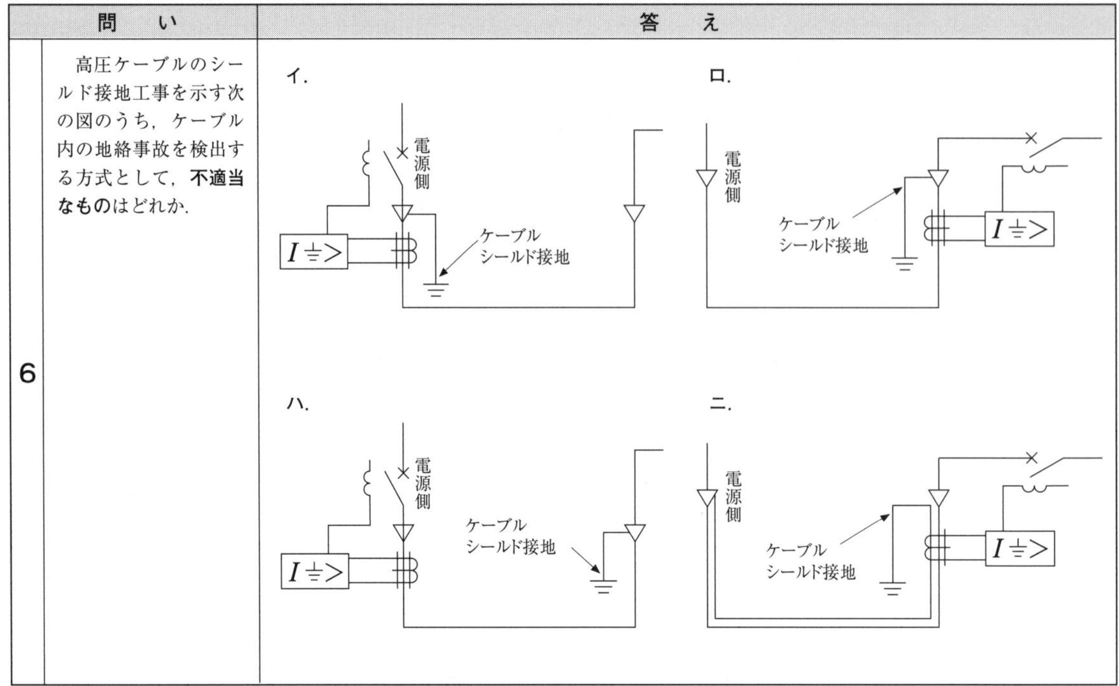

〔ヒント〕 1-Q57，2-『電気Q&A 電気の基礎知識』のQ37～39，3-Q20，4-Q59，5-Q44，6-Q38を参照してください．

〔解　説〕

1．まず消費電力の値から抵抗値 R_1，R_2〔Ω〕を計算します．

$$R_1 = \frac{E^2}{P_1} = \frac{100^2}{2\times10^3} = \frac{10}{2} = 5〔\Omega〕$$

$$R_2 = \frac{E^2}{P_2} = \frac{100^2}{3\times10^3} = \frac{10}{3}〔\Omega〕$$

中性線が断線すると，**図61.1**のように単相200〔V〕の電源に2つの抵抗 R_1，R_2 が直列となるから，**分担電圧**を計算すればよいことになります．

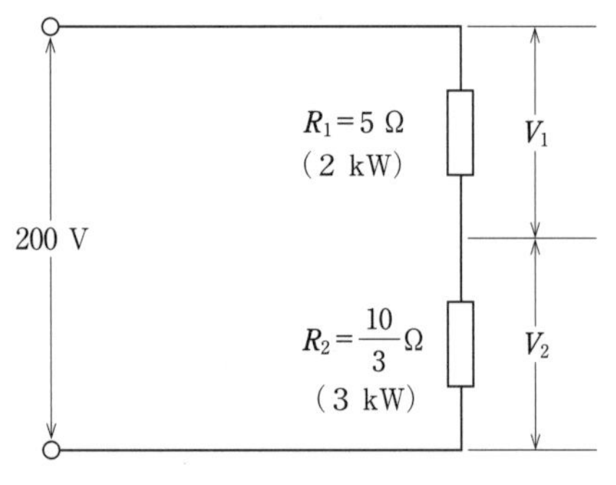

図61.1　断線時の等価回路

合成抵抗 R_0〔Ω〕は，

$$R_0 = R_1 + R_2 = 5 + \frac{10}{3} = \frac{25}{3}〔\Omega〕$$

$$電流\ I_0 = \frac{V}{R_0} = \frac{200}{\frac{25}{3}} = 200\times\frac{3}{25} = 24〔A〕$$

$$\therefore V_1 = R_1 I_0 = 5\times24 = \mathbf{120〔V〕}$$

$$V_2 = R_2 I_0 = \frac{10}{3}\times24 = \mathbf{80〔V〕}$$

2．Y－Δ切換えに使用している**オンディレータイマ**のａ接点，ｂ接点および**遅延動作機能記号**を知る．

3．自動交互同時運転回路と**5.5 kW以上**のモータに始動装置を使用する．

4．Q59の図59.2を理解することがポイントです．

5．**幹線分岐の方法**を知る．「35％の8 m以下」，「55％の制限なし」の数値は記憶する必要があります．

6．引込み，引出しケーブルのZCTの位置とZCTのシールド接地の方法を知る．

〔正　解〕　1-ニ，2-ニ，3-ロ，4-ロ，5-ハ，6-イ

コラム14　3E リレー

読者のQ&A⑦

Q52 の深井戸用水中モータポンプのように高価格のものでは，モータの焼損防止のために 3E リレーによって保護されることを Q8 で紹介しました．ここでは，この 3E リレーについて取り上げました．

写真A　ポンプ制御盤内の３Ｅリレー

質問 深井戸用水中モータポンプの保護に使用される 3E リレーとは？

1．3E リレーとは？

正式名は，「**静止型モータ保護リレー**」といい，通称「**モータ・リレー**」と呼んでいます．

モータ・リレーは，一般に**過負荷**，**欠相**，**反相**（**逆相**）の３つの要素を持つことから **3E リレー**と呼ばれます．また，使い勝手により要素を使用しないこともあり，**1E リレー**，**2E リレー**にもなります．

2．サーマルリレーを使えば3Eリレーは不要？

深井戸用水中モータポンプは，JIS B 8324 によれば「全負荷電流の５倍の電流を通じて５秒以内に動作する 2E リレー，3E リレー等の保護装置で保護する」ことが規定されています．

また，**サーマルリレー**でモータ・リレーの代用が可能かというと Q8，図 8.2 を参照すれば答えが出てきます．

3．3E リレーの要素のうち「始動頻度過多」とは？

3E リレーの要素は，過負荷，欠相，反相ですが反相に代えて「**始動頻度過多**」という要素を持つ 3E リレーもあります．通常の水中ポンプであれば過負荷，欠相，反相の 3E で問題ありませんが，深井戸用水中モータポンプの特殊性からポンプの始動・停止の発停頻度の回数が異常に多いとポンプの羽根車や軸受等に負担がかかり，これを繰り返すと**モータ焼損**に至ります．したがって，**図 A** のように始動頻度過多の条件を満たした場合，保護目的でポンプを停止させる要素が「**始動頻度過多**」です．なお，**始動頻度過多**とは，現場でいう**インチング**です．

実際の現場のポンプ制御盤に使用されている 3E リレーを**写真 A** で紹介しました．

（3E リレーの E は，要素 ELEMENT の頭文字の E です）

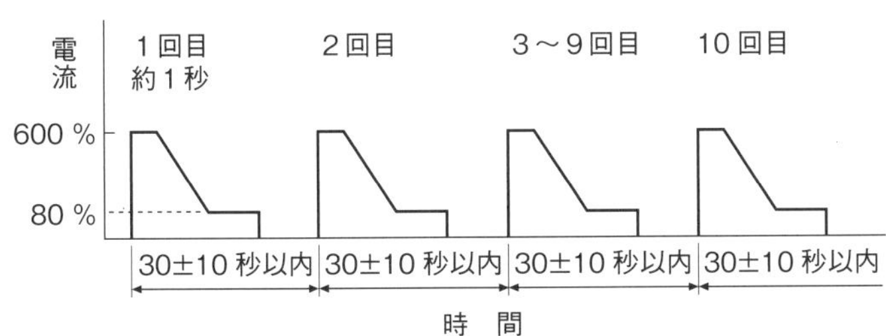

チャタリング運転防止の機能を有する．
ポンプの始動停止を短時間に図のように 10 回繰り返して運転すると，10 回目に 3E リレーが動作
（1）電流・時間　：定格電流の 80 %以上で１秒以上運転
（2）繰り返し回数：10 回
（3）繰り返し時間：始動から次の始動まで 30±10 秒以内

図A　３Ｅリレーの「始動頻度過多」要素
（参考資料；荏原製作所 BHS ポンプ制御盤取扱説明書）

索　引

電気 Q&A
電気設備のトラブル事例

2020 年 4 月 25 日　第 1 版第 1 刷発行
2022 年 10 月 10 日　第 1 版第 3 刷発行

著　者　石井理仁
発行者　村上和夫
発行所　株式会社 オーム社
郵便番号 101-8460
東京都千代田区神田錦町 3-1
電話 03(3233)0641(代表)
URL https://www.ohmsha.co.jp/

組版 アトリエ渋谷　印刷・製本 三美印刷
ISBN978-4-274-22538-3 Printed in Japan